新工科·普通高等教育机电类系列教材

# 材料成形技术基础

## 第 4 版

主　编　赵占西　施江澜

副主编　袁　勤　顾用中

参　编　张可召　王建平　于　赟

主　审　汤崇熙

机械工业出版社

本书为应用型机械类本科专业技术基础课教学用书。

本书根据机械学科一线高级技术人才的培养目标，以"强化理论基础，提升实践能力，突出创新精神，优化综合素质"为教学宗旨，为适应高等工科教育专业改革和按学科培养学生的需要进行编写。本书共分为六章：金属液态成形、金属塑性成形、连接成形、非金属材料成形、粉末冶金成形及其他新型成形方法、材料成形方法选择。章后附有习题。

本书以零件结构设计与成形方法适应性为主线，介绍了当今材料成形的新工艺、新技术、新进展，强化了常用成形方法选择的实例分析。

本书可作为普通高等院校机械类专业的本科教材，也可供相关领域工程技术人员参考。

## 图书在版编目（CIP）数据

材料成形技术基础/赵占西，施江澜主编. —4 版. —北京：机械工业出版社，2024.6

新工科·普通高等教育机电类系列教材

ISBN 978-7-111-75795-5

Ⅰ.①材⋯ Ⅱ.①赵⋯ ②施⋯ Ⅲ.①工程材料-成型-高等学校-教材 Ⅳ.①TB3

中国国家版本馆 CIP 数据核字（2024）第 094756 号

机械工业出版社（北京市百万庄大街 22 号　邮政编码 100037）

策划编辑：丁昕祯　　　　　　责任编辑：丁昕祯
责任校对：梁　园　陈　越　　封面设计：张　静
责任印制：李　昂

河北环京美印刷有限公司印刷

2024 年 8 月第 4 版第 1 次印刷

184mm×260mm · 13.75 印张 · 337 千字

标准书号：ISBN 978-7-111-75795-5

定价：48.00 元

电话服务　　　　　　　　　　　网络服务

客服电话：010-88361066　　　机　工　官　网：www.cmpbook.com
　　　　　010-88379833　　　机　工　官　博：weibo.com/cmp1952
　　　　　010-68326294　　　金　书　网：www.golden-book.com
**封底无防伪标均为盗版**　　　机工教育服务网：www.cmpedu.com

# 前　言

本书为应用型机械类本科专业技术基础课教学用书。

编者根据机械学科一线高级技术人才的培养目标，以"强化理论基础，提升实践能力，突出创新精神，优化综合素质"为教学宗旨，对第 3 版进行了修订。

本书以零件结构设计与成形方法及适应性为主线，讲述工程材料除切削加工以外的常用成形方法、常用成形方法零件的结构工艺性与选择实例分析。除着重讲述应用广泛的传统成形方法外，本书还介绍了发展前景好及当今日趋成熟、应用广泛的材料成形新工艺、新技术、新进展，增加了扫码观看部分成形工艺原理的视频。

全书共分六章：金属液态成形、金属塑性成形、连接成形、非金属材料成形、粉末冶金成形及其他新型成形方法、材料成形方法选择。章后附有习题。

本书强调实用性，突出工程实践，内容适度简练，并注意跟踪科技前沿，合理反映时代要求。与第 3 版相比，本书在以下几个方面做了改进：

1. 第 3 版中涉及的国家标准更新，采用最新国家标准替换了老标准。

2. 修订了书中个别图形存在的问题，修订和增删了部分视图的文字或符号标注。

3. 将文中别字、错字以及表述不够严谨之处进行了更正。

4. 对各种成形方法中非常专业和深奥的内容进行了简化和通俗化处理。

5. 增加了近几年在成形中应用广泛的新工艺技术：如特种铸造中的消失模铸造技术、塑性成形中的辊锻技术、连接成形中的搅拌摩擦焊、快速原型成形技术、计算机数值模拟技术在成形中的应用等。

6. 应用二维码技术展示工艺原理的动画、视频。

7. 提供课程教学网站 https://mooc1.chaoxing.com/course/203392832.html，供学生课后学习。

学习本书内容之前，应修完"工程图学""工程训练""工程材料"等课程。

本书第 1 章由赵占西、于赟、张可召编写，第 2 章由顾用中、赵占西、王建平编写，第 3 章由袁勤编写，第 4 章由顾用中、施江澜、赵占西、张可召编写，第 5 章由赵占西、张可召编写，第 6 章由施江澜、赵占西编写。全书由赵占西统稿。

本书由东南大学汤崇熙教授主审，东南大学多位专家对书稿也提出了宝贵意见，在此表示衷心感谢。

由于编者水平有限，虽竭尽全力但书中仍难免有错误与欠妥之处，敬请读者批评指正。

编　者

# 目 录

# 第1章

# 金属液态成形

　　金属液态成形也称为铸造，是将液态金属在重力或外力作用下充填到型腔中，待其凝固冷却后，获得所需形状和尺寸和精度的毛坯或零件，即铸件，它是成形毛坯的重要方法之一。

　　金属材料在液态下成形，具有很多优点：

　　1）最适合铸造形状复杂、特别是复杂内腔的铸件。如箱体、机架、阀体、泵体、缸体、叶轮、螺旋桨等。

　　2）适应性广，工艺灵活性大。凡能熔化成液态的金属均可铸造成形，如工业上常用的铸铁、碳素钢、合金钢、非铁合金等金属材料。对于塑性很差的材料，铸造几乎是其唯一的批量成形方法，如铸铁等。铸件的大小几乎不受限制，小到几克的钟表零件，大到数百吨的轧钢机机架等重型机械，壁厚从1mm到1000mm均可铸造成形。

　　3）成本较低。铸件与最终零件的形状相似、尺寸相近，节省材料和加工工时。

　　但液态成形也有很多不足，如铸态组织疏松、晶粒粗大，铸件内部常有缩孔、缩松、气孔、夹杂等缺陷，导致铸件力学性能特别是冲击性能低于塑性成形件；铸造涉及的工序很多，不易精确控制，铸件质量不稳定；对于大、中型铸件，很难进行自动化生产，工作环境较差、劳动强度较高，大多数铸件只是毛坯件，需经过切削加工才能成为零件。

　　铸造在工业生产中的应用非常广泛，而且随着特种铸造方法的发展，可以生产出少或无切削加工的、力学性能更好的铸件。

　　铸造可分为砂型铸造和特种铸造两大类，砂型铸造工艺流程如图1-1所示。

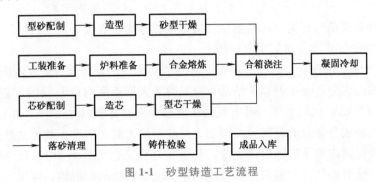

图 1-1　砂型铸造工艺流程

# 1.1 金属液态成形工艺基础

## 1.1.1 熔融合金的流动性及充型能力

熔融合金充满型腔是获得形状完整、轮廓清晰合格铸件的保证。铸件的很多缺陷都是在此阶段形成的。为此，必须研究液态合金充满型腔的规律，以便掌握和控制这个过程。

**1. 流动性与充型能力**

（1）流动性　熔融合金的流动性指其自身的流动能力。流动性好的熔融合金充填铸型的能力强，易于获得尺寸准确、外形完整和轮廓清晰的铸件；流动性不好的熔融合金充型能力差，铸件容易产生浇不足、冷隔、气孔和夹杂等铸造缺陷。对于薄壁和形状复杂铸件，合金的流动性往往是影响铸件质量的决定因素。

合金的流动性用如图 1-2 所示的螺旋型试样的长度来衡量。在相同的浇注条件下，浇出的试样越长，合金的流动性越好。

合金的流动性是其固有属性，与合金本身的化学成分（结晶特性）、杂质含量以及物理性质有关。常用合金的流动性数值见表 1-1，其中，灰铸铁、硅黄铜的流动性最好，铝硅合金次之，铸钢的流动性最差。

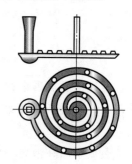

图 1-2　螺旋型试样

表 1-1　常用合金的流动性（砂型，试样截面 8mm×8mm）

| 合金种类 | | 铸型种类 | 浇注温度/℃ | 螺旋线长度/mm |
|---|---|---|---|---|
| 铸铁 | $w_{C+Si} = 6.2\%$ | 砂型 | 1300 | 1800 |
| | $w_{C+Si} = 5.9\%$ | 砂型 | 1300 | 1300 |
| | $w_{C+Si} = 5.2\%$ | 砂型 | 1300 | 1000 |
| | $w_{C+Si} = 4.2\%$ | 砂型 | 1300 | 600 |
| 铸钢 | $w_C = 0.4\%$ | 砂型 | 1600 | 100 |
| | | 砂型 | 1640 | 200 |
| 铝硅合金（硅铝明） | | 金属型（300℃） | 680~720 | 700~800 |
| 锡青铜（$w_{Sn} \approx 10\%, w_{Zn} \approx 2\%$） | | 砂型 | 1040 | 420 |
| 硅黄铜（$w_{Si} = 1.5\% \sim 4.5\%$） | | 砂型 | 1100 | 1000 |

（2）充型能力　充型能力是指熔融合金充满型腔，获得轮廓清晰、形状完整铸件的能力。它不仅与合金流动性有关，还与浇注和铸型条件等因素有关。

**2. 影响流动性与充型能力的主要因素**

（1）化学成分　成分不同的合金具有不同的结晶特性，对合金流动性的影响最为显著。

纯金属和共晶成分合金在恒温下结晶，结晶时从表层逐渐向中心凝固（逐层凝固），凝固层表面（固液界面）比较光滑，对未凝固区液态金属的流动阻力较小（图 1-3a），故流动性好。特别是共晶成分合金的凝固温度最低，可获得较大的过热度，故流动性最好。

在一定温度范围内结晶的固熔体合金，其结晶过程是在铸件截面上一定宽度内进行的，在结晶区域中，既有形状复杂的初生树枝状晶体，又有未结晶的液体，即呈固液两相共存的糊状区（糊状凝固），固液界面粗糙，复杂枝晶不仅会使合金熔液的流动阻力加大（图1-3b），还会使合金熔液的冷却速度加快，所以流动性差。合金的结晶温度范围（$T_L \sim T_S$）越宽，流动性越差。

图1-4所示为Fe-C合金的流动性与碳质量分数的关系，亚共晶铸铁随碳质量分数增加，结晶温度区间减小，流动性逐渐提高，越接近共晶成分，合金的流动性越好。

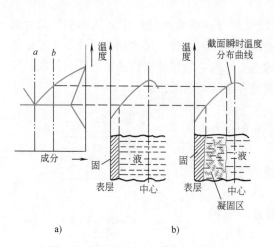

图1-3 不同合金的结晶特性示意图

a）形成共晶的合金 b）形成固熔体的合金

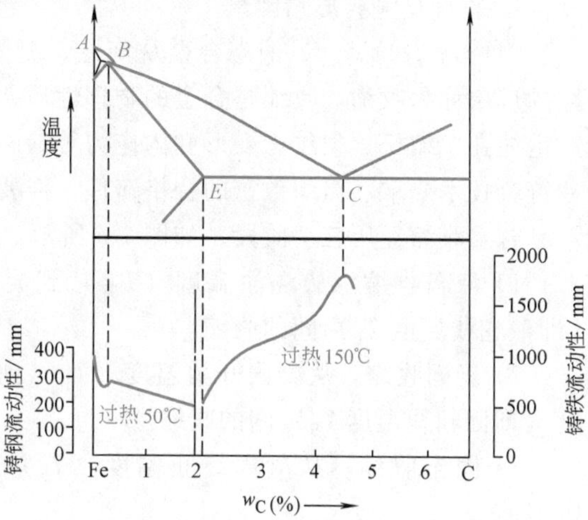

图1-4 Fe-C合金的流动性与碳质量分数的关系

（2）浇注条件 浇注条件包括浇注温度、浇注速度和充型压力等。

浇注温度对合金充型能力的影响非常显著。提高浇注温度即提高熔融合金的过热度，可延长液态保持时间，并提高其流动性（黏度降低），有利于充型。但浇注温度太高会使合金的收缩量增加，吸气增多，氧化严重，反而使铸件容易产生缩孔、缩松、粘砂、夹杂等缺陷。因此必须综合各种因素，在保证流动性的条件下，尽量采用较低的浇注温度。不同合金的浇注温度不同，一般铸钢为1520～1620℃，铸铁为1230～1450℃，铝合金为680～780℃。

增大充型压力可改善熔融合金的充型能力，如生产中常采用增加直浇道高度，或应用压力铸造、离心铸造来增大充型压力，以提高熔融合金的充型能力。

此外，提高浇注速度也会使合金的充型能力得到提高。

（3）铸型条件 熔融合金充型时，铸型的阻力及铸型对合金的冷却作用，将影响合金的充型能力。

铸型的温度越低、蓄热能力和热导率越大，表示铸型从合金中吸收并传出热量的能力越强，从而对熔融合金的冷却作用增强，合金在型腔中保持液态流动的时间缩短，合金的充型能力变差。在浇注前将铸型预热，可使合金充型能力提高。

铸型的排气能力差，滞留在型腔中的气体排不出，会在型腔中产生较大的气体压力，阻碍合金流动，使合金的充型能力下降。铸造时，应尽量减少气体来源，如烘干铸型以减少铸型的发气量，采用低温浇注减少熔融合金中的含气量等。此外，应增加铸型的透气性，开设出气口，使型腔及型砂中的气体顺利排出。

铸件结构复杂、壁厚过小、急剧变化或有大的水平面时，会导致铸型中熔融合金流经路径复杂，型腔过窄或突变，流动落差过小及散热面增大，从而使流动阻力增大，充型能力下降。因此，设计铸件结构时，铸件的形状应尽量简单，壁厚应大于规定的最小壁厚，并避免壁厚突变。对于形状复杂、薄壁、散热面积大的铸件，应尽量选择流动性好的合金或采取其他改善充型能力的措施。

### 1.1.2 合金的收缩

**1. 收缩及主要影响因素**

（1）收缩的概念 液态合金从浇注、凝固直至冷却到室温的过程中，其体积和尺寸缩减的现象称为收缩。收缩是合金的物理性质，会影响铸件的形状、尺寸和致密性，也是铸件产生缩孔、缩松、裂纹、变形和内应力等缺陷的重要原因。为保证铸件质量，获得形状、尺寸符合技术要求、组织致密的合格铸件，需要研究合金收缩的规律。

合金收缩经历三个阶段，如图1-5所示。

1）液态收缩。从浇注温度（$T_{浇}$）到凝固开始温度（即液相线温度$T_L$）间的收缩。

2）凝固收缩。从凝固开始温度（$T_L$）到凝固终止温度（即固相线温度$T_S$）间的收缩。

3）固态收缩。从凝固终止温度（$T_S$）到室温间的收缩。

合金的收缩率为上述三个阶段收缩率的总和。

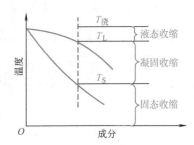

图1-5 合金收缩的三个阶段

合金的液态收缩和凝固收缩表现为合金体积的减小，故常用单位体积收缩量（即体收缩率）来表示。合金的固态收缩通常表现为铸件外形尺寸的减小，常用单位长度的收缩量（即线收缩率）来表示。

（2）影响收缩的主要因素 合金的实际收缩率与其化学成分、浇注温度、铸件结构和铸型条件有关。

1）化学成分。不同合金的收缩率不同。常用合金中，铸钢的收缩率最大，灰铸铁最小。几种铁碳合金的体积收缩见表1-2，常用铸造合金的线收缩率见表1-3。

表1-2 几种铁碳合金的体积收缩率

| 合金种类 | 碳的质量分数（%） | 浇注温度/℃ | 液态收缩（%） | 凝固收缩（%） | 固态收缩（%） | 总体积收缩（%） |
|---|---|---|---|---|---|---|
| 碳素铸钢 | 0.35 | 1610 | 1.6 | 3.0 | 7.86 | 12.46 |
| 白口铸铁 | 3.0 | 1400 | 2.4 | 4.2 | 5.4~6.3 | 12~12.9 |
| 灰 铸 铁 | 3.5 | 1400 | 3.5 | 0.1 | 3.3~4.2 | 6.9~7.8 |

表1-3 常用铸造合金的线收缩率

| 合金种类 | 灰铸铁 | 可锻铸铁 | 球墨铸铁 | 碳素铸钢 | 铝合金 | 铜合金 |
|---|---|---|---|---|---|---|
| 线收缩率（%） | 0.8~1.0 | 1.2~2.0 | 0.8~1.3 | 1.38~2.0 | 0.8~1.6 | 1.2~1.4 |

2）浇注温度。浇注温度越高，熔融合金过热度越大，液态收缩增加。

3）铸件结构和铸型条件。铸件在铸型中冷却时，各部分因形状和尺寸的不同，冷却速度不同，收缩不一致，相互约束而对收缩产生阻力。另外，铸型和型芯也会产生机械阻力。铸件结构越复杂，铸型和型芯硬度越高，收缩阻力越大。因此，铸件的实际线收缩率要比自由线收缩率小。

设计模样时，应根据合金种类、铸件形状和尺寸等因素，在不同部位选取不同的收缩率。

**2. 铸件的缩孔和缩松**

液态合金充满型腔后，冷却凝固过程中，若液态收缩和凝固收缩缩减的体积得不到补足，便会在铸件最后凝固部位形成一些孔洞。其中大而集中的孔洞称为缩孔，小而分散的孔洞称为缩松。缩孔和缩松的存在不仅会减小铸件的有效承载截面积，还会引起应力集中，导致铸件力学性能下降。当存在于要求气密性高、不允许渗漏的铸件（如泵体、阀门、容器等）中或存在于铸件主要加工配合面的部位时，会使铸件成为废品。因此，缩孔和缩松是严重的铸造缺陷，必须采取措施予以防止。

（1）缩孔和缩松的形成

1）缩孔的形成。恒温或很窄温度范围内结晶的合金，铸件壁在以近似逐层凝固方式凝固的条件下，容易产生缩孔。如图1-6所示，液态合金充满型腔（图1-6a）后，因铸型吸热，靠近型腔表面的金属液很快凝固，形成一层封闭外壳，壳中金属液因收缩得不到补缩，故液面开始下降（图1-6b）。温度继续下降，合金的凝固层加厚，内部剩余液体因液态收缩和补充凝固层的收缩，体积缩减，液面继续下降（图1-6c）。此过程一直延续到凝固结束，结果在铸件上部最后凝固的部位形成了倒圆锥形的缩孔（图1-6d）。继续冷至室温，整个铸件发生固态收缩，缩孔的体积也略有减小（图1-6e）。

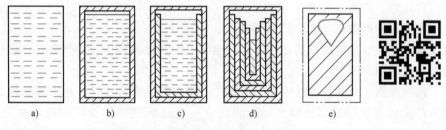

图1-6　缩孔形成过程示意图

缩孔通常出现在铸件上部或最后凝固部位，其形状不规则，孔壁粗糙。由缩孔的形成过程可知，纯金属和共晶成分合金倾向于逐层凝固，易形成集中缩孔。合金的液态收缩和凝固收缩越大，浇注温度越高，越易形成缩孔。铸件中因温差大而由低温到高温顺序凝固的厚壁部位，易出现缩孔。

2）缩松的形成。结晶温度范围宽的合金，以糊状凝固方式进行凝固时，容易产生缩松。如图1-7所示，在凝固过程的液-固两相区，树枝状晶不断长大，枝晶分叉间的熔融合

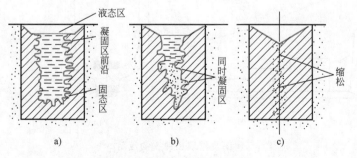

图1-7　缩松形成过程示意图

金被分离，彼此孤立隔开，其凝固收缩时难以得到补缩，便形成许多微小孔洞。缩松大多分布在铸件中心轴线处、热节处、冒口根部、内浇口附近或缩孔下方。结晶温度范围宽的固熔体合金，倾向于糊状凝固，易形成缩松。铸件中因温差小而同时凝固的厚壁铸件中心部位易形成缩松。

（2）缩孔和缩松的防止

1）缩孔和缩松位置的确定。准确判断铸件上缩孔或缩松可能产生的部位，是采取工艺措施予以防止的重要依据。缩孔和缩松都易出现在铸件中冷却凝固缓慢的厚壁热节处，因此，首先要确定铸件热节的位置。

实际生产中，常用画"凝固等温线法"或"内切圆法"，确定热节部位，如图1-8所示。图中等温线未曾通过的铸件中心部位或内切圆直径最大处，均为热节，这些部位最容易产生缩孔和缩松。

2）定向凝固原则。对于一定成分的合金，缩孔和缩松的总容积基本一定，但其相对容积可以互相转化。由于大而集中的缩孔可以设法将其移出铸件体外，因此，可以针对合金的特点制定正确的铸造工艺，使铸件在

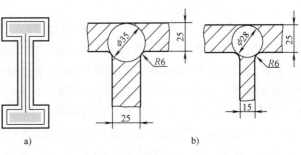

图1-8　缩孔和缩松位置的确定

a）凝固等温线法　b）内切圆法

凝固过程中建立良好的补缩条件，尽可能使缩松转化为缩孔。生产中采取的主要工艺措施是依据定向凝固原则制定。

定向凝固原则是在铸件可能出现缩孔的厚大部位安放冒口，并同时采用其他工艺措施，在铸件上远离冒口的部位和冒口之间建立一个逐渐递增的温度梯度，从而实现从远离冒口的部位向冒口方向的顺序凝固，如图1-9a所示。这样，铸件上每一部分的收缩都可得到稍后凝固部位合金液的补充，最后缩孔转移到冒口中。冒口切除后便可得到无缩孔的致密铸件。

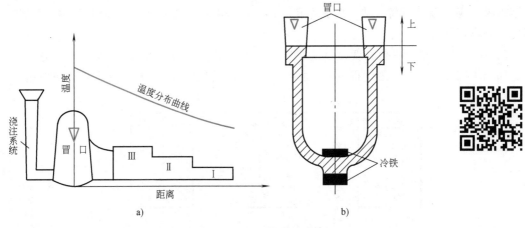

图1-9　定向凝固示意图及冒口和冷铁的应用

a）定向凝固示意图　b）冒口和冷铁的应用

3）实现定向凝固的措施。内浇道的引入位置要有利于定向凝固，如从铸件最厚处引入，尽量靠近冒口或从冒口引入，如图 1-9a 所示；对壁厚的分布有利于定向凝固的铸件，则在铸件的最厚部位设置补缩冒口（图 1-9a）；对形状复杂，厚大部位不止一个的铸件，在安放冒口的同时，还可在铸件其他厚大部位增设冷铁，以增加该处的冷却速度，从而实现定向凝固。如图 1-9b 所示，仅靠顶部冒口难以向底部的凸台补缩，为此，在该凸台的型壁上安放两块外冷铁，加快铸件在该处的冷却速度，使厚度较大的凸台反而最先凝固，从而实现自下而上的定向凝固，防止了凸台处缩孔、缩松的产生。冷铁仅是提升某些部位的冷却速度，以控制铸件的凝固顺序，本身并不起补缩作用。冷铁通常用铸钢、石墨或铸铁加工制成。

定向凝固虽然可以有效防止铸件产生缩孔，但是会耗费许多金属和工时，增加铸件成本。同时，定向凝固加大了铸件各部分之间的温度梯度，使铸件的变形和裂纹倾向加大。因此，定向凝固主要用于体收缩大的合金，如铸钢、球墨铸铁、铝青铜和铝硅合金等。

4）其他措施。对于结晶温度范围很宽的合金，由于呈糊状凝固，即使采用冒口对热节处补缩，但由于发达的树枝晶布满了整个正在凝固的区域，堵塞了补缩通道，使冒口难以发挥补缩作用，因而仍难避免缩松的产生。显然，选用近共晶成分或结晶温度范围较窄的合金，是防止缩松产生的有效措施；提升铸件的冷却速度，如采用热节处安放冷铁等局部激冷的方法，可以加大该处温度梯度，使处于液-固两相区的截面变窄，从而减少缩松；加大结晶压力，可以破碎枝晶，减少其对金属液的流动阻力，从而达到部分防止缩松的效果。

**3. 铸造内应力**

铸件在凝固之后继续冷却的过程中，若固态收缩受到阻碍，将会在铸件内产生内应力，称为铸造内应力。铸造内应力有热应力和机械应力两类，它们是铸件产生变形和裂纹的基本原因。

（1）热应力的形成 热应力是由于铸件壁厚不均匀、各部分冷却速度不同，以致在同一时期铸件各部分收缩不一致而相互约束引起的内应力。

为了分析热应力的形成原因，需要了解金属自高温冷却到室温时应力状态的变化。固态金属在弹-塑性临界温度 $t_{临}$ 以上的较高温度时，处于塑性状态，在应力作用下会产生塑性变形，变形之后，应力可自行消除。而在弹-塑性临界温度以下时，金属呈弹性状态，在应力作用下发生弹性变形，变形之后，应力继续存在，形成残余内应力。

图 1-10a 所示铸件中的杆Ⅰ较粗，杆Ⅱ较细，与上、下横梁形成一个框架形铸件。其中粗、细杆的冷却曲线分别为图 1-10 的曲线Ⅰ和曲线Ⅱ，因粗杆Ⅰ和细杆Ⅱ的截面尺寸不同，冷却速度不一，使两杆收缩不一致而产生了内应力，其具体形成过程如下：

1）第一阶段（$t_0 \sim t_1$）：粗、细杆温度均高于弹塑临界温度，处于塑性状态。尽管两杆冷却速度不同，收缩不一致，但产生的应力可通过塑性变形自行消失。

2）第二阶段（$t_1 \sim t_2$）：细杆Ⅱ的温度已冷至弹塑临界温度以下，进入弹性状态，而粗杆Ⅰ温度仍在弹塑临界温度以上，呈塑性状态。虽然细杆Ⅱ的冷却速度和收缩大于粗杆Ⅰ（图 1-10b），但产生的内应力仍可通过压缩粗杆Ⅰ的塑性变形而自行消失（图 1-10c）。

3）第三阶段（$t_2 \sim t_3$）：粗杆Ⅰ冷至弹塑临界温度以下，进入弹性状态。但此时粗杆Ⅰ的温度较高，还需进行较大的收缩，而细杆Ⅱ的温度较低，收缩已趋停止，而框架结构铸件又是一个刚性的整体，因此粗杆Ⅰ的收缩必然受到细杆Ⅱ的强烈阻碍，从而使粗杆Ⅰ受弹性

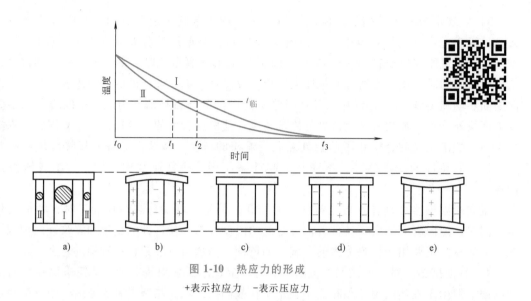

图 1-10 热应力的形成

+表示拉应力 −表示压应力

拉伸，细杆 Ⅱ 受弹性压缩，直到室温，形成了残余内应力，粗杆 Ⅰ 受拉应力，细杆 Ⅱ 受压应力，如图 1-10d 所示。

由以上分析可知，不均匀冷却使铸件的缓冷处（厚壁或芯部）受拉应力，快冷处（薄壁或表层）受压应力。铸件冷却时各处的温差越大，定向凝固越明显，合金的固态收缩率越大，材料的弹性模量越大，则热应力也越大。

（2）机械应力的形成  机械应力是合金的线收缩受到铸型或型芯等的机械阻碍而形成的内应力。如图 1-11 所示，套类铸件在冷却收缩时，轴向受砂型阻碍，径向受型芯阻碍，从而在铸件内部产生机械应力。显然，机械应力主要是拉伸或剪切应力，其大小取决于铸型与型芯的退让性，当铸件落砂后，这种内应力便可自行消除。但在落砂前，如果机械应力在铸型中与热应力共同起作用，则将增大某些部位的拉应力，从而增大铸件产生裂纹的倾向。

（3）减小、消除应力的措施  由于机械应力在铸件落砂后可自行消除，而热应力仍残留在铸件中，因此减小应力的措施主要着眼于减小热应力，但要避免过大的机械应力与热应力共同作用。

1）采取同时凝固措施，尽量减小铸件各部位之间的温度差异，使铸件各部位同时冷却凝固，从而减小因冷却不一、收缩不同步引起的热应力。为实现铸件各部位同时凝固，可在铸件的厚壁处加冷铁，并将内浇口设在薄壁处。但同时凝固容易在铸件中心区域

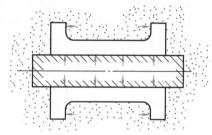

图 1-11 机械应力的形成

缩松，组织不致密，所以同时凝固原则主要用于凝固收缩小的合金（如灰铸铁），以及壁厚均匀、合金结晶温度范围宽（如铸造锡青铜）但对致密性要求不高的铸件等。

2）改善铸型和型芯的退让性，浇注后及时打箱落砂，可以有效减小机械应力及其与热应力的共同作用。

3）实施去应力退火，将落砂清理后的铸件加热到 550~650℃保温，可基本消除铸件中的残余内应力。

**4. 铸件的变形**

（1）铸件变形　残余内应力使铸件处于一种不稳定状态，会自发产生变形以缓解内应力。如图 1-10d 所示的框形铸件，粗杆 I 受拉应力，细杆 II 受压应力，但两杆都有恢复自由状态的趋势，即粗杆 I 总是力图缩短，细杆 II 总是力图伸长，如果连接两杆的横梁刚度不够，就会出现翘曲变形，如图 1-10e 所示。变形使铸造应力重新分布，残余内应力会减小一些，但不可能完全消除。

铸件变形以厚薄不均、截面不对称的细长杆类（如梁、床身等）、薄大板类（如平板等）铸件的弯曲或翘曲变形最为明显。如图 1-12a 所示的 T 型梁铸钢件，梁的 I 部厚、梁的 II 部薄，凝固后，厚的梁 I 部受拉应力、薄的梁 II 部受压应力。各自都有恢复原状的趋势，即厚的梁 I 部力图缩短，薄的梁 II 部力图伸长，若 T 型梁的刚度不够，将发生向厚的梁 I 部方向的弯曲变形。反之，如图 1-12b 所示，梁 I 部薄、梁 II 部厚，则将发生向厚的梁 II 部方向的弯曲变形。

（2）铸件变形的防止

1）减小铸造内应力或形成平衡内应力。凡是减小铸造内应力的措施均有利于防止铸件变形，设计对称结构铸件可使对称两侧的内应力互相平衡而不易变形。

2）反变形法。在铸造生产中防止铸件变形的最有效方法是采用反变形法。制造模样时，按铸件可能产生变形的反方向做出反变形模样，使铸件变形后的结果正好与反变形量抵消，得到符合设计要求的铸件。这种在模样上做出的预变形量称为反变形量。如图 1-13 所示的箱体，壁厚虽均匀，但内部冷却较慢，外部冷却较快，因此箱体壁会发生向外凸出的变形，采用反变形法时，模样反变形量（$f$）应向内侧凸起以抵消该向外凸出量。

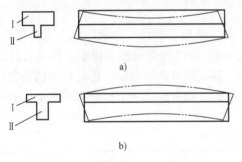

图 1-12　T 型梁铸钢件变形示意图
a）向上弯曲　b）向下弯曲

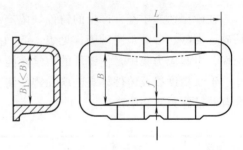

图 1-13　箱体件反变形量

3）设防变形肋板。对于某些铸件可设防变形的肋板（有时可用浇道取代），经消除应力退火后再将肋板去掉。为保证肋板的防变形作用，肋板厚度应略小于铸件壁厚，以便肋板先于铸件凝固。

4）去应力退火。存在内应力的铸件经切削加工后，由于内应力的重新分布，铸件还会发生微量变形，导致其精度显著下降，甚至报废。为此，对于要求装配精度稳定性高的重要铸件，如机床导轨、箱体、刀架等，必须在切削加工前进行去应力退火。

**5. 铸件的裂纹**

当铸造内应力超过金属材料的抗拉强度时，铸件便产生裂纹，裂纹是严重的铸造缺陷，须设法防止。根据产生温度的不同，裂纹可分为热裂纹和冷裂纹两种。

（1）热裂纹　铸件在凝固末期、接近固相线的高温下形成热裂纹。此时，结晶出来的固态金属已形成完整的骨架，开始线收缩，但晶粒间还存有少量液体，故金属的高温强度很低。如果高温下铸件的线收缩受铸型或型芯的阻碍，机械应力超过其高温强度，铸件便产生热裂纹。热裂纹的尺寸较短、缝隙较宽、形状曲折，缝内呈严重的氧化色。

合金的结晶温度范围越宽，凝固收缩量越大，热裂倾向也越大。因此热裂纹常见于铸钢和铸造铝合金，灰铸铁和球墨铸铁的热裂倾向较小。为防止热裂纹的产生，铸件材料应尽量选用结晶温度范围小、热裂倾向小的合金，对于铸钢和铸铁，必须严格控制硫的质量分数，以防止热脆产生。另外，还应通过改善铸件结构，提高型砂、芯砂退让性，以减小收缩阻碍。

（2）冷裂纹　铸件冷却至较低温度，铸造内应力超过合金的抗拉强度时会形成冷裂纹。冷裂纹细小，呈连续直线状，内表面光滑，具有金属光泽或呈微氧化色。冷裂纹多出现在铸件受拉应力的部位，特别是应力集中部位，如尖角、缩孔、气孔以及非金属夹杂物等附近。

铸件壁厚差别越大，形状越复杂，特别是形状复杂的大型薄壁铸件，越易产生冷裂纹。脆性大、塑性差的合金，如灰铸铁、白口铸铁、高锰钢等较易产生冷裂纹，铸钢中含磷量越高，冷脆性越大，冷裂倾向也越大。塑性好的合金（如铸造铝、铜合金）因内应力可通过塑性变形自行缓解，冷裂倾向较小。因此，凡能减小铸造内应力和降低合金脆性的因素均能防止冷裂纹产生。

此外，设置防裂肋板可有效防止铸件裂纹的产生。

### 1.1.3　铸件的常见缺陷

在砂型铸造中经常产生的铸件缺陷有缩孔、缩松、变形、裂纹、冷隔、浇不足、气孔、粘砂、夹砂、砂眼、胀砂等，见表1-4。它们不仅会减小铸件的有效承载面积，降低铸件致密性，引起应力集中，使铸件的力学性能严重受损，甚至影响机器寿命，还会影响铸件的尺寸、形状精度以及铸件外观，增加铸件清理和切削加工工作量等。为了提高铸件质量，应采取有效措施预防缺陷产生。

表1-4　其他常见铸造缺陷

| 缺陷种类 | 特征 | 产生原因 | 防止的铸造工艺措施 |
| --- | --- | --- | --- |
| 浇不足 | 未充满，铸件不完整 | 液态合金流动性、充型能力不足，铸件壁太薄 | 提高浇注温度与速度，预热铸型减慢其散热速度 |
| 冷隔 | 铸件有未融合接缝 | | |
| 气孔 | 孔内壁光滑，明亮或带有轻微氧化色 | 熔融合金吸收的气体在冷凝前未逸出 | 降低金属液含气量，增大砂型透气性，增设出气孔，烘干铸型等 |
| 粘砂 | 铸件表面粘附难以清除的砂粒 | 型砂耐火度不足或紧实度不够，浇注温度太高 | 提高型砂耐火度，降低浇注温度，砂型表面刷防粘砂涂料 |
| 夹砂 | 铸件表面形成内含夹砂的沟槽、疤痕（图1-14b） | 湿型铸造厚大平板类铸件，上表面型砂受金属液强烈热辐射作用而拱起、破碎，夹入金属液中（图1-14a） | 烘干铸型，铸件厚大平面朝下放置，采用树脂砂造型 |
| 砂眼 | 铸件内部或表面充塞着型砂的孔洞 | 造型、合箱和浇注过程中，砂粒、砂块剥落或冲落而滞留在铸件内 | 保证型砂强度与模样的起模斜度，加固铸型的细薄凸起，防止砂粒掉入型腔等 |

（续）

| 缺陷种类 | 特征 | 产生原因 | 防止的铸造工艺措施 |
|---|---|---|---|
| 胀砂 | 铸件局部胀大 | 在金属液压力作用下,铸型型壁移动 | 提高砂型强度、砂箱刚度,加大合箱紧固力,降低浇注温度以提早结壳,减小金属液对铸型的压力 |

图1-14 夹砂及其形成示意图

a) 型砂拱起开裂 b) 夹砂疤痕

## 1.2 砂型铸造

砂型铸造是将熔融金属浇入砂质铸型中,待冷却凝固后,取出铸件的铸造方法,是应用最广的铸造方法,它适用于各种形状、各种尺寸及常用合金铸件的生产。掌握砂型铸造技术是合理选择铸造方法和正确设计零件结构的基础。

### 1.2.1 砂型铸造造型（造芯）方法

制造砂型（芯）的工艺过程称为造型（芯）。造型（芯）是砂型铸造最基本的工序,通常分为手工造型（芯）和机器造型（芯）两大类。

**1. 手工造型**

手工造型时,填砂、紧实和起模都用手工和手动工具完成。其优点是操作灵活、适应性强,工艺装备简单,生产准备时间短。缺点是生产率低、劳动强度大,铸件质量不易保证。故手工造型只适用于单件、小批量生产。

手工造型适用于各种形状结构的铸件,根据铸件形状结构不同,可以采用不同的造型方法。常用手工造型方法的特点和适用范围见表1-5。

表1-5 常用手工造型方法的特点和适用范围

| 造型方法 | | 主要特点 | 适用范围 |
|---|---|---|---|
| 按砂箱特征区分 | 两箱造型<br>浇注系统 型芯 型芯通气孔<br>上型<br>下型 | 铸型由上型和下型组成,造型、起模、修型等操作方便 | 适用于各种生产批量,各种大、中、小铸件 |
| | 三箱造型<br>上型<br>中型<br>下型 | 铸型由上、中、下三部分组成,中型的高度须与铸件两个分型面的间距适应。三箱造型费工,应尽量避免使用 | 主要用于单件、小批量生产且具有两个分型面的铸件 |

（续）

| 造型方法 | | 主要特点 | 适用范围 |
|---|---|---|---|
| 按砂箱特征区分 | 地坑造型　上型　地坑 | 在车间地坑内造型,用地坑代替下砂箱,只要一个上砂箱,可减少砂箱的投资。但造型费工,而且要求操作者的技术水平较高 | 常用于砂箱数量不足,制造批量不大的大、中型铸件 |
| | 脱箱造型　套箱　底板 | 铸型合型后,将砂箱脱出,重新用于造型。浇注前,须用型砂将脱箱后的砂型周围填紧,也可在砂型上加套箱 | 主要用于生产小铸件,砂箱尺寸较小 |
| 按模样特征区分 | 整模造型　整模 | 模样是整体的,多数情况下,型腔全部在下半型内,上半型无型腔。造型简单,铸件不会产生错型缺陷 | 适用于一端为最大截面,且为平面的铸件 |
| | 挖砂造型　挖砂 | 模样是整体的,但铸件的分型面是曲面。为了起模方便,造型时用手工挖去阻碍起模的型砂。每造一件,挖砂一次,费工、生产率低 | 用于单件、小批量生产且分型面不是平面的铸件 |
| | 假箱造型　木模　用砂做的成形底板（假箱） | 为了克服挖砂造型的缺点,先将模样放在假箱上,然后放在假箱上造下型,省去挖砂操作。操作简便,分型面整齐 | 用于成批生产且分型面不是平面的铸件 |
| | 分模造型　上模　下模 | 将模样沿最大截面处分为两半,型腔分别位于上、下两个半型内。造型简单,节省工时 | 常用于最大截面在中部的铸件 |

（续）

| 造型方法 | | 主要特点 | 适用范围 |
|---|---|---|---|
| 按模样特征区分 | 活块造型 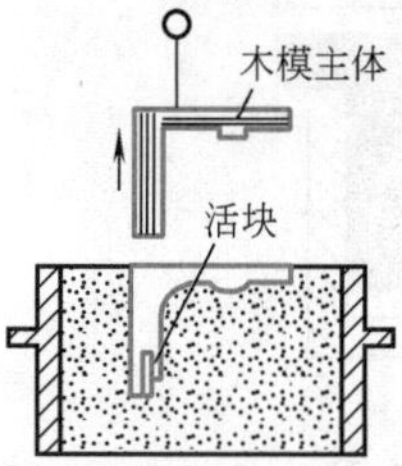 | 铸件上有妨碍起模的小凸台和肋板等。制模时将此部分做成活块,在主体模样起出后,从侧面取出活块。造型费工,要求操作者具有较高的技术水平 | 主要用于单件、小批量生产且带有突出部分、难以起模的铸件 |
| | 刮板造型 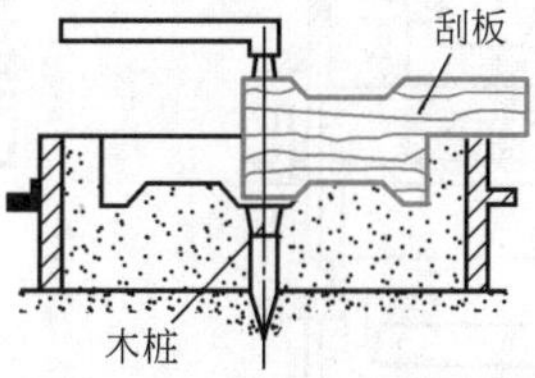 | 用刮板代替模样造型。可大大降低模样成本,缩短生产周期。但生产率低,对操作者的技术水平要求较高 | 主要用于有等截面的或回转体的大、中型铸件的单件、小批量生产 |

### 2. 机器造型

机器造型用模板和砂箱在专门的造型机上进行,其主要特点是加砂、紧砂和起模等工序由机器完成。机器造型的生产效率很高,是手工造型的数十倍,制出的铸件尺寸精度高、表面粗糙度小、加工余量小,工人劳动条件大为改善。但机器造型需要造型机、模板以及特制砂箱等专用机器设备,一次性投资大,生产准备时间长,故适用于成批大量生产,且以中、小型铸件为主。

（1）紧砂方法 目前机器造型绝大部分是以压缩空气为动力来紧实型砂的,主要有压实、震实、震压、抛砂等基本方式,其中黏土砂造型、震压式造型机的工作过程如图 1-15 所示。

向砂箱放满型砂后,使压缩空气从进气口 1 进入震击气缸底部,震击活塞将带动工作台上的砂箱上升（图 1-15a）,震击活塞上升使震击气缸的进气口关闭,排气口露出,压缩空气排出,活塞将带动砂箱下落（图 1-15b）,完成一次震击。如此反复震击,型砂在惯性力作用下被初步紧实。当压缩空气从进气口 2 进入压实气缸底部时,压实活塞（震击气缸）带动砂箱上升,在压头的作用下,型砂进一步被压实（图 1-15c）。最后排出压实气缸中的压缩空气,砂箱下降,完成全部紧实过程。

震压造型机的噪声大、工人劳动条件差,且生产率不够高。在现代化的铸造车间里,震压造型机已逐步被机械化程度更高的微震压实造型机、高压造型机、射压造型机、多工位造型机等取代。

（2）起模方法 型砂紧实以后,从型砂中顺利取出模样,使砂箱内留下完整的型腔。造型机装有取模机构,目前应用广泛的有顶箱、漏模和翻转三种类型。图 1-15d 所示为顶箱起模示意图,使压力油进入起模液压缸,四根顶杆自模板四角的孔中平稳上升,将砂箱顶起,固定在底板上的模样仍保留在工作台上,从而使砂型与模样分离,完成起模工序。

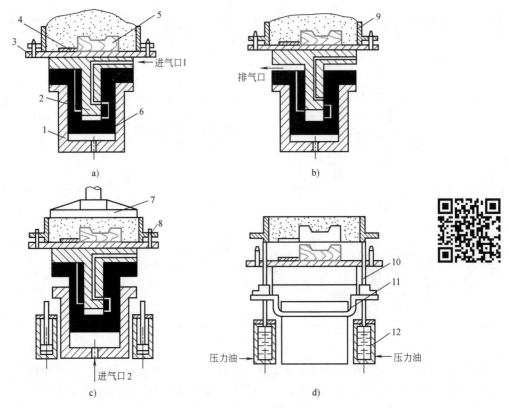

图 1-15 震压造型机的工作过程

a）、b）砂箱上、下震击紧砂　c）辅助压实　d）顶箱起模

1—压实气缸　2—震击活塞　3—模底板　4—浇注系统　5—模样　6—震击气缸

7—压头　8—定位销　9—砂箱　10—起模顶杆　11—同步顶杆　12—起模液压缸

（3）机器造型的工艺特点

1）采用模板造型。模板是将模样、浇注系统沿分型面与底板连接成一个整体的专用模具。造型后，底板形成分型面，模样形成铸型空腔。模板分为单面模板和双面模板两种，上面均装有定位销与专用砂箱上的销孔精确定位。单面模底板用于制造半个铸型，是机器造型最为常用的模板。造型时，上、下型以各自的单面模板分别在两台配对的造型机上造型，造好的上、下型用箱锥定位合型。

2）采用两箱造型。机器造型不能紧实型腔穿通的中箱（模样与砂箱等高），故不能进行三箱造型。同时，机器造型还应尽量避免挖砂和活块，因其操作费时，会使造型机的生产效率大大降低。所以，在大批量生产铸件及制订铸造工艺方案时，必须考虑机器造型的这些工艺特点。

机器造型若与其他工序（如配砂、下芯、翻转合型、加压铁、运输、浇注、冷却、落砂和铸件清理等）联系起来，并采用协调控制方法，可实现全面机械化、自动化的铸造生产体系，以提高生产率。

3. 造芯

型芯的作用主要是形成铸件的内腔，也可以形成铸件的外形（如具有内凹或外凸的侧壁）。为便于型芯中的气体排出，需在型芯内部制作通气道。常用的方式是设置通气孔或预埋尼龙通气管。为提高型芯的刚度和强度，大型型芯需放置芯骨。

## 1.2.2 造型材料

凡是用来制造铸型、型芯的材料都属于造型材料，如制造砂型和砂芯所用的型砂、芯砂、涂料与它们的组成材料，制造金属型用的铸钢、铸铁或铜合金，制造其他特种铸型用的石墨、石膏、陶瓷浆料等。

在现代铸造生产中，使用最普遍的是砂型，用砂型生产的铸件约占铸件总产量的80%以上，因此，造型材料通常指的是砂型铸造用的造型材料，包括所用的各种原材料、造型、制芯及涂料等混合料。

**1. 铸造用砂**

铸造生产中使用量最大的是原砂。原砂是耐高温材料，是型砂的主体（骨料），常用二氧化硅含量较高的硅砂作为原砂；硅砂来源广，能满足一般铸铁、铸钢与非铁合金铸件生产要求，但由于热膨胀系数较大，热扩散率、蓄热系数较低，且生产高合金钢铸件易发生黏砂缺陷，非石英质砂目前常用的有橄榄石砂、锆砂、铬铁矿砂、镁砂、刚玉砂等。

**2. 黏结剂**

铸造黏结剂的主要作用是将颗粒或粉状造型材料，形成具有一定强度的连续黏结膜而形成铸型。按照组成分为无机黏结剂和有机黏结剂。

（1）无机黏结剂

1）铸造用黏土分为高岭石黏土与蒙脱石黏土（膨润土）两大类，其中蒙脱石钙基膨润土用于铸铁与有色合金湿型砂（潮模砂），蒙脱石钠基膨润土主要用于铸钢与铸铁湿型砂。

2）水玻璃黏结剂应用最广泛的为钠水玻璃，主要通过物理化学反应而达到硬化，优点是型砂流动性好，易于紧实，硬化快，硬化强度较高，可在硬化后起模，精度高。但是水玻璃砂溃散性差，旧砂再生困难。

（2）有机黏结剂 目前主要使用的有机黏结剂是以树脂为主要成分的树脂黏结剂，其分类方法如下。

1）按受热时状态变化特性。热固性树脂黏结剂，多用作型、芯砂黏结剂；热塑性树脂黏结剂，多用作覆膜砂或涂料的黏结剂。

2）按造型、制芯工艺要求。壳型、壳芯用酚醛树脂；热芯盒用树脂；自硬砂用树脂；冷芯盒用树脂等。

3）按树脂种类。尿醛树脂、酚醛树脂与呋喃树脂等。

（3）辅助材料 型、芯砂中除了原砂、黏结剂与溶剂外，为增强或抑制某种性能而加入的各种物质称为型、芯砂附加物。通常加入抗黏砂材料主要包括石墨、煤粉及煤粉代用品等。

**3. 铸造涂料**

铸造涂料是浇注前覆盖在型、芯表面，以改善其表面耐火性、化学稳定性、抗金属液冲刷性、抗粘砂性等性能的铸造辅助材料。铸造涂料可制成浆状，膏状或粉状，用喷、刷、浸、流等方法涂敷在型、芯表面。

铸造涂料组成包括：骨料、黏结剂、悬浮剂、功能粉料、溶剂及少量助剂等。

铸造涂料的分类：

（1）按溶剂分　水基涂料、醇基涂料。

（2）按用途分　铸钢用、铸铁用、有色金属用、消失模、压铸涂料等。

（3）按耐火材料分　石英粉涂料、石墨粉涂料、铝矾土涂料、锆英粉涂料、莫来石粉涂料、刚玉粉涂料、铬铁矿粉涂料、橄榄石粉涂料、镁砂粉涂料等。

### 1.2.3　砂型铸造工艺设计

为获得健全的合格铸件，减小造型（芯）工作量，降低铸件成本，在砂型铸造的生产准备过程中，首先要根据零件结构特点、技术要求、生产批量和生产条件等进行铸造工艺设计，即选择浇注位置、分型面等铸造成形方案，确定工艺参数，并绘制铸造工艺图，编制工艺卡和工艺规范等技术文件。

**1. 浇注位置的选择**

浇注位置是指浇注后铸件在铸型中所处的空间位置。浇注位置一旦确定，铸件在浇注时，某个表面朝下、朝上或处于侧面就确定了，因此其选择的正确与否，对铸件质量影响很大。为保证铸件质量，选择浇注位置时一般应遵循如下原则：

（1）铸件的重要加工面应朝下或位于侧面　铸件上部易产生砂眼、气孔、夹渣等缺陷，且因凝固速度慢，晶粒也较粗大。而铸件的下部晶粒细小，组织致密缺陷少，质量优于上部。当铸件有几个重要加工面时，则应将主要的和较大的加工面朝下或侧立。当重要加工面不得不朝上时，则应适当加大加工余量，以保证加工后铸件的表面质量。

图 1-16a 所示为车床床身铸件的浇注位置方案。由于床身导轨面是重要表面，不允许有明显的表面缺陷，而且要求组织致密，因此应将导轨面朝下浇注。

图 1-16b 所示为起重机卷扬筒的浇注位置方案。卷扬筒的圆周表面质量要求高，不允许有明显的铸造缺陷，若采用水平浇注，圆周朝上则表面质量难以保证；而若采用立式浇注，由于全部圆周表面均处于侧立位置，其质量均匀一致、较易获得合格铸件。

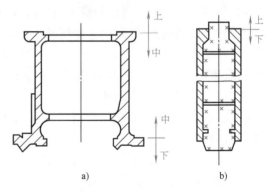

图 1-16　重要面朝下或位于侧面的浇注位置

a）车床床身　b）卷扬筒

（2）铸件的宽大平面应朝下　型腔的上表面除了容易产生砂眼、气孔、夹渣等缺陷外，大平面朝上还容易产生夹砂缺陷。因此，平板、圆盘类铸件的大平面应朝下，如图 1-17 所示。

（3）面积较大的薄壁部分应置于铸型下部或处于垂直、倾斜位置　这样可以有效防止铸件产生浇不足或冷隔等缺陷。图 1-18 所示为油盘铸件的合理浇注位置。

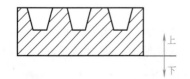

图 1-17　平板大平面朝下的浇注位置

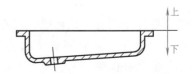

图 1-18　油盘薄壁部置于下部的浇注位置

（4）易产生缩孔的铸件，应将厚大部分置于上部或侧面　这样便于在铸件厚壁处安置冒口，实现自下而上朝冒口方向的定向凝固。图 1-19 所示为铸钢双排链轮的浇注位置。

（5）尽量减少型芯数量，且便于安放、固定和排气　图 1-20 所示为机床床脚与支架的浇注位置选择。图 1-20b 所示机床床脚的中间空腔由自带芯形成，不必另作型芯，不仅简化了造型工艺，而且牢靠稳定，也便于合型、排气，而图 1-20a 所示的方案，内部空腔需要一个大型芯，增加了制芯的工作量及由此需要的工装。图 1-20d 所示支架的型芯安放牢靠、便于固定，也有利于合型、排气，比图 1-20c 所示的方案更合理。

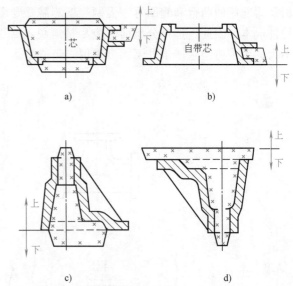

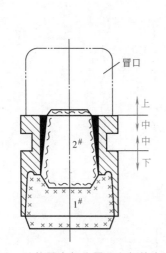

图 1-19　链轮厚大部分置于上部的浇注位置

图 1-20　少芯与稳芯的浇注位置选择
a）、b）机床床脚铸件　c）、d）支架铸件

### 2. 铸型分型面的选择

铸型分型面的选择正确与否是铸造工艺合理与否的关键。如果选择不当，不仅影响铸件质量，还会使制模、造型、造芯、合箱或清理等工序复杂化，甚至会增加切削加工量。因此，分型面应在能保证铸件质量的前提下，尽量简化工艺，一般应遵循如下原则：

（1）便于起模，使造型工艺简化

1）分型面应选在铸件最大截面处。

2）分型面应尽量平直。图 1-21 所示为一起重臂铸件，图中所示的分型面为一平面，故可采用较简便的分模造型，如果选用弯曲分型面，则需采用挖砂或假箱造型。

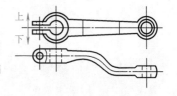

图 1-21　起重臂平直
分型面的选择

3）尽量减少分型面数量。图 1-22a 所示的三通，沿 $ab$ 中心线与 $cd$ 中心线的两个垂直方向为最大截面，另有三个法兰为次大截面，内腔由一个 T 形型芯形成。可采用三种不同的分型方案，其分型面数量各不相同。当中心线 $ab$ 呈竖直位置时（图 1-22b），铸型必须有三个分型面才能取出模样，即用四箱造型。当中心线 $cd$ 呈竖直位置时（图 1-22c），铸型有两个分型面，必须采用三箱造型。当中心线 $ab$ 和 $cd$ 都呈水平位置时（图 1-22d），铸型只有一

个分型面，采用两箱造型即可。显然，图 1-22d 是合理的分型方案。

特别是机器造型只能有一个分型面，如果铸件有几处大截面，不得不有两个或两个以上分型面时，可利用外型芯等措施减少分型面。图 1-23 所示，轮形铸件的圆周外侧面内凹，可采用图中所示的环状型芯，使铸型简化成只有一个分型面的两箱造型。

4）避免不必要的活块和型芯。图 1-24 所示的支架分型方案是避免采用活块的例子。按图中方案 Ⅰ，凸台必须采用四个活块制出，而下部两个活块的部位较深，取出困难。当改用方案 Ⅱ 时，可省去活块。

铸件上的孔和内腔一般由型芯形成，有时也可用型芯简化模样的外形，减少分型面，制出妨碍起模的凸台和侧凹等。但制造型芯需要专门的工艺装备，并且增加下芯工序，会增加铸件成本。因此，选择分型面时应尽量避免不必要的型芯，图 1-23 所示的轮形铸件在批量不大的手工造型生产条件下，多采用三箱造型。

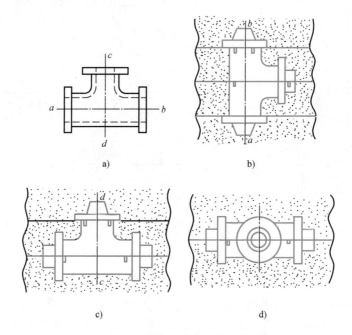

a)                                    b)

c)                                    d)

图 1-22　三通减少分型面的分型方案

a）三通零件　b）四箱造型　c）三箱造型　d）两箱造型

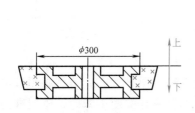

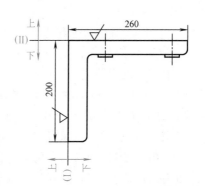

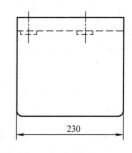

图 1-23　铸轮使用外型芯减少分型面　　图 1-24　支架避免活块的分型方案

但并非型芯越少、铸件的成本越低。图1-23所示轮形铸件在大批量的机器造型生产条件下，采用外型芯可使铸型简化成只有一个分型面，这样，虽然增加了型芯的费用，但可通过大批量生产所取得的经济效益得到补偿。

（2）尽量使铸件重要加工面与加工基准面置于同一砂箱，以保证铸件精度 图1-25所示床身铸件的顶部平面为加工基准面。图1-25a所示方案中，在妨碍起模的凸台处增加了外型芯，采用整模造型使加工面和加工基准面在同一砂箱内，这样能够保证铸件精度，是大批量生产的合理方案。按图1-25b所示方案，加工面与加工基准面分在两个砂箱内，易产生错型，影响铸件精度。如在单件、小批量生产的条件下，考虑不另作外型芯，而铸件的尺寸偏差控制在一定范围内可用画线来纠正，故相应条件下仍可采用图1-25b所示方案。

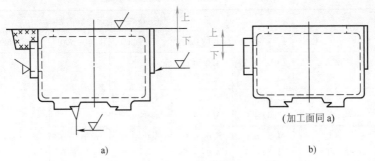

a)　　　　　　　　　　　b)

图1-25 床身加工面与基准面同箱的分型方案

（3）尽量使型腔及主要型芯位于下型 这样便于造型、下芯、合箱和检验铸件壁厚。但下型型腔也不宜过深，并尽量避免使用吊芯和大的吊砂。

图1-26所示为一机床支架的两种分型方案。可以看出，方案Ⅰ和方案Ⅱ同样便于下芯时检查铸件壁厚、防止产生偏芯缺陷，但方案Ⅱ的型腔及型芯大部分位于下型，这样可减小上型的高度，有利于起模及翻箱操作，故较为合理。

选择分型面的上述原则，对于某个具体的铸件来说可能难以同时满足，有时甚至互相矛盾。因此，必须抓住主要矛盾、全面考虑，至于次要矛盾，则应从工艺措施上设法

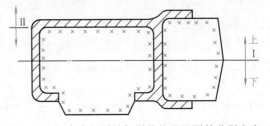

图1-26 机床支架型腔与型芯位于下型的分型方案

解决。例如，质量要求很高的铸件（如机床床身、立柱、刀架，钳工划线平板等），应在满足浇注位置要求的前提下，再考虑造型工艺的简化。对于没有特殊质量要求的一般铸件，则以简化铸造工艺、提高经济效益为主要依据，不必过多考虑铸件的浇注位置，仅对朝上的加工表面增大加工余量即可。

**3. 工艺参数的确定**

浇注位置和分型面确定后，还须确定铸件的机械加工余量、起模斜度、收缩率、型芯头尺寸等具体参数。

（1）机械加工余量和最小铸出孔 在铸件上为切削加工而加大的尺寸称为机械加工余量。在零件图上标有加工符号的表面，均需留有加工余量。加工余量过大，会增加切削加工工时且浪费金属材料；加工余量过小，因铸件表层过硬会加速刀具的磨损，甚至刀具会因残

留黑皮而报废。

机械加工余量的具体数值取决于铸件生产批量、合金种类、铸件大小、加工面与基准面之间的距离及加工面在浇注时的位置等。采用机器造型，铸件精度高，余量可减小；采用手工造型，误差大，故余量应加大。灰铸铁件表面较光滑、平整，精度较高，加工余量较小；铸钢件因表面粗糙，变形较大，余量应加大；非铁合金铸件价格昂贵，且表面光洁，余量可小些。铸件的尺寸越大或加工面与基准面之间的距离越大，尺寸误差也越大，故余量应随之加大。浇注时，铸件朝上的表面因产生缺陷的几率较大，其余量应比底面和侧面大。灰铸铁件的机械加工余量参见表1-6。

表 1-6　灰铸铁件的机械加工余量　　　　　　　　　　　　（单位：mm）

| 铸件最大尺寸 | 浇注时位置 | 加工面与基准面之间的距离 | | | | | |
|---|---|---|---|---|---|---|---|
| | | <50 | 50~120 | 120~260 | 260~500 | 500~800 | 800~1250 |
| <120 | 顶面 | 3.5~4.5 | 4.0~4.5 | — | — | — | — |
| | 底、侧面 | 2.5~3.5 | 3.0~3.5 | | | | |
| 120~260 | 顶面 | 4.0~5.0 | 4.5~5.0 | 5.0~5.5 | — | — | — |
| | 底、侧面 | 3.0~4.0 | 3.5~4.0 | 4.0~4.5 | | | |
| 260~500 | 顶面 | 4.5~6.0 | 5.0~6.0 | 6.0~7.0 | 6.5~7.0 | — | — |
| | 底、侧面 | 3.5~4.5 | 4.0~4.5 | 4.5~5.0 | 5.0~6.0 | | |
| 500~800 | 顶面 | 5.0~7.0 | 6.0~7.0 | 6.5~7.0 | 7.0~8.0 | 7.5~9.0 | — |
| | 底、侧面 | 4.0~5.0 | 4.5~5.0 | 4.5~5.5 | 5.0~6.0 | 6.5~7.0 | |
| 800~1250 | 顶面 | 6.0~7.0 | 6.5~7.5 | 7.0~8.0 | 7.5~8.0 | 8.0~9.0 | 8.5~10.0 |
| | 底、侧面 | 4.0~5.5 | 5.0~5.5 | 5.0~6.0 | 5.5~6.0 | 5.5~7.0 | 6.5~7.5 |

铸件上的孔、槽是否铸出，不仅取决于工艺，还必须考虑其必要性。一般来说，较大的孔、槽应当铸出，以减少切削加工工时，节约金属材料，并可减小铸件上的热节；较小的孔则不必铸出，用机加工较为经济。最小铸出孔的参考数值见表1-7。对于零件图上不要求加工的孔、槽以及弯曲孔等，一般均应铸出。

表 1-7　铸件毛坯的最小铸出孔　　　　　　　　　　　　（单位：mm）

| 生产批量 | 最小铸出孔的直径 $d$ | |
|---|---|---|
| | 灰铸铁件 | 铸钢件 |
| 大量生产 | 12~15 | — |
| 成批生产 | 15~30 | 30~50 |
| 单件、小批量生产 | 30~50 | 50 |

（2）起模斜度　为使模样（或型芯）易于从砂型（或芯盒）中取出，凡垂直于分型面的立壁，制造模样时必须留出一定的倾斜度，称为起模斜度，如图1-27所示。

起模斜度的大小取决于立壁高度、造型方法、模样材料等因素，通常为 $15'~3°$。立壁越高，斜度越小（$\beta_1<\beta_2$）；外壁斜度比内壁小（$\beta<\beta_1$）；机器造型比手工造型斜度小；金属模斜度比木模小。

在铸造工艺图上，加工表面的起模斜度应结合加工余量直接表示出，而不加工表面上的斜度（称之为结构斜度）仅用文字注明即可。

（3）收缩率 铸件冷却后的尺寸比型腔尺寸略为缩小，为保证铸件的应有尺寸，模样尺寸必须比铸件图样尺寸放大一个收缩率，常用铸件线收缩率 $K$ 表示

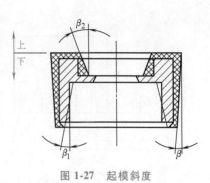

图 1-27 起模斜度

$$K = \frac{L_{模} - L_{件}}{L_{件}} \times 100\%$$

式中，$L_{模}$ 为模样尺寸（mm）；$L_{件}$ 为铸件尺寸（mm）。

铸件的线收缩率与铸件尺寸大小、结构复杂程度、铸造合金种类等有关。通常灰铸铁件的收缩率为 0.7%～1.0%，碳素铸钢件的收缩率为 1.3%～2.0%，铸造锡青铜件的收缩率为 1.2%～1.4%。

（4）型芯头 型芯头指型芯的外伸部分，不形成铸件轮廓，只落入芯座内，用于定位和支撑型芯，使型芯准确固定在型腔中，并承受型芯本身的重力、熔融金属对型芯的浮力和冲击力等。此外，型芯还利用型芯头向外排气。铸型中专为放置型芯头的空腔称为芯座，它由模样上相应的头部形成。根据型芯在铸型中的安放位置，型芯头可分为垂直芯头和水平芯头两大类，如图 1-28 所示。垂直芯头和配合的芯座都应有一定斜度，水平芯头的芯座端部应留出一定斜度，型芯头与芯座之间应留有一定间隙，以便于下芯和合型。

在型芯头处，为了合箱后能把砂芯压紧，避免液态金属沿间隙进入芯头，堵塞通气道，可增设压环；为了防止掉砂缺陷可设置防压环；为了存放下芯时散落的砂粒，加快下芯速度，可设置集砂槽。

**4. 铸造工艺图**

铸造工艺设计的内容最终会归结到绘制出的铸造工艺图中，它是直接在零件图上用各种工艺符号绘出铸造所需资料的图样，包括铸件的浇注位置、铸型分型面、加工余量、起模斜度、收缩率、反变形量、浇冒口系统、冷铁尺寸和布置、型芯和芯头的大小等。它决定了铸

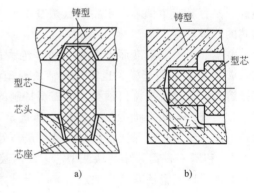

图 1-28 型芯头的构造
a）垂直芯头 b）水平芯头

件的形状、尺寸、生产方法和工艺过程，是制造模样、模板、芯盒等工装、进行生产准备、铸型制造和铸件验收的依据。铸造工艺图按照 JB/T 2435—2013 的要求进行绘制。图 1-29 所示为支座的铸造工艺图及依此画出的模样图及合箱图。

**5. 铸造工艺设计实例分析**

以机加工中普遍使用的 C6140 车床进给箱体为例，分析铸造工艺设计程序。

（1）铸件及其工艺分析 C6140 车床进给箱体，材料为铸造性能优良的 HT150，质量约 35kg，如图 1-30a 所示。该铸件的表面没有特殊质量要求，仅要求尽量保证基准面 $D$ 的质量。故浇注位置和分型面的选择主要着眼于造型工艺的简化。

（2）铸造工艺设计方案 进给箱体的铸造工艺设计主要考虑分型面的选择，三种方案如图 1-30b 所示。

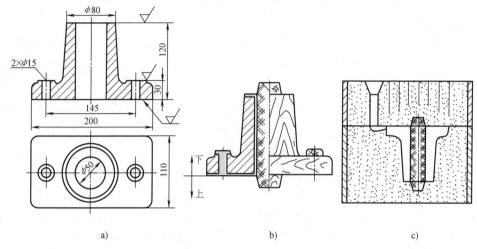

图 1-29　支座的铸造工艺图、模样图及合箱图

a）零件图　b）铸造工艺图（左）和模样图（右）　c）合箱图

方案 Ⅰ——分型面通过轴孔中心线。此时，凸台 A 因距分型面较近，又处于上型，若采用活块，型砂易脱落，故只能用型芯来形成，槽 C 可用型芯或活块制出。本方案的主要优点是适用于铸出轴孔，铸后轴孔的飞边少，便于清理。同时，下芯头尺寸较大，型芯稳定性好，不容易产生偏芯。主要缺点是基准面 D 朝上，该面较易产生气孔和夹渣等缺陷，且型芯的数量较多。

方案 Ⅱ——从基准面 D 分型，铸件绝大部分位于下型。此时，凸台 A 不妨碍起模，但凸台 E 和槽 C 妨碍起模，也需采用活块或型芯来克服。其缺点除基准面朝上外，轴孔难以直接铸出。若想直接铸出轴孔，则需要特制的模样及芯头结构，以解决型芯头的问题。

方案 Ⅲ——从 B 面分型，铸件全部置于下型。其优点是铸件不会产生错型缺陷；基准面朝下，其质量容易保证；同时，铸件最薄处在铸型下部，金属液易于充满铸型。缺点是凸台 E、A 和槽 C 都需采用活块或型芯，而内腔型芯上大下小，稳定性差。

上述三种方案各有其优缺点，需结合具体生产条件，找出最佳方案。

1）大批量生产。为减少切削加工工作量，九个轴孔需要铸出。此时，为了使下芯、合箱及铸件的清理简便，只能按照方案 Ⅰ 从轴孔中心线处分型。为了便于采用机器造型，尽量避免活块，故凸台和凹槽均应用型芯来形成。因基准面朝上，必须加大基准面 D 的加工余量。

2）单件、小批量生产。因采用手工造型，使用活块造型比型芯更为方便。同时，因铸件的尺寸允许偏差较大，九个轴孔不必铸出，需直接切削加工而成。此外，应尽量降低上型高度，以便利用现有砂箱。显然，在单件生产条件下，宜采用方案Ⅱ或方案Ⅲ；小批量生产时，三个方案均可考虑，视具体条件而定。

（3）绘制铸造工艺图　在大批量生产条件下采用分型方案Ⅰ时的铸造工艺图如图 1-30c 所示（部分）。

## 1.2.4　铸件结构工艺性

铸件结构指铸件的外形、内腔、壁厚、壁间的连接形式、加强肋和凸台的安置等。铸件

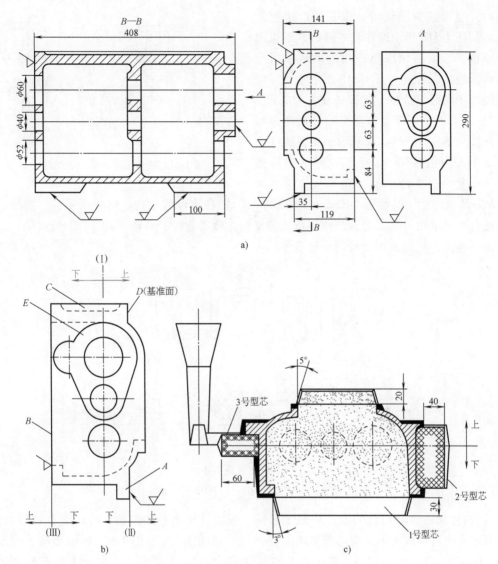

图 1-30 车床进给箱体铸造工艺设计

a）零件图 b）分型面的选择 c）铸造工艺图（部分）

结构工艺性是指进行铸件结构设计时，不仅要保证其使用性能要求，还必须考虑铸造工艺和合金铸造性能对铸件结构的要求。铸件结构合理与否对铸件质量、生产率及成本有很大的影响。

**1. 铸件结构应使铸造工艺过程简化**

铸件结构应尽可能使制模、造型、造芯、合箱和清理等工序简化，避免不必要的浪费，防止废品产生，并为实现机械化、自动化生产创造条件。大批量生产时，铸件的结构应便于采用机器造型；单件、小批量生产时，则应使所设计的铸件尽可能适应现有生产条件。

（1）铸件的外形应力求简单 在满足使用要求的条件下，铸件外形力求简单，以方便起模、简化造型，尽量避免三箱、挖砂、活块造型及不必要的外部型芯。

1）尽量避免铸件外壁侧凹，减少分型面。这样可以减少砂箱或外型芯的数量，减少造型工时，也可减少因错箱、偏芯而产生的铸造缺陷。图1-31a所示铸件有一侧凹，形成两个分型面，所以必须采用三箱造型或采用外型芯两箱造型。若改为图1-31b所示结构，便可采用简单的两箱造型，造型过程大大简化。

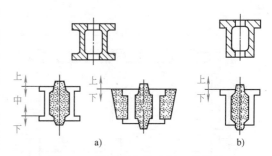

图1-31　铸件避免外壁侧凹的结构

2）尽可能使铸件分型面平直，避免分型面上的圆角结构。图1-32a所示小支架铸件的分型面上有圆角结构，需采用挖砂或假箱造型，工序复杂，生产率低，成本高，应改为图1-32b所示结构。又如图1-32c与图1-32d所示杠杆铸件的结构，需要采用挖砂造型以实现曲面分型或采用外型芯造型，使铸造工艺复杂，费工费时；若改为图1-32e所示结构，分型面为一平面，便可采用简易的分模造型。

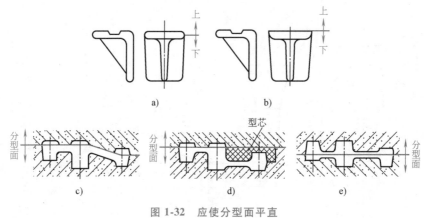

图1-32　应使分型面平直
a）、b）小支架　c）~e）杠杆

3）铸件加强肋和凸台的设计应便于起模。若设计不当，加强肋、凸台常会妨碍起模，而需采用活块造型或增加外型芯等解决起模问题，如图1-33a与图1-33c所示结构。若改为图1-33b与图1-33d所示结构，将法兰上加强肋旋转45°至分型面上，侧壁上的凸台延至分型面，均可使铸造工艺大大简化。

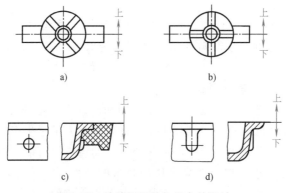

图1-33　铸件加强肋与凸台的设计
a）、b）加强肋　c）、d）凸台

4）铸件侧壁应具有结构斜度。铸件上凡垂直于分型面的所有非加工表面应设置结构斜度，以便于起模和提高铸件精度，如图1-34所示。结构斜度的大小与铸件的垂直壁高度有关，见表1-8。

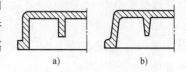

图1-34 结构斜度的设计
a）结构不合理 b）结构合理

为了简化模样制造与造型，在满足使用要求与兼顾美学的前提下，尽量采用方形、圆形、圆锥形等规则几何形体堆叠组成铸件形体，尽量不采用非标准曲线或曲面形体。

表1-8 铸件的结构斜度

| 斜度($a:h$) | 角度$\beta$ | 使用范围 |
|---|---|---|
| 1:5 | 11°30′ | $h<25mm$ 铸钢和铸铁件 |
| 1:10 | 5°30′ | $h=25\sim500mm$ 铸钢和铸铁件 |
| 1:20 | 3° | $h=25\sim500mm$ 铸钢和铸铁件 |
| 1:50 | 1° | $h>500mm$ 铸钢和铸铁件 |
| 1:100 | 30′ | 非铁合金铸件 |

（2）铸件的内腔应简单适用，避免不必要的复杂结构

1）尽量少用或不用型芯。型芯会增加材料消耗，不仅造成生产工艺过程复杂，提高成本，还会因型芯组装间隙影响铸件尺寸精度，容易产生由型芯导致的铸造缺陷。图1-34a所示铸件的内腔侧壁无斜

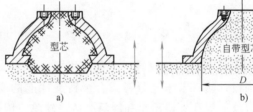

图1-35 圆盖铸件不用型芯的内腔设计

度、图1-35a所示圆盖铸件的内腔出口处直径变小，因此均需采用型芯形成内腔。若分别改为图1-34b（内腔侧壁具有结构斜度）与图1-35b所示的结构（开口式内腔，且内腔直径$D$大于高度$H$），则可直接在造型时采用自带型芯形成内腔。

图1-36所示为支柱的两种结构设计。图1-36a采用箱形截面，需用型芯；而图1-36b改为工字形截面（肋板结构），就可不用型芯，既降低了铸造成本，提高了生产率，又保证了铸件质量，并使结构轻便。

2）应便于型芯的固定、定位、排气和清理。图1-37a所示轴承支架铸件的内腔需用两个型芯形成，其中水平型芯呈悬臂状，必须用型芯撑作辅助支撑，型芯撑容易导致铸造缺陷（如因型芯不稳而偏芯会导致壁厚不匀、因型芯撑处冷凝快而出现冷隔等），而且因型芯不连通

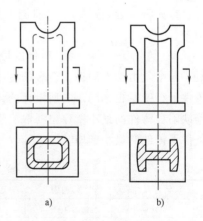

图1-36 支柱的两种结构
a）箱形结构 b）工字形结构

会导致排气不畅、清砂不便；改为图 1-37b 所示结构后，采用一个整体型芯，型芯安放稳固，装配简单，易于排气，且清理方便。

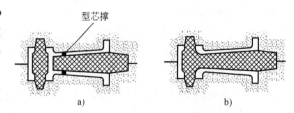

图 1-37 轴承支架便于型芯固定的内腔结构

有些铸件的内腔可以或因使用要求需要而成为封闭结构，有的铸件虽然是开式内腔，但型芯放置很不稳定，这些都会造成下芯、合箱、清理困难。此时，可以在不影响零件使用要求的前提下，开设工艺孔，增加型芯头，形成与外界连通的内腔，以便于型芯的固定、排气和清理。图 1-38a 所示的箱座铸件结构，形成左、右内腔的型芯需采用型芯撑，安放不稳定且排气、清理困难，而图 1-38b 所示的箱座铸件结构，左、右内腔开设了工艺孔，型芯增加了型芯头，安放稳定且排气、清理方便。又如图 1-38d 所示铸件内的孔就是为了方便型芯清理而增设的工艺孔，否则型芯无法清出（图 1-38c），如果零件上不允许有此孔，则可在铸出铸件后将其堵上。

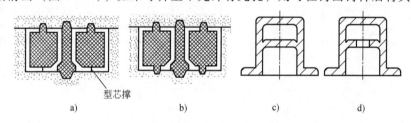

图 1-38 工艺孔的开设

a)、b) 稳定型芯工艺孔　c)、d) 清理型芯工艺孔

**2. 铸件结构应适应合金铸造性能的要求**

铸件结构设计时，若未充分考虑合金铸造性能的要求，则在铸件中容易产生缩孔、缩松、变形、裂纹、气孔、浇不足和冷隔等铸造缺陷。因此，为保证铸件质量，必须使铸件结构与所用合金的铸造性能相适应。

（1）铸件的壁厚　铸件壁厚大，有利于液态合金充型，但随着壁厚增加，铸件晶粒会更加粗大，且容易出现缩松、缩孔等缺陷。铸件壁厚小，有利于获得细小晶粒，但不利于液态合金充型，容易产生冷隔和浇不足等缺陷。因此，在确定铸件壁厚时，应使壁厚合理、均匀。

1）铸件的最小壁厚。铸件的最小壁厚是指在某种工艺条件下，铸造合金能充满型腔的最小厚度。由于不同铸造合金的流动性各不相同，所以在相同的铸造条件下，所能浇注出的铸件最小壁厚也不同。若所设计的铸件壁厚小于该最小壁厚，则铸件容易产生浇不足和冷隔等缺陷。铸件的最小壁厚主要取决于合金的种类和铸件的大小，表 1-9 给出了一般砂型铸造条件下铸件的最小壁厚。

表 1-9 砂型铸造铸件最小壁厚的设计　　　　　　（单位：mm）

| 铸件尺寸 | 铸钢 | 灰铸铁 | 球墨铸铁 | 可锻铸铁 | 铝合金 | 铜合金 |
|---|---|---|---|---|---|---|
| <200×200 | 5~8 | 3~5 | 4~6 | 3~5 | 3~3.5 | 3~5 |
| 200×200~500×500 | 10~12 | 4~10 | 8~12 | 6~8 | 4~6 | 6~8 |
| >500×500 | 15~20 | 10~15 | 12~20 | — | — | — |

2）铸件壁厚不宜过厚。壁厚过厚，会引起晶粒粗大，且易产生缩孔、缩松等缺陷（图1-39a），使其承载能力不再随壁厚增加而成比例提高。为增加铸件的承载能力和刚度，不能单纯增加铸件壁厚，而应合理选择铸件的截面形状（图1-39b）、在脆弱部分安置加强肋（图1-39c）等措施。

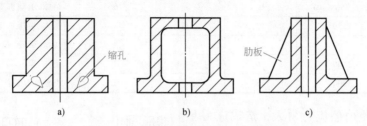

图 1-39 用内腔和设肋减小铸件壁厚

3）铸件壁厚应尽可能均匀。这样可以使铸件各处的冷却速度趋于一致。若铸件壁厚差别过大，不仅会在厚壁处易形成热节，产生缩孔、缩松等缺陷，同时还会增大热应力，在厚、薄壁交接处易产生裂纹，如将图1-40a所示结构改为图1-40b所示的结构，则比较合理。

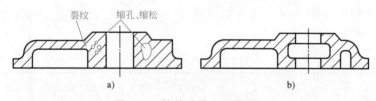

图 1-40 铸件壁厚应尽量均匀

由于铸件内、外壁在铸型中的散热条件不同，因此，散热慢的内壁厚度应比散热较快的外壁厚度适当减小，使铸件在铸型中能同时均匀冷却，以减小热应力，避免在内、外壁交接处产生裂纹，也可避免在内壁处因热节形成缩孔、缩松，如图1-41所示。灰铸铁件的内、外壁厚参考值见表1-10。

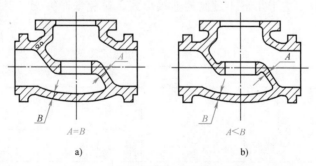

图 1-41 阀体铸件的内外壁厚设计

4）利于实现定向凝固的壁厚设计。当铸件不可避免存在厚度差时，为防止厚壁部位产生缩孔和缩松，需实现定向凝固，这时应使铸件结构便于在厚壁部位安放冒口补缩。可使铸件壁下薄上厚，上部便于安放冒口，从而实现由下而上的定向凝固。

（2）铸件壁间的连接 铸件壁间连接要考虑减小热节，防止应力集中等。

1）铸件壁的转弯处应为圆角。可减小热节和缓解应力集中。如图1-42a所示直角连接

表 1-10 灰铸铁件内、外壁及肋厚参考值

| 铸件质量/kg | 铸件最大尺寸/mm | 外壁厚度/mm | 内壁厚度/mm | 肋的厚度/mm | 零件举例 |
|---|---|---|---|---|---|
| 5 | 300 | 7 | 6 | 5 | 端盖、拨叉、轴套 |
| 6~10 | 500 | 8 | 7 | 5 | 挡板、支架、箱体、闷盖 |
| 11~60 | 750 | 10 | 8 | 6 | 箱体、电动机支架、溜板箱、托架 |
| 61~100 | 1250 | 12 | 10 | 8 | 箱体、液压缸体、溜板箱 |
| 101~500 | 1700 | 14 | 12 | 8 | 油盘、带轮、镗模架 |
| 501~800 | 2500 | 16 | 14 | 10 | 箱体、床身、盖、滑座 |
| 801~1200 | 3000 | 18 | 16 | 12 | 小立柱、床身、箱体、油盘 |

处，受力时会使内侧应力增大，造成应力集中而产生裂纹；因形成热节容易出现缩孔或缩松；且因结晶的方向性易形成结合脆弱面，也易产生裂纹。另外，直角处还容易因热节产生粘砂、掉砂、砂眼等缺陷。若采用图 1-42b 所示的圆角连接，就可有效避免上述铸造缺陷的产生。铸件圆角半径的大小应与其壁厚相适应，还与合金种类有关，见表 1-11。

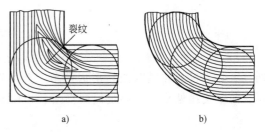

图 1-42 不同转角的热节和应力分布

表 1-11 铸件的内圆角半径 $R$ 值 （单位：mm）

| | $(a+b)/2$ | <8 | 8~12 | 12~16 | 16~20 | 20~27 | 27~35 | 35~45 | 45~60 |
|---|---|---|---|---|---|---|---|---|---|
| $R$ | 铸铁 | 4 | 6 | 6 | 8 | 10 | 12 | 16 | 20 |
| | 铸钢 | 6 | 6 | 8 | 10 | 12 | 16 | 20 | 25 |

2）不同壁厚间要逐步过渡。当铸件壁厚难以均匀一致时，为减小应力集中，防止不同壁厚连接处产生裂纹，应采用逐步过渡的连接形式，避免壁厚突变。表 1-12 为几种壁厚的过渡形式及尺寸。

表 1-12 几种壁厚的过渡形式及尺寸

| 图 例 | | 尺 寸 | |
|---|---|---|---|
| | $b \leqslant 2a$ | 铸铁 | $R \geqslant (1/6 \sim 1/3)(a+b)/2$ |
| | | 铸钢 | $R \approx (a+b)/4$ |
| | $b > 2a$ | 铸铁 | $L > 4(b-a)$ |
| | | 铸钢 | $L > 5(b-a)$ |
| | $b > 2a$ | $R \geqslant (1/6 \sim 1/3)(a+b)/2; R_1 \geqslant R+(a+b)/2$ $C \approx 3(b-a)^{1/2}, h \geqslant (4 \sim 5)C$ | |

3）壁间连接应避免交叉和锐角。图1-43a、b所示的十字形交叉连接与锐角连接，易形成热节和应力集中，铸件易产生缩孔、缩松和裂纹等缺陷。若改为图1-43c、d、e所示的交错连接、环状连接、垂直或钝角连接，则可有效避免上述缺陷。

4）轮辐设计应避免收缩受阻。轮形铸件（如带轮、齿轮、飞轮等）的轮毂和轮缘由轮辐连接，轮辐形式不同，收缩受阻程度不同，产生裂纹的倾向也不同。为防止轮形铸件产生裂纹，应尽可能采用能够减缓收缩受阻的轮辐形式。图1-44a所示为偶数对称直轮辐，当合金的收缩较大，而轮毂、轮缘与轮辐的厚度差较大时，会因较大的收缩应力在轮辐与轮缘（或轮毂）连接处产生裂纹。若采用如图1-44b所示的奇数轮辐，则因每根轮辐的相对部位为轮缘，故收缩应力可通过轮缘的微量变形来缓解。若采用如图1-44c所示的弯曲轮辐，则收缩应力可通过轮辐自身的微变形来缓解。

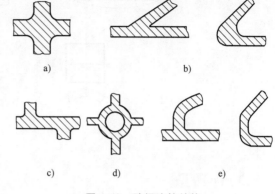

图1-43 壁间连接结构

a）十字形连接 b）锐角连接 c）交错连接
d）环状连接 e）垂直或钝角连接

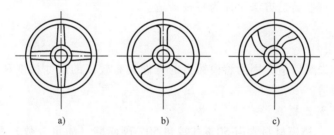

图1-44 轮辐的连接形式

a）偶数对称直轮辐 b）奇数轮辐 c）弯曲轮辐

（3）尽可能避免铸件上出现过大水平面 大的水平面（按浇注位置）不利于金属液的充填，易产生浇不足、冷隔等缺陷，不利于气体和非金属夹杂物排除，应尽可能避免。例如，应将如图1-45a所示顶盖铸铁件的大水平面改为图1-45b所示的大斜面。当然也可在浇注时将铸型倾斜一个角度，使大平面处于倾斜位置。

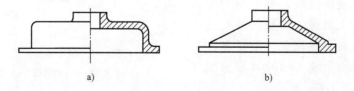

图1-45 顶盖铸件大平面的倾斜设计

（4）采用对称或加强肋结构 为防止细长、薄的大铸件产生翘曲变形，常采用对称或加强肋结构，如图1-46所示。设计合理的加强肋，可有效防止铸件的变形和开裂，但加强肋的厚度应比壁厚小，只有使其先于内、外壁凝固，才能真正起加强作用。

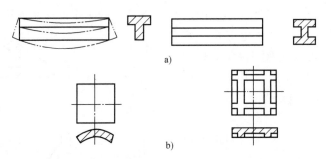

图 1-46　细长和薄大铸件的设计

# 1.3　特种铸造

虽然砂型铸造适应性广，应用极为普遍，但砂型铸件的精度低、表面粗糙，手工造型的生产效率低、生产环境差，工人的劳动强度大，而机器造型及造型生产线的投资巨大；对于薄壁非铁合金铸件、高尺寸精度铸件、管状铸件和高温合金飞机叶片等特殊零件，往往难以用砂型铸造方法来生产。为解决这类零件的制造问题，出现了用砂较少或不用砂、采用特殊工艺装备的铸造方法，如熔模铸造、金属型铸造、压力铸造、低压铸造、离心铸造、实型铸造、挤压铸造等，这些铸造方法统称为特种铸造。

## 1.3.1　熔模铸造

熔模铸造又称失蜡铸造，因为熔模铸造的铸件具有较高的尺寸精度和较好的表面质量，又称为熔模精密铸造。

**1. 熔模铸造工艺过程**

（1）制造蜡模　蜡模材料常由 50% 石蜡和 50% 硬脂酸（质量分数）配制而成。首先将 45~48℃ 的糊状蜡料压入用钢或铝合金等材料制造的模具（压型）中，冷凝后取出即为蜡模，如图 1-47a 所示。一般常把数个蜡模熔焊在蜡棒上，成为蜡模组，如图 1-47b 所示。

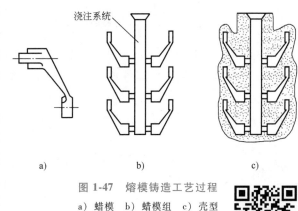

图 1-47　熔模铸造工艺过程
a）蜡模　b）蜡模组　c）壳型

（2）制造型壳　在蜡模组表面浸挂一层以水玻璃（或硅溶胶）和石英粉配制的涂料，再在上面撒一层较细的石英砂，并采用化学或加热硬化。重复多次后，蜡模组外表面形成 5~10mm 厚的耐火坚硬型壳，如图 1-47c 所示。

（3）脱蜡　将带有蜡模组的型壳浸在 80~90℃ 的热水中，蜡料熔化后从浇注系统中流出。

（4）焙烧型壳　将脱蜡后的型壳放入 800~950℃ 加热炉中，保温 0.5~2h，烧去型壳内的残蜡和水分，并提高型壳的强度。

（5）浇注　将型壳从焙烧炉中取出放入干砂中，600~700℃时浇入合金液。

（6）脱壳和清理　用人工或机械的方法去掉型壳、切除浇冒口，清理后即可得到铸件。

**2. 熔模铸造的特点和应用**

熔模铸造具有以下特点：

1）因铸型精密又无分型面，铸件尺寸精度高、表面质量好，是少、无切削加工工艺的重要方法之一，其尺寸精度可达 IT11~IT14，表面粗糙度值为 $Ra12.5~1.6\mu m$。例如，熔模铸造的涡轮发动机叶片，铸件精度可达到无加工余量的要求。

2）可制造形状复杂的铸件，其最小壁厚可达 0.3mm，最小铸出孔径为 0.5mm。对由多个零件组合而成的复杂部件，可用熔模铸造一次铸出。

3）铸造合金种类不受限制，生产高熔点和难切削合金铸件方面更具优越性。

4）生产批量基本不受限制，既可成批、大批量生产，又可单件、小批量生产。

熔模铸造也有一定的局限性，其工序繁杂、生产周期长、生产成本较高。另外，受蜡模与型壳刚度、强度的限制，铸件的质量一般限于 25kg 以下。

熔模铸造主要用于生产汽轮机及燃气轮机的叶片，泵的叶轮，切削刀具，飞机、汽车、拖拉机、风动工具和机床上的小型零件等。

**3. 熔模铸造铸件的结构工艺性**

（1）应便于从压型中取出蜡模和型芯　图 1-48 所示为压盖零件，图 1-48a 所示的铸件结构因带孔凸台朝内，注蜡后无法抽出型芯，若改为图 1-48b 所示的完全开放式结构，即可克服此缺点。

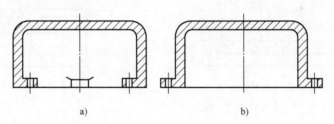

a)　　　　　　　b)

图 1-48　便于抽出蜡模和型芯的铸件结构

（2）避免过小和过深的孔槽　过小的孔和槽会使浸渍涂料和撒砂困难，只能采用陶瓷芯或石英玻璃管芯，但这样会使工艺变得复杂，清理困难。通常铸孔直径应大于 2mm（薄件>0.5mm）。通孔时，孔深/孔径 ≤4~6；不通孔时，孔深/孔径 ≤2。槽宽应大于 2mm，槽深为槽宽的 2~6 倍。

（3）避免有过大平面　因熔模型壳的高温强度较低，易变形，而平板型壳的变形则更为严重。若铸件必须有大平面，可在其上开设工艺孔或增加工艺肋，以增加平板型壳的刚度，如图 1-49所示。

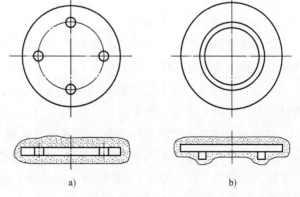

a)　　　　　　　　b)

图 1-49　熔模铸件大平面上的工艺孔和工艺肋

a）工艺孔　b）工艺肋

（4）避免壁厚有分散热节　熔模铸造工艺一般不用冷铁，少用冒口，多用直浇道直接补缩，因此壁厚应尽可能满足向直浇道方向的定向凝固要求。

（5）铸件壁厚不宜过薄　壁厚一般为 2~8mm。

### 1.3.2　金属型铸造

金属型铸造是将液体金属在重力作用下浇入金属铸型以获得铸件的方法。

**1. 金属型的结构与材料**

根据分型面位置不同，金属型可分为垂直分型式、水平分型式和复合分型式三种结构，垂直分型式金属型浇注系统布置和铸型开合比较方便，易实现机械化，应用较广，如图1-50所示。

图1-51为铸造铝合金活塞用的垂直分型式金属型简图，由两个半型组成。上面的金属芯由三部分组成，便于从铸件中取出。当铸件冷却后，首先取出中间的楔片及两个小金属芯，然后将两个半金属芯沿水平方向向中心靠拢，再向上拔出。

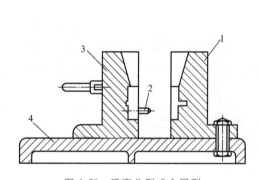

图 1-50　垂直分型式金属型

1—固定半型　2—定位销　3—活动半型　4—底座

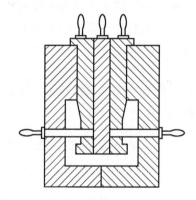

图 1-51　铸造铝合金活塞的金属型简图

金属型材料的熔点一般应高于浇注合金的熔点。如浇注锡、锌、镁等低熔点合金，可用灰铸铁制造金属型；浇注铝、铜等合金，则要用合金铸铁或钢制金属型。金属型用的型芯有砂芯和金属芯两种。

**2. 金属型铸造的工艺特点**

金属型导热速度快，没有退让性和透气性，为了确保获得优质铸件并延长金属型的使用寿命，金属型铸造有其特殊的工艺特点。

（1）铸型排气　在金属型腔上部设排气孔、通气塞，允许气体能通过，但金属液不能通过，在分型面上开通气槽等。

（2）铸型涂料　金属型与高温金属液直接接触的工作表面上应喷刷耐火涂料，以保护金属型，并可调节铸件各部分的冷却速度，提高铸件质量。涂料一般由耐火材料（硅藻土、石墨粉、氧化锌、石英粉等）、黏结剂（水玻璃、硅溶胶、黏土、膨润土等）、水以及其他添加剂等组成，涂料层厚度为 0.1~0.5mm。

（3）铸型预热　为防止金属液冷却过快而造成浇不足、冷隔和气孔等缺陷，浇注前需把金属型预热到 200~350℃。

（4）开型时间　因金属型无退让性，浇注后的铸件在铸型中停留时间过长，易引起过大的铸造应力而导致铸件开裂。因此，铸件冷凝后，应及时从铸型中取出。开型时间随铸造金属种类、铸件壁厚和结构而定，一般为 10~60s。

**3. 金属型铸造的特点及应用范围**

金属型铸造具有以下特点：

1）有较高的尺寸精度（IT12~IT14）和较小的表面粗糙度值（$Ra12.5~6.3\mu m$），加工余量小。

2）金属型的导热性好，冷却速度快，因而铸件的晶粒细小，力学性能好。

3）实现一型多铸，提高了劳动生产率，节约造型材料，减轻环境污染，改善劳动条件。

金属型铸造也有其局限性，因金属型不透气且无退让性，铸件易产生浇不足、冷隔、裂纹、白口（铸铁件）等缺陷，加上金属型无溃散性，因此不宜铸造形状复杂（尤其是内腔复杂）、薄壁、大型铸件；金属型制造成本高，周期长，不宜单件、小批生产；受金属型材料熔点的限制，不适宜生产高熔点合金铸件。

目前，金属型铸造主要用于形状较简单的铜合金、铝合金等非铁金属铸件的大批量生产，如发动机活塞、气缸盖、液压泵壳体、轴瓦、轴套等。铸铁件的金属型铸造目前虽然也有所发展，但铸件的尺寸和质量都受到较大限制。

**4. 金属型铸件的结构工艺性**

（1）便于铸件顺利出型和抽芯　铸件外形和内腔应力求简单，并加大铸件的结构斜度，铸孔直径避免过小、过深，以便尽量采用金属型芯。如图 1-52a 所示端盖铸件，其内腔内大口小，金属芯难以抽出，两小孔也因过深难以抽芯。在不影响使用的条件下，若改为图 1-52b 所示的结构，并增大内腔结构斜度，则可使型芯顺利抽出。

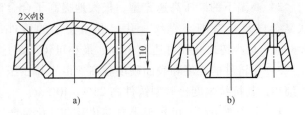

图 1-52　金属型端盖铸件顺利抽芯的内腔结构

（2）铸件壁厚适当并且均匀　铸件壁厚差别不宜过大，以防止出现缩松或裂纹。同时，为防止浇不足、冷隔等缺陷产生，铸件壁厚不能过薄，如铝硅合金铸件的最小壁厚为 2~4mm，铝镁合金的最小壁厚为 3~5mm，铸铁的最小壁厚为 2.5~4mm。

## 1.3.3　压力铸造

压力铸造（简称压铸）是将熔融合金在高压条件下高速充型，并在压力下凝固成形以获得铸件的精密铸造方法。压铸的压射比压为 30~70MPa，压射速度为 0.5~50m/s（有时高达 120m/s），充型时间为 0.01~0.2s。高压和高速充填铸型是压力铸造的重要特征。

**1. 压铸机和压铸工艺过程**

压铸机是压铸生产的基本设备，分为冷压室压铸机和热压室压铸机两类。热压室压铸机的压室与坩埚连成一体，冷压室压铸机的压室与坩埚分开。冷压室压铸机又可分为立式和卧式两种，目前以卧式冷压室压铸机应用较多，其工作原理如图 1-53 所示。压铸所用的铸型都是金属型，由定型和动型两部分组成，分别固定在压铸机的定模板和动模板上，动模板可作水平移动。动型与定型合型后（图 1-53a），将定量金属液浇入压室，柱塞向前推进，金属液经浇道压入压铸模型腔中（图 1-53b），经冷凝后开型，由顶杆将铸件推出（图 1-53c）。

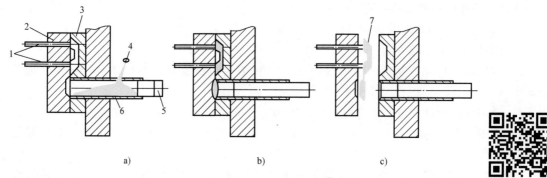

图 1-53 卧式冷压室压铸机工作原理

a）合型 b）压铸 c）开型

1—顶杆 2—活动半型 3—固定半型 4—金属液 5—压射冲头 6—压射室 7—铸件

**2. 压力铸造的特点及其应用**

压力铸造具有以下特点：

1）压铸用压型精密，且在压力下充型、凝固，因此压铸件尺寸精度高，表面质量好，尺寸公差等级为 IT11～IT13，表面粗糙度为 $Ra6.3～1.6\mu m$，可不经机械加工直接使用，而且互换性好。

2）高温下的高压高速充型，极大地提高了合金液的充型能力，因此可以压铸壁薄、形状复杂以及具有细小螺纹、孔、齿和文字的铸件，如锌合金压铸件，其最小壁厚可达 0.8mm、最小铸出孔径可达 0.8mm、最小可铸螺距达 0.75mm。

3）压铸件的强度和表面硬度较高。由于其在压力下凝固和高的冷却速度，铸件表层晶粒细小，其抗拉强度比砂型铸件高 25%～40%。

4）生产效率高，可实现半自动化及自动化生产。

5）可采用嵌铸工艺制出形状复杂件、赋予局部有特殊性能要求（如耐磨、导电、导磁和绝缘等）以及简化装配工艺。

但压铸也有一定的局限性。由于充型速度快，型腔中的气体难以排出，易产生气孔，故压铸件不能进行热处理，也不宜在高温下工作，否则气孔内空气膨胀产生压力，容易造成铸件开裂；金属液凝固快，厚壁处来不及补缩，易产生缩孔和缩松；设备投资大，铸型制造周期长、造价高，不宜小批量生产；压铸件的尺寸受设备能力的限制。

压力铸造广泛用于生产锌合金、铝合金、镁合金和铜合金等铸件。其中，铝合金压铸件最多，其产量占总的压铸件产量的 30%～50%，其次为锌合金压铸件，铜合金和镁合金的压铸件产量很小。压铸件广泛应用于汽车、摩托车、仪表和电子仪器工业等领域，制造均匀薄壁、形状复杂的壳体类零件，如发动机气缸体、缸盖、电动机壳体、变速箱箱体、支架、仪表及照相机壳体等。

**3. 压铸件的结构工艺性**

1）尽量消除内侧凹，以保证铸件从压型中顺利取出及便于抽芯。如图 1-54a 所示结构，侧凹朝内，铸件无法从压型中取出。若改为如图 1-54b 所示结构，侧凹朝外，取出铸件时，可先将右侧外型芯从压型右侧面抽出，再将铸件从压型中顺利取出。

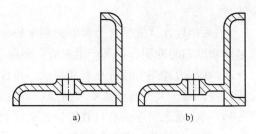

图 1-54 压铸件的侧凹结构

2）壁厚应薄而均匀。压铸时金属充型速度和冷却速度快，故随着壁厚的增加，排气、补缩趋于困难，导致气孔、缩孔、缩松等缺陷逐渐增多。所以在保证铸件强度和刚度的前提下，应尽量减小壁厚，使壁厚均匀，并且可采用加强肋减小壁厚。适宜的壁厚与金属种类有关，锌合金为 1~4mm，铝合金为 1.5~5mm，铜合金为 2~5mm。

3）充分利用并合理设计镶嵌件。为了使嵌件在铸件中连接牢靠，应将嵌件镶入铸件的部分制出凹槽、凸台或滚花等。

### 1.3.4 低压铸造

低压铸造是液体金属在较低的压力（0.02~0.06MPa）作用下由下而上充填型腔，并在压力下凝固形成铸件的生产方法。

**1. 低压铸造工艺过程**

低压铸造工艺过程如图 1-55 所示，将熔炼好的金属液倒入保温坩埚，装上密封盖，垂直升液管使金属液与铸型浇口相通，合型并锁紧铸型（图 1-55a）。向坩埚内通入干燥的压缩空气，金属液在气体压力的作用下经升液管由下而上平稳压入，充满型腔，并在压力下凝固（图 1-55b）。铸件完全凝固后撤除充型压力，升液管内金属液流回坩埚，开启铸型，取出铸件（图 1-55c）。

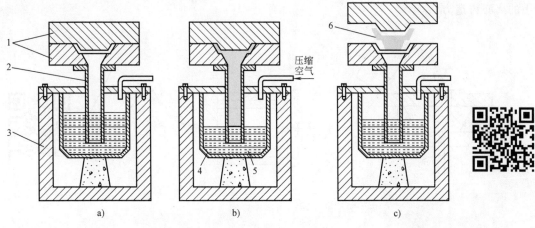

图 1-55 低压铸造示意图

a）合型 b）充型 c）取件

1—铸型 2—升液管 3—保温炉 4—坩埚 5—金属液 6—铸件

**2. 低压铸造的特点及应用**

低压铸造具有以下特点：

1）充型压力和速度便于调节，故可适用于金属型、砂型等，可铸造大小不同的各类合金铸件。

2）采用底注式充型，金属液充型平稳，无冲击、飞溅现象，避免了气体卷入及金属液对型壁和型芯的冲刷，不易产生夹渣、砂眼、气孔等缺陷，铸件合格率高。

3）在压力作用下铸件充型和凝固，铸件组织致密、轮廓清晰、表面粗糙度值小，力学性能较好，对于大型薄壁或要求耐压、防渗漏、气密性好的铸件尤为有利。

4）浇注系统简单，浇口兼冒口，金属利用率高，通常可达 90%~98%。

5）劳动强度低、条件好，设备简单，易实现机械化和自动化。

低压铸造广泛应用于铝合金铸件的生产，如汽车发动机缸体、缸盖、活塞，叶轮和轮毂等。还可用于铸造各种铜合金铸件（如螺旋桨等）以及小型球墨铸铁曲轴等。

### 1.3.5　离心铸造

离心铸造是将熔融金属浇入旋转的铸型中，在离心力作用下充型并凝固成形的一种铸造方法。

**1. 离心铸造的类型**

离心铸造在离心铸造机上进行，铸型可以是金属型，也可以是砂型。根据铸型旋转轴空间位置的不同，离心铸造机可分为立式和卧式两大类，离心铸造如图 1-56 所示。

立式离心铸造机的铸型绕垂直轴旋转（图 1-56a）。由于离心力和液态金属本身重力共同作用，使铸件的自由表面（内表面）呈回转抛物面形状，造成铸件上薄下厚。显然，在其他条件不变的前提下，铸件的高度越大，壁厚的差别也越大，因此，立式离心铸造主要用于制造高度小于直径的圆环类铸件。

卧式离心铸造机的铸型绕水平轴旋转（图 1-56b）。由于铸件各部分的冷却条件相近，卧式离心铸造机铸出的圆筒形铸件壁厚均匀，适于生产长度较大的套筒、管类铸件，是最常用的离心铸造方法。

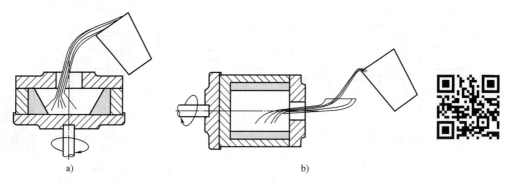

图 1-56　离心铸造示意图
a）立式　b）卧式

**2. 离心铸造的特点及应用范围**

离心铸造具有以下特点：

1）不用型芯即可铸出中空的回转体铸件，可省去浇注系统和冒口，不仅大大简化了套筒、管类铸件的生产工艺过程，还节约了金属。

2）在离心力的作用下，液态金属由表向内定向凝固，改善了补缩条件，气体和非金属夹杂物因密度小易于自金属液中排出，因此铸件组织致密，无缩孔、缩松、气孔和夹杂等缺陷。

3）离心力提高了金属液的充型能力，因此可用于流动性较差的合金和薄壁铸件的生产。

4）便于制造双金属铸件，如钢套镶铸铜衬，其外表面强度高、内表面耐磨，且节约贵重金属。

离心铸造也存在不足。由于离心力的作用，金属中的气体、熔渣等夹杂物，因密度较小而集中在铸件内表面上，使得铸件内表面粗糙、质量较差，孔尺寸不易控制，需通过增加机械加工余量来保证孔的质量。由于形成铸件内外层的离心力大小不同，其差异随铸件壁厚的增加而加大，这会造成铸件内外层的密度差异加大，产生径向的成分和密度偏析，因此不宜铸造壁厚过大的铸件，也不宜铸造直径过小的铸件。

离心铸造是生产管、套类铸件的主要方法，如铸铁管、气缸套、铜套、双金属钢背铜套、特殊钢的无缝管坯、双金属轧辊、加热炉辊道、造纸机滚筒等。

## 1.3.6 挤压铸造

挤压铸造通常称为液态模锻，图 1-57 所示为挤压铸造原理图，由压头直接挤压铸型内的定量金属液，在压力作用下金属液在由压头与铸型构成的型腔内成形、凝固，并伴有一定的塑性变形。图 1-58 为型板挤压铸造工艺过程示意图。挤压铸件尺寸精度与表面质量高，组织致密，晶粒细小，力学性能好，无需设浇冒口，金属利用率高，工艺简单，易实现机械化、自动化。挤压铸造可用于生产强度较高、气密性好的铸件及薄板类铸件，如各种阀体、活塞、机架、轮毂、耙片和铸铁锅等。

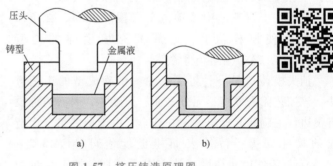

图 1-57 挤压铸造原理图
a）合型前 b）合型后

此外，类似于挤压铸造的还有用于一次成形管、棒、板等型材的液态挤压（图 1-59）、连续铸挤（图 1-60）和液态轧制（图 1-61）等。

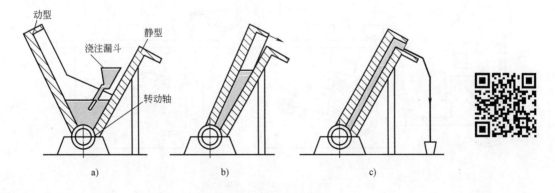

图 1-58 型板挤压铸造工艺过程示意图
a）浇注 b）合型挤压 c）流出多余金属液

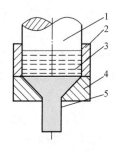

图 1-59 棒材液态挤压成形示意图
1—冲头 2—挤压筒 3—金属液
4—成形模 5—产品

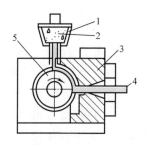

图 1-60 连续铸挤成形示意图
1—保温储料箱 2—金属液 3—靴形座
4—产品 5—挤压槽轮

### 1.3.7 消失模铸造

图 1-62 为消失模铸造工艺过程示意图，将与铸件尺寸形状相似的聚苯乙烯（EPS）泡沫塑料黏结组合成模样（图 1-62a），在泡沫塑料模上刷涂耐火涂料并烘干后，埋在干石英砂中振动造型（图 1-62b），在负压下浇注，使模样汽化，金属液充填模样的位置（图 1-62c），冷却凝固获得铸件。

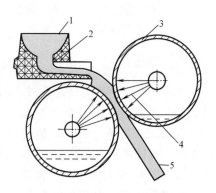

图 1-61 液态轧制成形示意图
1—金属液 2—浇道 3—轧辊
4—冷却水 5—产品

消失模铸造是一种近无余量、精确成型的工艺方法，该工艺无需取模、无分型面、无砂芯，因而铸件没有飞边、毛刺和起模斜度，并减小了由于型芯组合而造成的尺寸误差；铸件表面粗糙度值可达 $Ra3.2 \sim 12.5\mu m$，铸件尺寸精度可达 CT7 至 CT9，加工余量为

1.5~2mm，可大大减少机械加工费用；与传统砂型铸造方法相比，可以减少 40%~50% 的机械加工时间；几乎不受铸件结构、尺寸、重量、材料和批量的限制，特别适用于不易起模、形状复杂的箱体类铸件的生产。

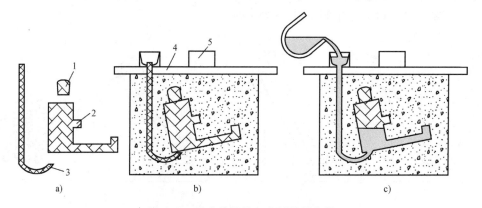

a)                    b)                    c)

图 1-62 消失模铸造工艺过程示意图
a）泡沫塑料模样及浇冒口系统 b）浇注前实体铸型 c）浇注过程
1、2—模样 3—浇冒口 4—压盖 5—压块

## 1.4　常用合金的铸造及铸造方法选择

除了特别难熔的合金，几乎所有的合金都能生产铸件。本节主要介绍铸铁、铸钢和非铁合金中的铸造铝、铜合金等常用合金铸造及铸造方法的选择。

### 1.4.1　铸铁的铸造

铸铁在各类铸造合金中应用最广。工业铸铁以铁、碳和硅为主要元素，一般 $w_C = 2.4\% \sim 4.0\%$、$w_{Si} = 0.6\% \sim 3.0\%$，杂质元素 Mn、S、P 的质量分数较高。为了提高铸铁的力学性能或物理、化学性能，还可加入一定量的合金元素，以得到合金铸铁。

根据碳在铸铁中存在形式和形态的不同，铸铁可分为白口铸铁、灰铸铁、球墨铸铁、可锻铸铁和蠕墨铸铁。其中，白口铸铁的碳除极少量溶于铁素体外，都以渗碳体形式存在，铸铁断口呈银白色，硬而脆，很难切削加工，很少直接用于制造各种铸铁零件。灰铸铁、球墨铸铁、可锻铸铁和蠕墨铸铁中的碳大多以石墨形式存在于基体中，石墨形态分别为片状、球状、团絮状和蠕虫状，断口呈灰色，统称为灰口铸铁，因基体石墨化程度的不同有铁素体、铁素体+珠光体、珠光体三种基本组织。基体组织与钢相近，其性能也相近，而灰口铸铁的抗压强度、硬度、耐磨性主要取决于基体，与钢接近。但因石墨的强度、硬度、塑性和韧性近于零，就力学性能而言相当于"空洞"，对基体有割裂作用，故灰口铸铁的抗拉强度、塑性和韧性比钢低，降低的程度主要取决于石墨的形态，从而几种不同类型灰口铸铁的力学性能存在较大差异。同时，石墨的存在又使灰口铸铁具有比钢优异的其他性能，且其价格比钢低，因此在工业上应用很广。

**1. 灰铸铁的铸造**

（1）灰铸铁的铸造特点　灰铸铁具有接近共晶的化学成分，熔点比钢低，流动性好，而且在凝固过程中铸铁要析出比体积较大的片状石墨，铸铁的收缩率较小，故铸造性能优良。灰铸铁件的铸造工艺简单，主要采用砂型铸造，浇注温度较低，对型砂的要求也较低，中、小件大多采用经济简便的湿型（生产上称为潮模砂）铸造。灰铸铁便于制造薄而形状复杂的铸件，铸件产生缺陷的倾向小，生产中大多采用同时凝固原则，铸型一般无需加补缩冒口和冷铁，只有厚壁铸件铸造时才采用定向凝固原则。因此，灰铸铁是生产工艺最简单、成本最低、应用最广的铸铁，铸铁总产量中，灰铸铁要占80%以上。

（2）灰铸铁片状石墨的析出与孕育处理

1）灰铸铁片状石墨的析出。为了确保碳的石墨化，一是应保证灰铸铁的化学成分，主要是具有一定的碳、硅质量分数，一般为 $w_C = 2.6\% \sim 3.6\%$、$w_{Si} = 1.2\% \sim 3.0\%$；二是应具有适当缓慢的凝固冷却速度。碳、硅质量分数越低，冷却速度越快，石墨化程度越小，越易出现白口组织，图 1-63 所示的三角形试样表示冷却速度对铸铁组织的影响，相同化学成分的铸铁，冷却速度很快的下部尖端处为白口组织；冷却缓慢的上部截面较大处为灰口组织，且芯部组织比表层粗；两部分交界处的组织介于两者之间，称为麻口组织。碳、硅质量分数越高，冷却速度越慢，石墨化程度越大，析出的石墨片

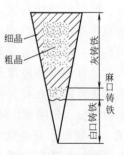

图 1-63　冷却速度对铸铁组织的影响

越多、越粗大，基体组织则表现为铁素体量增多，珠光体量减少，铸铁的力学性能下降。生产中可通过控制碳、硅质量分数与冷却速度，得到不同组织与性能的灰铸铁，图1-64所示为三种基体组织的灰铸铁。

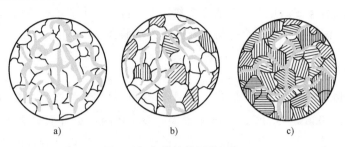

图1-64　灰铸铁的显微组织

a）铁素体基体　b）铁素体+珠光体基体　c）珠光体基体

同一成分但壁厚不同的铸件、同一铸件的不同壁厚处、铸件的表层和芯部，其冷却速度有差异，会使石墨数量、大小与基体组织的差异，从而导致性能的差异。冷却速度慢的部位（厚壁、芯部）比冷却速度快的部位（薄壁、表层）的石墨数量多、尺寸大、基体中铁素体量多，珠光体量少，晶粒粗，力学性能差。因此，应按铸件壁厚来选择不同牌号的灰铸铁，还应注意灰铸铁件的壁厚不要过厚，且要均匀。而且，灰铸铁件的表层与薄壁处容易出现白口组织，硬而脆，不易切削加工，可在铸后退火来消除白口。

由于砂型比金属型导热慢，铸件冷却速度缓慢，容易获得灰口组织，因此在实际生产中，还可在同一铸件的不同部位采用不同的铸型材料，使铸件各部位呈现不同的组织和性能。如冷硬铸造轧辊、车轮等，即采用局部金属型（其余用砂型）以激冷铸件上的耐磨表面，使其产生耐磨的白口组织。

2）灰铸铁的孕育处理。仅通过控制灰铸铁的化学成分和凝固冷却速度，只能获得粗片状石墨，这种灰铸铁称为普通灰铸铁。若向铁液中加入硅铁或硅钙合金等孕育剂，然后再浇注，可使铸铁中的石墨片细小且分布均匀，并获得很细的珠光体基体组织，这种灰铸铁称为孕育铸铁，其强度比普通灰铸铁有所提高。而且由于孕育剂的作用，孕育铸铁的组织和性能受冷却速度的影响较小，使厚壁铸件沿截面的性能仍较均匀（图1-65），故适用于制造厚大铸件。孕育处理还可避免铸件表层与薄壁处出现白口组织。

（3）灰铸铁的性能特点、牌号、应用和热处理

1）灰铸铁的性能特点。虽然灰铸铁的基体与钢相近，但由于片状石墨对基体的割裂作用大，灰铸铁的抗拉强度比钢要低很多，塑性和韧性接近零。灰铸铁的抗压强度、硬度、耐磨性则与相同基体的钢接近。石墨的自润滑和掉落形成空隙对润滑油的吸附储存作用使灰铸铁具有良好的减摩性与切削加工性。松软石墨的吸振、消振作用使灰铸铁的减振能力比钢要高5~10倍。因此，灰铸铁常用于制造机床床身、机座、导轨、衬套和活塞环等要求耐压、消振、减摩、耐磨的零件。

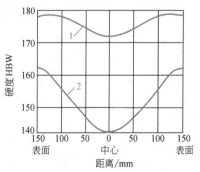

图1-65　孕育处理对大截面（300mm×300mm）铸件硬度的影响

1—孕育铸铁　2—普通灰铸铁

2）灰铸铁的牌号和应用。灰铸铁件包括 HT100、HT150、HT200、HT225、HT250、HT275、HT300、HT350 八个牌号，牌号中的"HT"为"灰铁"二字的汉语拼音字首，后面的三位数为最低抗拉强度值，单位为 MPa。灰铸铁的牌号和应用见表 1-13。

表 1-13　灰铸铁牌号和应用（摘自 GB/T 9439—2010）

| 牌号 | 铸件壁厚/mm | | 最小抗拉强度 $R_m$（强制性值）(min) | | 铸件本体预期抗拉强度/MPa | 应 用 举 例 |
|---|---|---|---|---|---|---|
| | > | ≤ | 单铸试棒/MPa | 附铸试棒或试块/MPa | | |
| HT100 | 5 | 40 | 100 | — | — | 低负荷零件,如外罩、手轮、支架等 |
| HT150 | 5 | 10 | 150 | — | 155 | 承受中等负荷零件,如机座、支架、箱体、带轮、飞轮、刀架、轴承座、法兰、泵体、阀体等 |
| | 10 | 20 | | — | 130 | |
| | 20 | 40 | | 120 | 110 | |
| | 40 | 80 | | 110 | 95 | |
| | 80 | 150 | | 100 | 80 | |
| | 150 | 300 | | 90 | — | |
| HT200 | 5 | 10 | 200 | — | 205 | |
| | 10 | 20 | | — | 180 | |
| | 20 | 40 | | 170 | 155 | |
| | 40 | 80 | | 150 | 130 | |
| | 80 | 150 | | 140 | 115 | |
| | 150 | 300 | | 130 | — | |
| HT225 | 5 | 10 | 225 | — | 230 | 承受较大负荷的重要零件,如气缸体、气缸套、活塞、齿轮、机座、床身、刹车轮、联轴器、齿轮箱、轴承座、液压缸、阀体等 |
| | 10 | 20 | | — | 200 | |
| | 20 | 40 | | 190 | 170 | |
| | 40 | 80 | | 170 | 150 | |
| | 80 | 150 | | 155 | 135 | |
| | 150 | 300 | | 145 | — | |
| HT250 | 5 | 10 | 250 | — | 250 | |
| | 10 | 20 | | — | 225 | |
| | 20 | 40 | | 210 | 195 | |
| | 40 | 80 | | 190 | 170 | |
| | 80 | 150 | | 170 | 155 | |
| | 150 | 300 | | 160 | — | |
| HT275 | 10 | 20 | 275 | — | 250 | 承受高负荷的重要零件,如重型机床床身、压力机机身、高压液压件、车床卡盘、活塞环、齿轮、凸轮、滑阀壳体等 |
| | 20 | 40 | | 230 | 220 | |
| | 40 | 80 | | 205 | 190 | |
| | 80 | 150 | | 190 | 175 | |
| | 150 | 300 | | 175 | — | |

（续）

| 牌号 | 铸件壁厚/mm | | 最小抗拉强度 $R_m$（强制性值）（min） | | 铸件本体预期抗拉强度/MPa | 应 用 举 例 |
|------|------|------|------|------|------|------|
| | > | ≤ | 单铸试棒/MPa | 附铸试棒或试块/MPa | | |
| HT300 | 10 | 20 | 300 | — | 270 | 承受高负荷的重要零件,如重型机床床身、压力机机身、高压液压件、车床卡盘、活塞环、齿轮、凸轮、滑阀壳体等 |
| | 20 | 40 | | 250 | 240 | |
| | 40 | 80 | | 220 | 210 | |
| | 80 | 150 | | 210 | 195 | |
| | 150 | 300 | | 190 | — | |
| HT350 | 10 | 20 | 350 | — | 315 | |
| | 20 | 40 | | 290 | 280 | |
| | 40 | 80 | | 260 | 250 | |
| | 80 | 150 | | 230 | 225 | |
| | 150 | 300 | | 210 | — | |

3）灰铸铁的热处理。对精度要求较高或大型复杂的灰铸铁件，如床身、机架等，切削加工前应进行消除内应力退火，消除因铸件厚薄不匀、冷却速度不同、收缩不一致而产生的较大内应力。消除白口退火用于表层或薄壁处出现白口组织的灰铸铁件。对表面要求高硬度、高耐磨的导轨等灰铸铁件，可采用接触电阻加热方法进行表面淬火，使表层的基体成为细小马氏体组织。

**2. 球墨铸铁的铸造**

（1）球墨铸铁的铸造特点　球墨铸铁也具有接近共晶的化学成分，凝固收缩率较低，具有良好的铸造性能，但比灰铸铁的缩孔、缩松倾向大。这是因球状石墨析出时的膨胀力很大，若铸型的刚度不够，铸件的凝固外壳将向外胀大，造成内部金属液不足，从而产生缩孔、缩松等缺陷，如图1-66所示。为防止缩孔、缩松缺陷的产生，可增设冒口、冷铁来实现定向凝固，以便于补缩；通过增加型砂紧实度，采用干砂型或水玻璃快干砂型，并使上、下型牢固夹紧，以增大铸型刚度，防止型腔扩大。

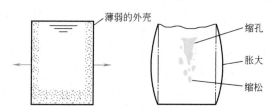

图1-66　球墨铸铁件缩孔和缩松的形成

此外，球墨铸铁件易出现皮下气孔，因此不仅要严格控制球墨铸铁的杂质含量，还应严格控制型砂中的水分。

（2）球墨铸铁球状石墨的析出与孕育处理

1）球墨铸铁球状石墨的析出。球化处理是制造球墨铸铁的关键，最常采用的球化剂是稀土镁合金，加入量一般为铁液的1.0%～1.6%（质量分数）。球化剂密度较小，故其以冲入法加入最为普遍，如图1-67a所示。它是将球化剂放在铁液包的堤坝内，上面铺硅铁粉和稻草灰，以防球化剂上浮，并使其缓慢作用，然后将2/3铁液包容量左右的铁液冲入包内，使球化剂与铁液充分反应。

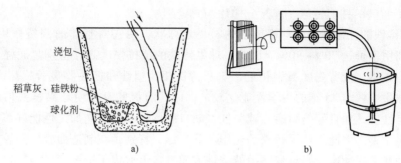

图 1-67 球化示意图

a）冲入法球化工艺　b）喂丝球化工艺

为了提高球化剂的吸收率及球化质量，目前普遍推广喂丝球化工艺，如图 1-67b 所示。

喂丝球化工艺由包芯线的制备和喂线机组成。即用钢带通过包芯线机将稀土镁合金包裹其中，制成合金包芯线，然后用喂线机将其喂入到铁液处理包的底部，使包裹材料在处理包的底部与铁液反应，以达到球化的目的。

喂丝球化工艺的主要优点包括：球化剂的吸收好、用量少，球化剂用量一般为 0.5%~0.7%，比冲入法降低约 50%；成本低、铁液纯净、渣量少，可有效降低残留镁量，降低产生皮下气孔的概率；石墨球数量增加、球径减小，球化级别明显改善，力学性能显著提高。

2）球墨铸铁的孕育处理。球墨铸铁的球化处理必须伴随孕育处理，常用的孕育剂是质量分数为 75%硅铁或硅钙合金，加入量为铁液的 0.4%~1.0%（质量分数）。在铁液包内的球化剂与铁液充分反应后，将孕育剂放在炼铁炉的出铁槽内，用 1/3 铁液包容量的铁液将其冲入包内，进行孕育。球化孕育处理后的铁液应及时浇注，以防止孕育和球化作用衰退。

随着石墨化程度的变化，球墨铸铁可以形成三种基本的基体组织，如图 1-68 所示。

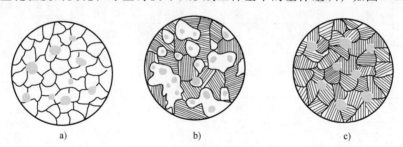

图 1-68 球墨铸铁的显微组织示意图

a）铁素体基体　b）铁素体+珠光体基体　c）珠光体基体

由于球化剂阻碍石墨化，使铸铁白口倾向加大，因此球墨铸铁的碳、硅含量比灰铸铁高，一般为 $w_C = 3.6\% \sim 4.0\%$、$w_{Si} = 2.0\% \sim 3.2\%$，而且球墨铸铁适宜制造厚壁铸件，不宜制造薄壁铸件。由于硫会与镁形成硫化镁（MgS）而增加球化剂的损耗，严重影响球化质量，且硫化镁又会与型砂中的水分作用，使铸件产生皮下气孔，因此应严格控制硫含量。此外还应降低磷含量，以改善球墨铸铁的塑性与韧性。

球化、孕育处理后的铁液温度要降低 50~100℃，为防止浇注温度过低，出炉的铁液温度须在 1400℃ 以上。

（3）球墨铸铁的性能特点、牌号、应用与热处理

1）球墨铸铁的性能特点。球墨铸铁的石墨近球状，使它对基体的割裂作用减至最低，基体强度的利用率可达 70% ~ 90%。因此，球墨铸铁的抗拉强度高，特别是屈强比高，甚至高于一般的中碳钢，疲劳强度与钢相近，与灰铸铁相比塑性和韧性要显著提高。表 1-14 列出了珠光体球墨铸铁与 45 钢的力学性能比较。同时，石墨的存在使球墨铸铁仍可保持灰铸铁的某些优良性能，如良好的耐磨、减摩性，缺口敏感性小，切削加工性能好等，减振性低于灰铸铁但优于钢。因此，球墨铸铁的应用非常广泛，特别是在制造曲轴、凸轮轴等受载较大、承受振动和一定冲击、要求耐磨损的铸件方面基本上取代了锻钢。

表 1-14　珠光体球墨铸铁和 45 钢的力学性能比较

| 性　　能 | 45 号锻钢（正火） | 珠光体球墨铸铁（正火） |
|---|---|---|
| 抗拉强度 $R_m$/MPa | 690 | 815 |
| 屈服强度 $R_{p0.2}$/MPa | 410 | 640 |
| 屈强比 $R_{p0.2}/R_m$ | 0.59 | 0.785 |
| 伸长率 $A$(%) | 26 | 3 |
| 疲劳强度（有缺口试样）$S$/MPa | 150 | 155 |
| 硬度/HBW | <229 | 229 ~ 321 |

2）球墨铸铁的牌号与应用。其牌号与应用见表 1-15。牌号中的"QT"为"球铁"二字的汉语拼音字首，其后两组数字分别表示最低抗拉强度（MPa）和最低伸长率（%）。

表 1-15　球墨铸铁的牌号和应用（摘自 GB/T 1348—2019）

| 材料牌号 | 抗拉强度 $R_m$/MPa(min) | 屈服强度 $R_{p0.2}$/MPa(min) | 伸长率 $A$(%)(min) | 布氏硬度 HBW | 主要基体组织 | 应用举例 |
|---|---|---|---|---|---|---|
| QT350-22L | 350 | 220 | 22 | ≤160 | 铁素体 | 铸铁管、曲轴和汽车底盘零件等 |
| QT350-22R | 350 | 220 | 22 | ≤160 | 铁素体 | |
| QT350-22 | 350 | 220 | 22 | ≤160 | 铁素体 | |
| QT400-18L | 400 | 240 | 18 | 120 ~ 175 | 铁素体 | 风电设备轮毂、底座、齿轮箱等；收割机及割草机上的导架、差速器壳、护刃器等 |
| QT400-18R | 400 | 250 | 18 | 120 ~ 175 | 铁素体 | |
| QT400-18 | 400 | 250 | 18 | 120 ~ 175 | 铁素体 | 汽车、拖拉机后桥壳、轮毂、离合器壳、拨叉、电动机壳、阀体、阀盖、压缩机气缸、农机具上的犁托、犁柱等 |
| QT400-15 | 400 | 250 | 15 | 120 ~ 180 | 铁素体 | |
| QT450-10 | 450 | 310 | 10 | 160 ~ 210 | 铁素体 | |
| QT500-7 | 500 | 320 | 7 | 170 ~ 230 | 铁素体+珠光体 | 机油泵齿轮，铁路机车车辆轴瓦，水轮机的阀体等 |
| QT550-5 | 550 | 350 | 5 | 180 ~ 250 | 铁素体+珠光体 | |
| QT600-3 | 600 | 370 | 3 | 190 ~ 270 | 珠光体+铁素体 | 内燃机曲轴、凸轮轴、气缸套、连杆，部分磨床、铣床、小型水轮机主轴，空压机、制氧机、泵的曲轴、缸体、缸套，桥式起重机大小车滚轮等 |
| QT700-2 | 700 | 420 | 2 | 225 ~ 305 | 珠光体 | |
| QT800-2 | 800 | 480 | 2 | 245 ~ 335 | 珠光体或索氏体 | |

（续）

| 材料牌号 | 抗拉强度 $R_m$/MPa(min) | 屈服强度 $R_{p0.2}$/MPa(min) | 伸长率 $A$(%)(min) | 布氏硬度 HBW | 主要基体组织 | 应用举例 |
|---|---|---|---|---|---|---|
| QT900-2 | 900 | 600 | 2 | 280~360 | 回火马氏体或屈氏体+索氏体 | 汽车、拖拉机传动齿轮,柴油机凸轮轴、农机具上犁铧、耙片等 |

注：字母"L"表示低温-20℃或-40℃；字母"R"表示室温23℃；表中数据适用于单铸、附铸和并排铸造壁厚不大于30mm的试样。

3）球墨铸铁的热处理。球墨铸铁的基体性能利用率高，所以热处理效果好，凡用于钢的热处理方法几乎均可用于球墨铸铁，以改善其基体的组织与性能。球墨铸铁常用的热处理方法有：为获得铁素体基体，以提高铸铁塑性和韧性的退火；为获得珠光体基体，以提高铸铁强度和硬度的正火；为获得回火索氏体基体，以提高铸铁综合力学性能的调质；还有为获得极高强度的奥贝球铁（Austempered Ductile Iron，简称 ADI 球铁）的等温淬火，获得表面高强度的表面淬火等。

**3. 可锻铸铁的铸造**

（1）可锻铸铁的铸造特点与团絮状石墨的析出　可锻铸铁由白口铸铁经石墨化退火获得。制造可锻铸铁的关键是：①要保证浇注后获得完全白口组织，为此，可锻铸铁的碳、硅质量分数比灰铸铁低，一般为 $w_C = 2.2\% \sim 2.8\%$，$w_{Si} = 1.0\% \sim 1.8\%$，而且冷却速度要快，故适宜制造薄壁小型铸件；②要将白口铸铁进行高温（900~980℃）、长时间（15~18h）的石墨化退火处理，使渗碳体分解为团絮状石墨，如图 1-69 所示。基体组织则随冷却工艺的不同而不同，若保温后以较快速度（100℃/h）冷却至共析温度以下，便得到珠光体基体的可锻铸铁；若冷却到共析温度（720~750℃）再次长时间（约30h）保温后冷却，便得到铁素体基体的可锻铸铁。图 1-70 所示为两种可锻铸铁的显微组织示意图。

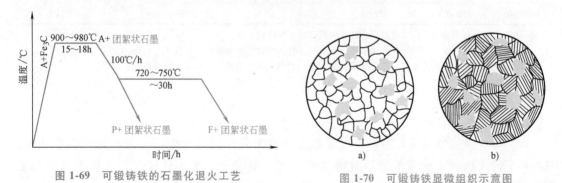

图 1-69　可锻铸铁的石墨化退火工艺

图 1-70　可锻铸铁显微组织示意图
a）铁素体基体　b）珠光体基体

可锻铸铁的历史悠久，但由于其生产周期长、工艺复杂、生产效率低，能耗大、成本高，它的应用和发展受到一定限制，某些传统的可锻铸铁零件，已逐渐被球墨铸铁代替。

（2）可锻铸铁的性能特点、牌号、应用

1）可锻铸铁的性能特点。由于团絮状石墨对基体的割裂作用比片状石墨要大大降低，因而可锻铸铁也是一种高强度铸铁，塑性和韧性显著优于灰铸铁，但可锻铸铁并不可锻，其力学性能比球墨铸铁稍差。可锻铸铁的显著特点是适于制造形状复杂、壁薄而且韧性要求较高的小铸件，如壁厚为1.7mm的三通管件，这是其他铸铁不能相比的。

2）可锻铸铁的牌号与应用。其牌号与应用见表1-16，牌号中的"KT"为"可铁"二字的汉语拼音字首，其后的"H"和"Z"分别表示"黑"和"珠"的汉语拼音字首，"H"表示黑心可锻铸铁，基体为铁素体，"Z"表示珠光体可锻铸铁，基体为珠光体，最后两组数字分别表示最低抗拉强度（MPa）和最低伸长率（%）。

表1-16 常用可锻铸铁牌号与应用（摘自GB/T 9440—2010）

| 牌号 | 试样直径 d[①、②]/mm | 抗拉强度 $R_m$/MPa（min） | 0.2%屈服强度 $R_{p0.2}$/MPa(min) | 伸长率 A(%)（min）($L_0=3d$) | 布氏硬度 HBW | 应用举例 |
|---|---|---|---|---|---|---|
| KTH275-05[③] | 12或15 | 275 | — | 5 | | 弯头、三通管件、中低压阀门等气密性零件 |
| KTH300-06[③] | 12或15 | 300 | — | 6 | | |
| KTH330-08 | 12或15 | 330 | — | 8 | ≤150 | 机床扳手、犁刀、犁柱、车轮壳、钢丝绳轧头等 |
| KTH350-10 | 12或15 | 350 | 200 | 10 | | 汽车、拖拉机轮壳、后桥、减速机壳、制动器、机车与铁道附件等振动载荷下工作的零件 |
| KTH370-05 | 12或15 | 370 | — | 12 | | |
| KTZ450-06 | 12或15 | 450 | 270 | 6 | 150~200 | 载荷较高的耐磨损零件，如曲轴、凸轮轴、连杆、齿轮、活塞环、轴套、万向接头、棘轮、扳手、传动链条、犁刀、矿车轮等 |
| KTZ500-05 | 12或15 | 500 | 300 | 5 | 165~215 | |
| KTZ550-04 | 12或15 | 550 | 340 | 4 | 180~230 | |
| KTZ600-03 | 12或15 | 600 | 390 | 3 | 195~245 | |
| KTZ650-02[④、⑤] | 12或15 | 650 | 430 | 2 | 210~260 | |
| KTZ700-02 | 12或15 | 700 | 530 | 2 | 240~290 | |
| KTZ800-01[④] | 12或15 | 800 | 600 | 1 | 270~320 | |

① 如果需方没有明确要求，供方可任意选取两只试棒直径中的一种；
② 试样直径代表同样壁厚的铸件，如果铸件为薄壁件时，供需双方可协商选取直径为6mm或者9mm试样；
③ KTH275-05和KTH300-06为专门用于保证压力密封性能而不要求高强度或者高延展性工作条件；
④ 油淬加回火；
⑤ 空冷加回火。

**4. 蠕墨铸铁的铸造**

（1）蠕墨铸铁蠕虫状石墨的析出 蠕墨铸铁的化学成分和生产方法与球墨铸铁相似，只是蠕墨铸铁铁液中加入的为适量的蠕化剂（镁钛合金、稀土镁钛合金或稀土镁钙合金等），从而使大部分石墨呈蠕虫状析出，少量为球状析出，如图1-71所示。

（2）蠕墨铸铁的性能特点及应用 蠕墨铸铁中的蠕虫状石墨比灰铸铁中片状石墨的长厚比要小，端部较钝、较圆，对基体的割裂作用介于片状和球状之间，故蠕墨铸铁的力学性能也介于相同基体组织的灰铸铁和球墨铸铁之间，具有较高的强度、一定的韧性和较高的耐磨性，同时又兼有灰铸铁良好的铸造性能和减振性。

蠕墨铸铁已成功用于制造气缸盖、气缸套、钢锭模、轧辊模、玻璃瓶模和液压阀等铸件。

图1-71 蠕墨铸铁显微组织示意图

## 1.4.2　铸钢的铸造

铸钢中碳的质量分数一般为 $w_C = 0.15\% \sim 0.6\%$，主要有碳素铸钢和低合金铸钢两大类。碳素铸钢的应用最广，占铸钢总产量的80%以上。

**1. 铸钢的铸造特点**

铸钢的熔点高（约为1500℃）、流动性差（表1-1）、收缩率大（表1-2、表1-3），铸造性能差，熔炼过程中易氧化、吸气，铸件易产生粘砂、浇不足、冷隔、缩孔、缩松、变形、裂纹、气孔和夹渣等缺陷。为保证铸钢件质量，工艺上常采取以下措施：

1）铸钢用型（芯）砂应具有高的耐火性，良好的透气性、强度和退让性以及低发气性。采用颗粒大而均匀的高耐火度石英砂，铸型采用干砂型或水玻璃砂快干型，型腔表面涂刷耐火涂料。

2）绝大多数铸钢件要配置大量补缩冒口与冷铁，实现定向凝固。冒口一般为铸件质量的 $25\% \sim 50\%$，因此增加了造型和切割冒口的工作量。如图1-72所示的齿圈铸钢件，因壁厚较大（80mm），齿圈内极易形成缩孔和缩松。为了保证充分补缩，在齿圈上设置三个冒口，并在各冒口间安放冷铁，使齿圈形成三个补缩距离较短的独立补缩区，为了进一步提高补缩效果，设置冒口的位置可以增加补贴，浇入的钢液首先在冷铁处凝固，形成朝着冒口方向的定向凝固，齿圈上各部分的收缩都能得到金属液的补充，避免缩孔和缩松的产生。但对薄壁或易产生裂纹的铸钢件，则采用同时凝固工艺。

3）严格掌握浇注温度。具体浇注温度应根据钢号和铸件结构来定，一般为 $1500 \sim 1650$℃。对低碳钢、薄壁小件或结构复杂容易产生浇不足的铸件，可适当提高浇注温度；对高碳钢、厚壁大件及容易产生热裂的铸件，则可适当降低浇注温度。

**2. 碳素铸钢的性能特点、牌号、应用与热处理**

（1）碳素铸钢的性能特点　铸钢的很多力学性能高于各类铸铁，它不仅强度高，还具有铸铁不可比的优良塑性和韧性。此外，铸钢的焊接性能优良，可采用铸、焊联合工艺制造大型零部件。但铸钢的铸造性能、减振性和缺口敏感性比铸铁差。铸钢最适宜制造承受重载荷及冲击载荷形状复杂的零件，如火车轮、锻锤机架和砧座、高压阀门、重型水压机横梁、大型轧机机架与轧辊、齿轮等，在重型机械制造中尤为重要。

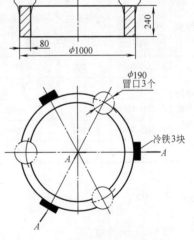

图1-72　铸钢齿圈的铸造工艺方案

（2）碳素铸钢的牌号与应用　碳素铸钢的牌号与应用见表1-17，牌号中的"ZG"为"铸钢"二字的汉语拼音字首，其后的两组数字分别表示最低屈服强度与最低抗拉强度（MPa），"H"为"焊"字的汉语拼音字首，表示焊接结构用碳素铸钢。

（3）铸钢的热处理　铸钢的晶粒粗大，组织不均匀，残余内应力大，会降低铸钢件的强度，特别是塑性和韧性，为此必须对铸钢件进行退火和正火热处理。正火件的力学性能高于退火件，且成本低，应尽量采用。但正火件比退火件的应力大，因此，形状复杂、容易产生裂纹或正火易硬化的铸钢件仍以退火处理为宜。

表 1-17　碳素铸钢的牌号、力学性能与用途（摘自 GB/T 11352—2009 和 GB/T 7659—2010）

| 种类 | 牌号 | 屈服强度 $R_{Eh}$ ($R_{p0.2}$)/MPa | 抗拉强度 $R_m$/MPa | 伸长率 $A_s$(%) | 根据合同选择 | | | 用途举例 |
|------|------|------|------|------|------|------|------|------|
| | | | | | 断面收缩率 $Z$(%) | 冲击吸收功 $A_{KV}$/J | 冲击吸收功 $A_{KU}$/J | |
| 一般工程用 | ZG200-400 | 200 | 400 | 25 | 40 | 30 | 47 | 良好塑性、韧性,用于受力不大、要求高韧性的零件,如机座、变速箱壳等 |
| | ZG230-450 | 230 | 450 | 22 | 32 | 25 | 35 | 一定强度和较好韧性,用于受力不太大、要求高韧性的零件,如砧座、轴承盖、阀门等 |
| | ZG270-500 | 270 | 500 | 18 | 25 | 22 | 27 | 较高强度和韧性,用于受力较大且有一定韧性要求的零件,如连杆、曲轴、机架、缸体、轴承座、箱体等 |
| | ZG310-570 | 310 | 570 | 15 | 21 | 15 | 24 | 较高强度和较低韧性,用于载荷较高的零件,如大齿轮、制动轮 |
| | ZG340-640 | 340 | 640 | 10 | 18 | 10 | 16 | 高强度、硬度和耐磨性,用于齿轮、棘轮、联轴器、叉头等 |

| 种类 | 牌号 | 上屈服强度 $R_{eH}$/MPa | 抗拉强度 $R_m$/MPa | 断后伸长率 $A$(%) | 根据合同选择 | | 用途举例 |
|------|------|------|------|------|------|------|------|
| | | | | | 断面收缩率 $Z$(%) | 冲击吸收功 $A_{KV}$/J | |
| 焊接结构用 | ZG200-400H | 200 | 400 | 25 | 40 | 45 | 含碳量偏下限,焊接性能优良,其用途基本同于 ZG200-400、ZG230-450 和 ZG270-500 等 |
| | ZG230-450H | 230 | 450 | 22 | 35 | 45 | |
| | ZG270-480H | 270 | 480 | 20 | 35 | 40 | |
| | ZG300-500H | 300 | 500 | 20 | 21 | 40 | |
| | ZG340-550H | 340 | 550 | 15 | 21 | 35 | |

## 1.4.3　铜、铝合金的铸造

### 1. 铸造铜合金

铸造铜合金价格较贵,但由于其具有极好的耐蚀性和减磨性,并具有一定的力学性能,因此是工业上不可缺少的铸造合金。铸造铜合金分为铸造黄铜和铸造青铜两大类。

（1）铸造黄铜　以锌为主要合金元素的铜合金,有时还含有硅、锰、铝、铅等合金元素。铸造黄铜因含铜量稍低,故其价格低于铸造青铜。铸造黄铜有较高的力学性能,如 $R_m = 250 \sim 450 \mathrm{MPa}$,$A = 7\% \sim 30\%$,$HBW = 60 \sim 120$,而且熔点低、结晶温度范围窄,流动性好,有良好的铸造性能。所以铸造黄铜常用于制造重载低速或一般用途下的轴承、衬套、齿轮等耐磨件和形状复杂的阀门及大型螺旋桨等耐蚀件。

（2）铸造青铜　以锌与镍以外的元素为主要合金元素的铜合金,如以锡为主要合金元素的锡青铜,此外,还有铝青铜、铅青铜等。其中,锡青铜是最普通的青铜,其力学性能低于黄铜,但耐磨性、耐蚀性优于黄铜,因其结晶温度范围宽,容易产生显微缩松缺陷。因此,铸造锡青铜适用于制造致密性要求不高的耐磨、耐蚀件,大量的显微缩松可作为众多微细储油槽,使铸造锡青铜特别适合制造高速滑动轴承和衬套;优于黄铜的耐蚀性,使铸造锡青铜更适合制造海水中工作的零件。铸造铝青铜有优良的力学性能和耐磨、耐蚀性,但铸造性能较差,仅用于重要用途的耐磨、耐蚀件。

**2. 铸造铝合金**

铸造铝合金密度低,熔点低,导电性和耐蚀性优良,比强度高,常用于制造质量轻而要求具有一定强度的铸件。

铸造铝合金分为铝硅、铝铜、铝镁及铝锌四类合金。铝硅合金的流动性好、线收缩率低、热裂倾向小、气密性好且有足够的强度,所以应用最广,占铸造铝合金总产量的50%以上,常用于制造形状复杂的薄壁件或气密性要求较高的铸件,如内燃机气缸体、化油器、仪表外壳等。铝铜合金的铸造性能较差,如热裂倾向大、气密性和耐蚀性较差,但耐热性较好,主要用于制造活塞、气缸头等。

**3. 铜、铝合金的铸造特点**

铸造铜、铝合金在液态下均具有易氧化和吸气的特性,使铸件易产生气孔、夹渣等缺陷,因此熔炼时应采取措施防止其氧化、吸气并进行除气、除渣处理。此外,铸造时应采取工艺措施,尽量使其平稳快浇、快凝,以减少浇注过程中的氧化、吸气,如底注式可防止金属液飞溅,使金属液连续平稳导入型腔;金属型铸造使铸件快速冷凝;若采用砂型铸造,必须严格控制型砂水分,并采用细砂造型,以增大砂型的紧实度,以获得表面光洁的铸件。特别是铜液的密度大,流动性好,易渗入砂粒间隙,产生机械粘砂,使铸件清理工作量加大。铜、铝合金的凝固收缩率比铸铁大,除锡青铜外,一般需采用冒口使其定向凝固,以利补缩。

## 1.4.4 常用铸造方法的选择

各种铸造方法都有一定的适用范围。选择时,首先要熟悉各种方法的基本特点,其次应从技术、经济、生产条件以及环境保护等方面进行综合分析比较,以确定哪种成形方法较为合理。几种常用铸造方法的比较见表1-18。

表1-18 几种常用铸造方法的比较

| 比较项目 | 铸造方法 | | | | | |
|---|---|---|---|---|---|---|
| | 砂型铸造 | 熔模铸造 | 金属型铸造 | 压力铸造 | 低压铸造 | 离心铸造 |
| 适用合金 | 各种合金 | 不限,以铸钢为主 | 以非铁合金为主 | 非铁合金 | 以非铁合金为主 | 铸钢、铸铁、铜合金 |
| 适用铸件大小 | 不受限制 | 几十克至几十公斤 | 中、小铸件 | 中、小件,几克至几十公斤 | 中、小件,有时达数百公斤 | 零点几公斤至十多吨 |
| 铸件最小壁厚 /mm | 铸铁 >3~4 | 0.5~0.7 孔 $\phi$0.5~2.0 | 铸铝>3 铸铁>5 | 铝合金>0.5 铜合金>2 | >2 | 优于同类铸型的常压铸造 |
| 铸件加工余量 | 大 | 小或不加工 | 小 | 小或不加工 | 较小 | 外表面小,内表面较大 |

（续）

| 比较项目 | 铸造方法 | | | | | |
|---|---|---|---|---|---|---|
| | 砂型铸造 | 熔模铸造 | 金属型铸造 | 压力铸造 | 低压铸造 | 离心铸造 |
| 表面粗糙度值 $Ra/\mu m$ | 50~12.5 | 12.5~1.6 | 12.5~6.3 | 6.3~1.6 | 12.5~3.2 | 决定于铸型材料 |
| 铸件尺寸公差/mm | 100±1.0 | 100±0.3 | 100±0.4 | 100±0.3 | 100±0.4 | 决定于铸型材料 |
| 工艺出品率[1]（%） | 30~50 | 60 | 40~50 | 60 | 50~60 | 85~95 |
| 毛坯利用率[2]（%） | 70 | 90 | 70 | 95 | 80 | 70~90 |
| 投产最小批量/件 | 单件 | 1000 | 700~1000 | 1000 | 1000 | 100~1000 |
| 生产率 | 低中 | 低中 | 中高 | 最高 | 中 | 中高 |
| 应用举例 | 床身、箱体、支座、轴承盖、曲轴、缸体、缸盖等 | 刀具、叶片、自行车零件、刀杆、风动工具等 | 铝活塞、水暖器材、水轮机叶片、一般非铁合金铸件等 | 汽车化油器、缸体、仪表和照相机的壳体和支架等 | 发动机缸体、缸盖、壳体、箱体、船用螺旋桨、纺织机零件等 | 各种铸铁管、套筒、环叶轮、滑动轴承等 |

[1] 工艺出品率 = $\dfrac{铸件质量}{铸件质量+浇冒口质量} \times 100\%$；

[2] 毛坯利用率 = $\dfrac{零件质量}{铸件质量} \times 100\%$。

（1）各种铸造方法适用的合金种类　其主要取决于铸型的耐热状况。砂型铸造所用石英砂耐火度达1700℃，比碳钢的浇注温度还高100~200℃，因此砂型铸造可用于铸钢、铸铁、非铁合金等各种材料。熔模铸造的型壳由耐火度更高的纯石英粉制成，因此它还用于生产熔点更高的合金钢铸件。金属型铸造、压力铸造和低压铸造一般使用金属铸型和型芯，即使表面刷耐火涂料，铸型寿命也不高，因此一般只用于非铁合金铸件。

（2）各种铸造方法适用的铸件大小　其主要与铸型尺寸有关。砂型铸造限制较小，可铸造小、中、大件。由于熔模铸造难以用蜡料做出较大模样以及受型壳强度和刚度所限，一般只适宜生产小件。对于金属型铸造、压力铸造和低压铸造，由于制造大型金属铸型和金属型芯较困难及受设备吨位的限制，一般用于生产中、小型铸件。

（3）各种铸造方法所能达到的铸件尺寸精度和表面粗糙度　其主要与铸型的精度与表面粗糙度有关。砂型铸件的尺寸精度最差，表面粗糙度值最大。熔模铸造因压型加工很精确、光洁，故蜡模也很精确、光洁，而且型壳是无分型面的铸型，所以熔模铸件的尺寸精度很高，表面粗糙度值小。由于压力铸造压铸型加工准确，且在高压、高速下成形，故压铸件的尺寸精度也很高，表面粗糙度值小。金属型铸造和低压铸造的金属铸型（型芯）不如压铸型精确、光洁，且是在重力或低压下成形，铸件的尺寸精度和表面粗糙度不如压铸件，但优于砂型铸件。

（4）各种铸造方法所获铸件的形状复杂程度　凡是采用砂型和砂芯生产铸件，均可以做出形状很复杂的铸件。熔模铸造采用蜡模组合，且无分型面，可铸出形状很复杂的铸件。压力铸造时，采用结构复杂的压铸型也能生产出复杂形状的铸件，但只有在大批量生产时才是经济的。离心铸造较适用于管、套等特定形状的铸件。

# 习 题

1-1 什么是液态合金的充型能力？它与合金的流动性有何关系？不同化学成分的合金为何流动性不同？为什么铸钢的充型能力比铸铁差？

1-2 提高浇注温度可提高液态合金的充型能力，为什么防止浇注温度过高？浇注温度过高有何缺点？

1-3 缩孔与缩松对铸件质量有何影响？为何缩孔比缩松较容易防止？

1-4 区分以下名词：

缩孔和缩松 浇不足与冷隔

出气口与冒口 逐层凝固与定向凝固

1-5 什么是定向凝固原则？什么是同时凝固原则？上述两种凝固原则各适用于什么场合？

1-6 分析图 1-73 所示轨道铸件热应力的分布，并用虚线表示铸件的变形方向。

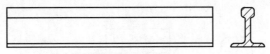

图 1-73 题 1-6 图

1-7 分析下列情况产生气孔的可能性：①化铝时铝料油污过多；②起模时刷水过多；③舂砂过紧；④型芯撑有锈。

1-8 手工造型、机器造型各有何优缺点？适用条件是什么？

1-9 分模造型、挖砂造型、活块造型、三箱造型各适用于哪种情况？

1-10 什么是铸件的结构斜度？它与起模斜度有什么不同？图 1-74 所示铸件在选定分型面的情况下结构是否合理，应如何改正？

1-11 什么是铸造工艺图？用途是什么？

1-12 图 1-75 所示给定分型面时铸件的结构有何缺点？该如何改进？

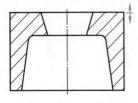

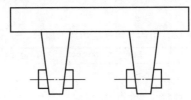

图 1-74 题 1-10 图 图 1-75 题 1-12 图

1-13 为什么铸件要有结构圆角？图 1-76 所示铸件上哪些圆角不够合理，应如何修改？

1-14 铸造一个 $\phi1000mm$ 的 HT200 铸铁件，有如图 1-77 所示两个设计方案，分析哪个方案的结构工艺性好，并简述理由。

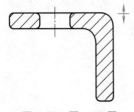

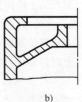

a) b)

图 1-76 题 1-13 图 图 1-77 题 1-14 图

1-15 生产如图 1-78 所示的支腿铸铁件，其受力方向如图中箭头所示。用户反映该铸件不仅机械加工困难，且在使用中曾发生多次断腿事故，试分析原因并改进设计方案。

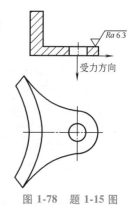

1-16 图 1-79 所示铸件结构有何值得改进之处？应怎样修改？

1-17 下列铸件应选用哪类铸造合金？说明理由。

坦克车履带板　　　　压气机曲轴　　　火车轮　　　车床床身

摩托车发动机缸体　减速器蜗轮　　　气缸套

1-18 什么是熔模铸造？简述其工艺过程。

1-19 金属型铸造有何优越性？为什么金属型铸造未能广泛取代砂型铸造？

1-20 为什么金属型生产铸铁件时常出现白口组织？如何消除已经产生的白口？

图 1-78　题 1-15 图

1-21 低压铸造的工作原理与压铸有何不同？为什么低压铸造发展较为迅速？为何铝合金常采用低压铸造？

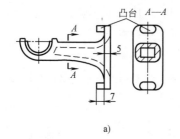
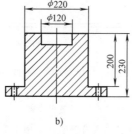
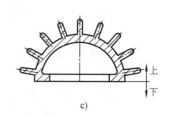

a)　　　　　　　　　　b)　　　　　　　　　　c)

图 1-79　题 1-16 图

1-22 什么是离心铸造？在圆筒件铸造中有哪些优越性？

1-23 普通压铸件能否热处理？为什么？

1-24 影响铸铁石墨化的主要因素是什么？为什么铸铁牌号不能用化学成分来表示？

1-25 灰铸铁最适于制造哪类铸件？试列举车床上三种铸铁件名称，并说明选用灰铸铁而不采用铸钢的原因。

1-26 填下表比较各种铸铁，阐述灰铸铁应用广的原因。

| 类别 | 石墨形态 | 制造过程简述（铁液成分、炉前处理、热处理） | 适用范围 |
|---|---|---|---|
| 灰铸铁 | | | |
| 球墨铸铁 | | | |
| 可锻铸铁 | | | |
| 蠕墨铸铁 | | | |
| 白口铸铁 | | | |

1-27 为什么球墨铸铁的强度和塑性比灰铸铁高，而铸造性能比灰铸铁差？

1-28 为什么可锻铸铁只适宜生产薄壁小铸件？壁厚过大易出现什么问题？

1-29 某产品上的铸铁件壁厚有 5mm、20mm、52mm 三种，力学性能全部要求 $R_m = 150MPa$，若全部采用 HT150 是否正确？为什么？

1-30 与球墨铸铁相比，铸钢的力学性能和铸造性能有哪些不同？

1-31 下列铸件在大批量生产时采用什么铸造方法为宜？

大口径铸铁污水管　缝纫机头　　　车床床身　铝活塞

摩托车气缸体　　　汽轮机叶片　　气缸套　　汽车喇叭

1-32 调研所在地区的铸造企业，并简述其产品种类和用途。

# 第2章

# 金属塑性成形

金属塑性成形是利用金属材料具有的塑性变形规律，在外力作用下通过塑性变形，获得具有一定形状、尺寸、精度和力学性能的零件或毛坯的加工方法。金属塑性成形在工业生产中称为压力加工，通常包括：自由锻、模锻、板料冲压、挤压、拉拔和轧制等。它们的成形方式如图 2-1 所示。

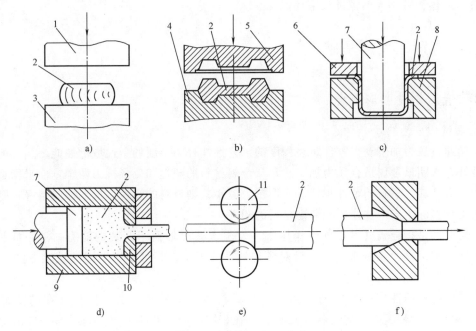

图 2-1  常用压力加工方法

a）自由锻  b）模锻  c）板料冲压  d）挤压  e）轧制  f）拉拔

1—上砧铁  2—坯料  3—下砧铁  4—下模  5—上模  6—压板  7—凸模
8—凹模  9—挤压桶  10—挤压模  11—轧辊

与其他成形方法相比压力加工具有以下特点：

（1）改善组织，提高力学性能  压力加工后，金属材料的组织、性能都得到改善和提高，塑性加工能消除金属铸锭内部的气孔、缩孔和树枝状晶等缺陷，并由于金属的塑性变形和再结晶，可使粗大晶粒细化，得到细密的金属组织，从而提高金属的力学性能。在设计零件时，如能正确利用零件的受力方向与纤维组织方向的关系，可以提高零件的抗冲击性能。

（2）提高材料的利用率　金属塑性成形主要靠金属在塑性变形时改变形状，使其体积重新分配，而无须切除金属，因而材料利用率高。

（3）较高的生产率　塑性成形加工一般是利用压力机和模具进行成形加工的，生产率高。例如，利用多工位冷镦工艺加工内六角螺钉，比用棒料切削加工的效率要提高 400 倍以上。

（4）精度较高　压力加工时，坯料经过塑性变形获得较高的精度。近年来，应用先进的技术和设备，可实现少切削或无切削加工。例如，精密锻造的伞齿轮，其齿形部分可不经切削加工直接使用，复杂曲面形状的叶片精密锻造后只需磨削便可达到所需精度。

由于各类钢和非铁金属都具有一定的塑性，它们可以在冷态或热态下进行压力加工。加工后的零件或毛坯组织致密，比同材质铸件的力学性能要好，对于承受冲击或交变应力的重要零件（如机床主轴、齿轮、连杆等），都应采用锻件毛坯加工。所以压力加工在机械制造、军工、航空、轻工、家用电器等行业得到广泛应用。例如，飞机上塑性成形加工零件的质量分数约为 85%；汽车和拖拉机上塑性成形加工零件的质量分数为 60%~80%。

压力加工的不足之处是不能加工脆性材料（如铸铁）和形状特别复杂（特别是内腔形状复杂）或体积特别大的零件或毛坯。

# 2.1　金属塑性变形基础

## 2.1.1　金属塑性变形概念

### 1. 塑性成形性能

金属通过压力加工获得零件难易程度的工艺性能称为金属的塑性成形性能。金属的塑性成形性好，表明该金属适合压力加工。常从金属材料的塑性和变形抗力两个方面来衡量金属的塑性成形性能，材料的塑性越好、变形抗力越小，则材料的塑性、成形性能越好，越适合压力加工。实际生产中往往优先考虑材料的塑性。

金属塑性是指金属材料在外力作用下，发生永久变形而不开裂的能力。常用伸长率 $A$ 和断面收缩率 $Z$ 两个指标来表示。针对各种塑性成形工艺，可采用不同的试验方法（如弯曲、压缩等）和相应的塑性指标。

但是，材料塑性成形性能的好坏不仅与材料自身的性质有关，还与外在的变形条件（如变形温度、变形速度、应力状况）有关。在相同的变形条件下，不同材料表现出的塑性成形性能不同，而同一种材料在不同的变形条件下表现出的塑性成形性能也不同。

### 2. 金属塑性变形基本规律

金属塑性变形时遵循的基本规律主要有最小阻力定律、加工硬化和体积不变规律等。

（1）最小阻力定律　最小阻力定律是指金属在塑性变形过程中，如果金属质点有向几个方向移动的可能时，则金属各质点将优先向阻力最小的方向移动，这是塑性成形加工中最基本的规律之一。

最小阻力定律可用于分析各种压力加工工序的金属流动，并通过调整某个方向的流动阻力来改变某些方向上金属的流动量，以便合理成形，消除缺陷。例如，在模锻中增大金属流向分模面的阻力，或减小流向型腔某一部分的阻力，可以保证锻件充满模膛。

利用最小阻力定律可以推断，任何形状的坯料只要有足够的塑性，都可以在平锤头下镦粗，使断面逐渐接近圆形。这是因为镦粗时，金属流动距离越短，摩擦阻力越小。图2-2所示的方形坯料镦粗时，沿四边垂直方向的摩擦阻力最小，而沿对角线方向阻力最大，金属在流动时主要沿垂直于四边方向流动，很少向对角线方向流动，随着变形程度的增加，断面将趋于圆形。由于相同面积的任何形状总是圆形周边最短，因而最小阻力定律在镦粗中又称为最小周边法则。

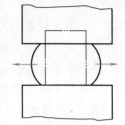

（2）加工硬化　在常温下随着变形量的增加，金属的强度、硬度提高，塑性和韧性下降。材料的加工硬化不仅使变形抗力增大，而且使继续变形受到影响。不同材料在相同变形量下的加工硬化程度不同，表现出的变形抗力也不同，加工硬化率大，表明变形时硬化显著，对后续变形不利。例如，10钢和奥氏体型不锈钢的塑性都很好，但是奥氏体型不锈钢的加工硬化率较大，变形后再变形的抗力比10钢大得多，所以其塑性成形性也比10钢差。

图2-2　镦粗时的
变形趋向

（3）体积不变规律　实践证明，塑性变形时金属材料变形前后体积保持不变。体积不变规律对塑性成形有很重要的指导意义，例如，根据体积不变规律可以确定毛坯的尺寸和变形工序。

## 2.1.2　影响金属塑性成形性能的内在因素与加工条件

**1. 影响塑性成形性能的内在因素**

（1）化学成分　不同化学成分金属的塑性不同，塑性成形性能也不同。通常情况下，纯金属的塑性成形性能比合金要好。以钢为例，随着碳质量分数的增加，其塑性下降，变形抗力增大，塑性成形性能也变差。钢中加入合金元素，特别是加入钨、钼、钒、钛等强碳化物形成元素时，会使钢的塑性变形抗力增大，塑性下降，合金元素质量分数越高，钢的塑性成形性能越差。杂质元素也会降低钢的塑性成形性能，如磷使钢出现冷脆，硫使钢出现热脆。

（2）金属组织　金属内部的组织结构不同，其塑性成形性能也不同，纯金属及单相固熔体合金的塑性成形性能较好，钢中有碳化物和多相组织时，塑性成形性能变差。通常，在常温下具有均匀细小等轴晶粒的金属，其塑性成形性能比晶粒粗大的柱状晶粒要好。在工具钢中，如果存在网状二次渗碳体，钢的塑性将大大下降，从而导致其塑性成形性能显著恶化。

**2. 影响塑性成形性能的加工条件**

（1）变形温度　通常，随着变形温度升高，金属原子动能增加，热运动加剧，削弱了原子间的结合力，减小了滑移阻力，使金属的变形抗力减小，塑性提高，塑性成形性能改善。变形温度升高到再结晶温度以上时，加工硬化不断被再结晶软化消除，金属的塑性成形性能进一步提高。因此，加热往往是金属塑性变形中很重要的加工条件。

但是，加热温度要控制在一定范围内，如果加热温度过高，金属晶粒会急剧长大，反而导致金属塑性减小，塑性成形性能下降，这种现象称为过热。如果加热温度过高接近熔点时，晶界会发生氧化甚至局部熔化，导致金属塑性变形能力完全消失，这种现象称为过烧，坯料如果过烧将报废。

（2）变形速度 变形速度是指单位时间内变形程度的大小。变形速度对金属塑性成形性能的影响比较复杂，随着变形速度和变形程度的增大，加工硬化逐渐积累，使金属塑性变形能力下降。另一方面，在变形过程中，金属会将消耗于塑性变形的一部分能量转化为热能，当变形速度很大时，热能来不及散发，会使变形金属的温度升高，这种现象称为热效应，它有利于改善金属的塑性，使变形抗力下降，塑性变形能力提高。

图 2-3 所示为变形速度与塑性的关系，当变形速度小于临界值 $B$ 时，金属塑性随着变形速度增大而下降；但当变形速度大于临界值 $B$ 时，金属塑性随着变形速度增大而增加。用一般的锻压加工方法时，变形速度较低，变形过程中产生的热效应不显著。目前只有采用高速锻锤锻压，才能利用热效应现象改善金属的塑性成形性能。

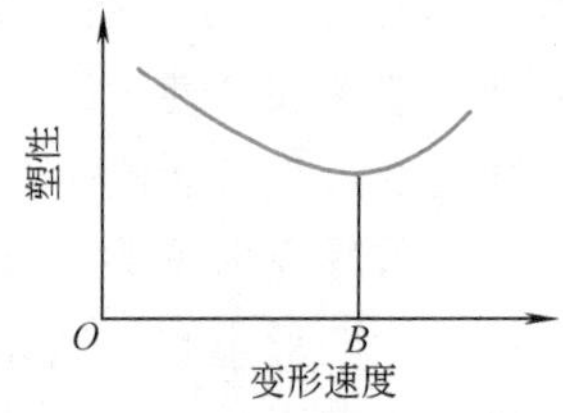

加工塑性较差的合金钢或大截面锻件时，都应采用较小的变形速度，若变形速度过快会出现变形不均匀，造成局部变形过大而产生裂纹。

图 2-3 变形速度与塑性的关系

（3）应力状态 金属材料在塑性变形时的应力状态不同，对塑性的影响也不同。实践证明，在三向应力状态下，压应力的数目越多，塑性越好；拉应力的数目越多，塑性越差。因为拉应力易使滑移面分离，在材料内部的缺陷处产生应力集中而破坏，压应力状态则与之相反。压应力的数目越多，越有利于塑性的发挥。例如，铅在通常情况下具有极好的塑性，但在三向等拉应力的状态下，铅会像脆性材料一样不产生塑性变形，而直接破裂。但是在压应力状态塑性变形时，会使金属内部摩擦加剧，变形抗力增大，需要相应增加锻压设备的吨位。

选择塑性成形加工时，应考虑应力状态对金属塑性变形的影响。金属材料的塑性较低时，应尽量选择在压应力状态下进行塑性成形加工。

综上所述，金属的塑性成形性能既取决于金属本身，又取决于变形条件。塑性成形加工时要根据具体情况，尽量创造有利的变形条件，充分发挥金属的塑性，减小其变形抗力，以达到塑性成形加工的目的。

### 2.1.3 金属塑性变形对组织和性能的影响

#### 1. 变形程度的影响

压力加工时，塑性变形程度对金属组织和性能有较大的影响。变形程度过小，不能起细化晶粒提高金属力学性能的目的；变形程度过大，不仅不会使其力学性能提高，还会出现纤维组织，使金属的各向异性增加，当超过金属允许的变形极限时，将会出现开裂等缺陷。对于不同的塑性成形加工工艺，可用不同的参数来表示其变形程度。

锻造加工工艺中，常用锻造比 $Y_{锻}$ 来表示变形程度的大小，锻造比的计算方法与变形工序有关，拔长时的锻造比为 $Y_{锻}=S_0/S$（$S_0$、$S$ 分别表示拔长前、后金属坯料的横截面面积）；镦粗时的锻造比为 $Y_{锻}=H_0/H$（$H_0$、$H$ 分别表示镦粗前、后金属坯料的高度）。显然，锻造比越大，毛坯的变形程度也越大。

生产中以铸锭为坯料进行锻造时，碳素结构钢的锻造比为 2~3，合金结构钢的锻造比为 3~4，高合金工具钢（例如高速钢）组织中有大块碳化物，为了使钢中的碳化物分散细化，需要较大锻造比（$Y_锻 = 5 \sim 12$），常采用交叉锻。以型钢为坯料锻造时，因钢材轧制时组织和力学性能已经得到改善，锻造比一般取 $1.1 \sim 1.3$。

冷冲压成形工艺中，表示变形程度的技术参数有：相对弯曲半径（$r/t$）、拉深系数（$m$）、翻边系数（$k$）等。

**2. 纤维组织的影响**

金属铸锭组织中存在偏析夹杂物、第二相等，热塑性变形时，随金属晶粒的变形方向延伸呈条状、线状或破碎呈链状分布，金属再结晶后也不会改变，仍然保留下来，呈宏观流线状，从而使金属组织具有一定的方向性，称为热变形纤维组织，即流线。纤维组织形成后，不能用热处理方法消除，只能通过塑性变形来改变纤维的方向和分布。

纤维组织对金属的力学性能，特别是韧性有一定的影响，在设计和制造零件时，应注意以下两点：

1）必须注意纤维组织的方向，要使零件工作时的正应力方向与纤维方向一致，切应力方向与纤维方向垂直。

2）使纤维的分布与零件的外形轮廓符合，尽量不被切断。

例如，锻造齿轮毛坯时，应对棒料进行镦粗，使其纤维在端面呈放射状，以利于齿轮的受力；曲轴毛坯锻造时，应采用拔长后弯曲工序，使纤维组织沿曲轴轮廓分布，这样曲轴工作时不易断裂，如图2-4所示。

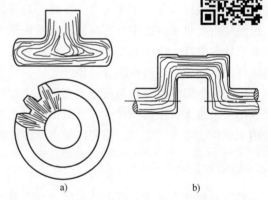

a)　　　　　　　　b)

图 2-4　纤维组织的分布示意图

**3. 变形温度的影响**

根据金属在不同温度下变形后的组织和性能不同，通常将塑性变形分为冷变形和热变形。

再结晶温度以下的塑性变形称为冷变形，因冷变形有加工硬化现象产生，故每次的冷变形程度不宜过大，否则会使金属产生裂纹。为防止裂纹产生，应在加工过程中增加中间再结晶退火工序，消除加工硬化后再继续冷变形，直至达到所要求的变形程度。冷变形加工的产品具有表面质量好、尺寸精度高、力学性能好等优点。常温下的冷镦、冷挤压、冷拔及冷冲压都属于冷变形加工。

热变形是在再结晶温度以上的塑性变形，热变形时加工硬化与再结晶过程同时存在，而加工硬化又几乎同时被再结晶消除。所以，与冷变形相比，热变形可使金属保持较低的变形抗力和良好的塑性，可以用较小的力和能量产生较大的塑性变形而不会产生裂纹，同时还可获得具有较好力学性能的再结晶组织。但是，热变形是在高温下进行的，在加热过程中金属表面易产生氧化皮，精度和表面质量较低。自由锻、热模锻、热轧、热挤压等都属于热变形加工。

## 2.1.4　常用合金的压力加工性能

锻造加工是热加工，各种钢材和大部分非铁合金都可以进行锻造加工。其中，中低碳钢（如 Q195、Q235、10、15、20、35、45、50 等）、低合金钢（如 Q345、20Cr、40Cr 等）、铜及铜合金、铝及铝合金等锻造性能较好。

冷冲压为常温加工，对于分离工序，只要材料有一定的塑性就可以进行；对于变形工序，如弯曲、拉深、胀形、翻边等，则要求材料具有良好的冲压成形性能，Q195、Q215、08、10、15、20等低碳钢，奥氏体型不锈钢，铜和铝等都具有良好的冷冲压成形性能。

## 2.2 自由锻

自由锻是利用冲击力或压力，使金属在上、下砧铁之间产生塑性变形，得到所需形状、尺寸锻件的一种加工方法。自由锻造过程中，金属坯料除与上、下砧铁接触方向的变形流动受到约束外，其他方向均能自由流动，故无法精确控制变形的发展，锻件的形状、尺寸由锻工通过翻动坯料改变其受力部位和控制压力大小来保证。

自由锻分为锻锤自由锻和水压机自由锻两类。前者主要锻造中、小型锻件，后者主要锻造大型锻件。

自由锻所用设备的通用性强，工具简单，工艺灵活，生产准备时间短，应用范围广，锻件的质量范围可由不及1kg到二三百吨。对于大型锻件，自由锻是唯一的加工方法。因此，自由锻在重型机械制造中具有特别重要的作用。如水轮机主轴、多拐曲轴、大型连杆、大型重要齿轮等零件，由于在工作时都要承受很大的载荷，要求锻件具有较好的力学性能，故该类零件的毛坯常采用自由锻方法生产。

由于自由锻件的形状与尺寸主要靠人工控制，所以锻件的形状较简单，尺寸、形状精度低，加工余量大，金属损耗大。且自由锻时工人的劳动强度大、生产率低，因此自由锻主要应用于单件、小批量生产、修配以及大型锻件的生产和新产品的试制等场合。

### 2.2.1 自由锻工序

根据变形性质和变形程度的不同，自由锻工序可分为基本工序、辅助工序和修整工序。

**1. 基本工序**

基本工序是使金属坯料产生一定程度的塑性变形，以得到所需形状、尺寸或改善材料性能的工艺过程。它是锻件成形过程中必需的变形工序，如镦粗、拔长、弯曲、冲孔、切割、扭转和错移等。实际生产中最常用的是镦粗、拔长和冲孔三个工序。

（1）镦粗 镦粗是沿工件轴向进行锻打，使工件横截面面积增加、高度减小的工序。主要用于锻造齿轮坯、凸缘、圆盘等零件，也可作为锻造环、套筒等空心锻件冲孔前的预备工序。锻造轴类零件时，镦粗可以提高后续拔长工序的锻造比，提高横向力学性能和减小各向异性。

镦粗可分为整体镦粗和局部镦粗两种形式，如图2-5所示。

整体镦粗是把整个坯料放在锤头和砧铁之间，利用体积不变定律使坯料的高度下降而横截面面积增大的工序。整体镦粗所用圆形截面坯料的高度和直径比为2.5~3；方形截面坯料的高度与较小基边长度之比为3.5~4，以免出现镦弯等缺陷。

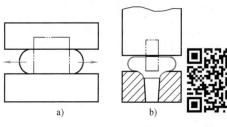

图2-5 镦粗
a）整体镦粗 b）局部镦粗

局部镦粗是将坯料放在锤头和砧铁上的漏盘之间，使漏盘上的坯料变形以达到所需要求。局部镦粗用圆形截面坯料变形部分的高度和直径比为 2.5~3；漏盘内孔要有斜度和圆角，以便坯料出模。

（2）拔长 拔长是对垂直于工件的轴向进行锻打，使其长度增加、横截面面积减小的工序。主要用于锻造轴、杆类等零件。拔长可在平砧间进行，也可在 V 型砧或弧形砧中进行，通过反复压缩、翻转和逐步送进，使坯料变细变长，如图 2-6 所示。

拔长用坯料的长度应大于直径或边长。锻台阶时，被拔长部分的长度应不小于坯料直径或边长的 1/3。

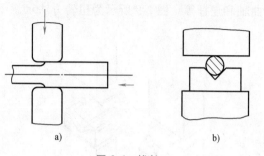

图 2-6 拔长
a）使用平砧 b）使用 V 型砧

（3）冲孔 冲孔是利用冲头在坯料上冲出通孔或不通孔的工序。常用于锻造齿轮、套筒和圆环等空心锻件。对于直径小于 25mm 的孔一般不锻出。

在薄坯料（$H/D < 0.125$）上冲通孔时，可用冲头一次冲出。坯料较厚时，可先在坯料一边冲到孔深的 2/3 后，拔出冲头，翻转工件，从反面冲通，以避免在孔的周围冲出飞边，如图 2-7 所示。

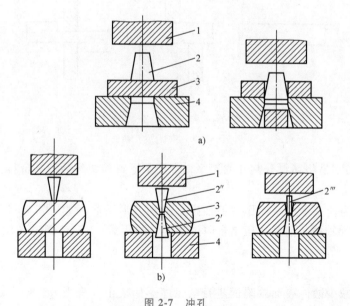

图 2-7 冲孔
a）薄坯料冲孔 b）厚坯料冲孔
1—上砧 2—冲头 2′—第一个冲头 2″—第二个冲头 2‴—第三个冲头 3—坯料 4—漏盘

实心冲头双面冲孔时，冲孔坯料的直径 $D_0$ 与孔径 $d_1$ 之比（$D_0/d_1$）应大于 2.5，以免冲孔时坯料产生严重畸变，且坯料高度应小于坯料直径，以防将孔冲偏。

对于较大的孔，可以先冲出一较小的孔，然后再用冲头或芯轴进行扩孔。

（4）其他 其他工序包括弯曲、扭转、错移和切割等。

1）弯曲。弯曲是使用工具将坯料弯成一定角度和形状的工序。通常用于生产吊钩、弯板、链板等。弯曲时外侧受拉、内侧受压，且弯曲角度不可太小，否则内侧由于受压会产生起皱，外侧由于受拉会产生拉裂。图 2-8 所示为弯曲方法示意图。

2）扭转。扭转是使坯料一部分相对于另一部分旋转一定角度的工序。可用于制造多拐曲轴和连杆等。图 2-9 所示为扭转方法示意图。

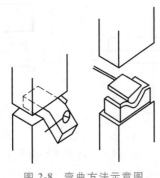

图 2-8　弯曲方法示意图

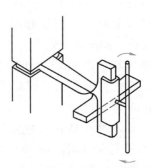

图 2-9　扭转方法示意图

3）错移。错移是使坯料一部分相对于另一部分错开，但两部分的轴线仍保持平行的工序。图 2-10 所示为错移过程示意图。

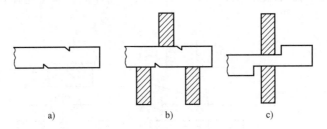

图 2-10　错移方法示意图
a）压肩　b）锻打　c）修整

4）切割。切割是将坯料分割开的工序，常用于下料和切除锻件的余料。

**2. 辅助工序**

辅助工序是为使基本工序操作方便而进行的预变形工序。如压钳口（压出钳夹部位）、压肩或压痕（阶梯轴拔长前预先压出台阶过渡部分的凹槽）、钢锭倒棱（压钢锭棱边，使其逐步趋于圆截面）等。

**3. 修整工序**

修整是用于减少锻件表面缺陷而进行的工序。如校正（变形）、滚圆（圆周面）、平整（端面）等。

## 2.2.2　自由锻工艺规程的制定

自由锻工艺规程的内容包括：绘制自由锻件图；确定锻造工序和锻造比；计算坯料的质量和尺寸；选择锻压设备；确定锻造温度范围和加热、冷却规范；制定锻造技术要求以及编制劳动组织和工时定额，填写工艺卡片。

编制工艺规程是必不可少的生产准备工作，必须紧密结合生产实际，力求技术先进、可行、安全可靠、经济合理，以便正确指导生产，保证满足对锻件的技术要求。

**1. 绘制自由锻件图**

自由锻件图是以零件图为基础，结合自由锻工艺特点绘制而成的图形，它是工艺规程的核心内容，是制定锻造工艺过程和锻件检验的依据。锻件图必须准确而全面地反映锻件的特殊内容，如圆角、斜度以及对产品的技术要求，如性能和组织等。

绘制自由锻件图时主要考虑以下几个因素。

（1）敷料　为了简化锻件形状而增加的金属称为敷料，如图 2-11 所示。因为自由锻只能锻制形状简单的锻件，所以零件上的某些凹档、台阶、小孔、斜面、锥面等都要添加一部分金属，以进行适当的简化，降低锻造难度，提高生产率。

（2）锻件余量　自由锻件的尺寸精度低、表面质量较差，一般需经过切削加工才能成为成品零件。所以，凡是零件的加工表面上应增加供切削加工用的金属，该金属层称为锻件余量（图 2-11）。锻件余量的大小与零件的材料、形状、尺寸、批量大小、生产实际条件等因素有关。零件越大，形状越复杂，则余量越大，其数值可查 GB/T 21470—2008《锤上钢质自由

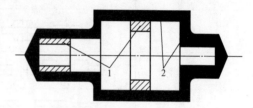

图 2-11　锻件余量及敷料
1—敷料　2—锻件余量

锻件机械加工余量与公差　盘、柱、环、筒类》和 GB/T 21471—2008《锤上钢质自由锻件机械加工余量与公差　轴类》，光轴类锻件加工余量与公差见表 2-1。

表 2-1　光轴类锻件机械加工余量与公差　　　　　　　　　　（单位：mm）

| 零件尺寸 | 零件长度 L | | | | | | |
|---|---|---|---|---|---|---|---|
| | 0~315 | 315~630 | 630~1000 | 1000~1600 | 1600~2500 | 2500~4000 | 4000~6000 |
| | 余量 α 与极限偏差 | | | | | | |
| | 零件精度等级 F | | | | | | |
| 0~40 | 7±2 | 8±3 | 9±3 | 12±5 | — | — | — |
| 40~63 | 8±3 | 9±3 | 10±4 | 12±5 | 14±6 | — | — |
| 63~100 | 9±3 | 10±4 | 11±4 | 13±5 | 14±6 | 17±7 | — |
| 100~160 | 10±4 | 11±4 | 12±5 | 14±6 | 15±6 | 17±7 | 20±8 |
| 160~200 | — | 12±5 | 13±5 | 15±6 | 16±7 | 18±8 | 21±9 |
| 200~250 | — | 13±5 | 14±6 | 16±7 | 17±7 | 19±8 | 22±9 |
| 250~315 | — | — | 16±7 | 18±8 | 19±8 | 21±9 | 23±10 |
| 315~400 | — | — | 18±8 | 19±8 | 20±8 | 22±9 | |

（3）锻件公差　零件的基本尺寸加上锻件余量称为锻件的基本尺寸。锻件的实际尺寸和基本尺寸之间应允许一定的偏差。锻件实际尺寸的允许变化量就是锻件的公差。锻件公差值的大小与锻件形状、尺寸有关，并受具体生产情况的影响，通常为加工余量的 1/4~1/3。

在锻件图上，锻件外形用粗实线表示，如图 2-12 所示。为了使操作者了解零件的形状和尺寸，需要用双点画线在锻件图上画出零件的主要轮廓形状。对于大型锻件，还必须在同一个坯料上锻造出供性能检验用的试样，该试样的形状与尺寸也在锻件图上表示。

**2. 确定锻造工序和锻造比**

（1）确定锻造工序　锻造工序的选取应根据工序特点和锻件形状确定。一般而言，盘类零件通常采用镦粗（或拔长-镦粗）和冲孔等工序完成锻造；轴类零件通常采用拔长、切肩和锻台阶等工序完成锻造。锻件分类及所需锻造工序见表2-2。

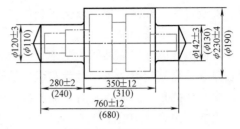

图 2-12　典型锻件图

表 2-2　锻件分类及所需锻造工序

| 类　别 | | 图　例 | 所需锻造工序 |
|---|---|---|---|
| Ⅰ | 盘类零件 | | 镦粗（或拔长-镦粗）、冲孔等 |
| Ⅱ | 轴类零件 | | 拔长（或镦粗-拔长）、切肩、锻台阶等 |
| Ⅲ | 筒类零件 | | 镦粗（或拔长-镦粗）、冲孔、在芯轴上拔长等 |
| Ⅳ | 环类零件 | | 镦粗（或拔长-镦粗）、冲孔、在芯轴上扩孔等 |
| Ⅴ | 弯曲零件 | | 拔长、弯曲等 |

　　自由锻工序的选择与整个锻造工艺过程中的火次（即坯料加热次数）和变形程度有关。所需火次与每一火次中坯料成形所经历的工序都应有明确规定，应写在工艺卡片上。

（2）确定锻造比　锻造比是锻压加工的重要工艺参数，锻造比大表明锻件变形程度大，锻造工作量也大。锻造比根据金属材料的种类、锻件尺寸及所需性能、采用的锻造基本工序类型（如拔长、镦粗等）确定。典型锻件的锻造比见表2-3。

表 2-3　典型锻件的锻造比

| 锻件名称 | 计算部位 | 锻造比 | 锻件名称 | 计算部位 | 锻造比 |
|---|---|---|---|---|---|
| 碳素钢轴类锻件 | 最大截面 | 2.0~2.5 | 锤头 | 最大截面 | ≥2.5 |
| 合金钢轴类锻件 | 最大截面 | 2.5~3.0 | 水轮机主轴 | 轴身 | ≥2.5 |
| 热轧辊 | 辊身 | 2.5~3.0 | 水轮机立柱 | 最大截面 | ≥3.0 |
| 冷轧辊 | 辊身 | 3.5~5.0 | 模块 | 最大截面 | ≥3.0 |
| 齿轮轴 | 最大截面 | 2.5~3.0 | 航空用大型锻件 | 最大截面 | 6.0~8.0 |

**3. 计算坯料质量与尺寸**

（1）计算坯料质量　坯料质量为锻件质量与锻造时各种金属消耗的质量之和，可由下式计算

$$G_{坯料} = G_{锻件} + G_{烧损} + G_{料头}$$

式中，$G_{坯料}$为坯料质量（kg）；$G_{锻件}$为锻件质量（kg）；$G_{烧损}$为加热时坯料因表面氧化而烧损的质量（kg），第一次加热取被加热金属质量分数的 2%～3%，以后各次加热取 1.5%～2.0%；$G_{料头}$为锻造过程中被冲掉或切掉的那部分金属的质量（kg），如冲孔时坯料中部的料芯，修切时端部产生的料头等。

对于大型锻件，采用钢锭作坯料进行锻造时，还要考虑切掉的钢锭头部和尾部的质量。

（2）确定坯料尺寸　先根据坯料的质量和密度计算出坯料的体积，再根据锻件最大横截面面积与锻造比计算出坯料相应的横截面面积，再按体积不变原则算出坯料的直径（或边长）和下料长度。例如，自由锻一根 $\phi$100mm×1000mm 的圆轴，采用拔长方法生产，若锻造比取 2.5，坯料尺寸的确定可按如下步骤进行：首先根据坯料质量求出坯料体积，取为 $0.008m^3$，再根据锻件直径和拔长锻造比算出坯料的直径为 160mm，最后根据体积不变原则确定坯料的长度为 400mm。

**4. 选择锻造设备**

根据作用在坯料上力的性质，自由锻设备分为锻锤和水压机两大类。

锻锤产生的冲击力使金属坯料变形。锻锤的吨位是以落下部分的质量来表示的。生产中常使用的锻锤是空气锤和蒸汽-空气锤。空气锤是利用电动机带动活塞产生压缩空气，使锤头上下往复运动以进行锤击。它的特点是结构简单、操作方便、维护容易，但吨位较小（小于 750kg），只能锻造 100kg 以下的小型锻件。蒸汽-空气锤如图 2-13 所示，它是采用蒸汽和压缩空气作为动力，其吨位稍大（1～5t），可生产质量小于 1500kg 的锻件。

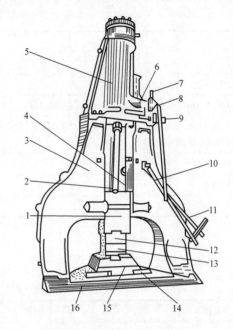

图 2-13　蒸汽-空气锤示意图
1—锤头　2—锤杆　3—机架　4—导轨　5—气缸
6—滑阀　7—进气管　8—节气阀　9—排气阀
10—节气阀操纵手柄　11—滑阀操纵手柄　12—上砧铁
13—下砧铁　14—砧座　15—砧垫　16—底座

水压机产生静压力使金属坯料变形。目前大型水压机可达万吨以上，能锻造 300t 的锻件。由于静压力作用时间长，容易达到较大的锻透深度，故水压机锻造可获得整个断面为细晶粒组织的锻件。水压机是大型锻件的唯一成形设备，大型水压机的生产通常是一个国家工业实力的象征。另外，水压机工作平稳，金属变形过程中无振动、噪声小、劳动条件较好，但水压机设备庞大、造价高。

自由锻设备的选择应根据锻件大小、质量、形状以及锻造基本工序等因素，并结合生产实际条件来确定。例如，用铸锭或大截面毛坯作为大型锻件的坯料，可能需多次镦、拔，在锻锤上操作比较困难，并且心部不易锻透，而在水压机上因其行程较大，下砧可前后移动，镦粗时可换用镦粗平台，所以大多数大型锻件都在水压机上生产。

**5. 确定锻造温度范围**

锻造温度范围是指始锻温度和终锻温度之间的温度。

锻造温度范围应尽量选宽一些，以减少锻造火次，提高生产率。加热的始锻温度一般取固相线以下 100~200℃，以保证金属不发生过热与过烧。终锻温度一般高于金属再结晶温度 50~100℃，以保证锻后再结晶完全，锻件内部得到细晶粒组织。碳素钢和低合金结构钢的锻造温度范围一般以铁碳相图为基础，且其终锻温度选在高于 $Ar_3$ 点，以避免锻造时相变引起裂纹。高合金钢因合金元素的影响，始锻温度下降，终锻温度提高，锻造温度范围变窄，锻造难度增加。部分金属材料的锻造温度范围见表 2-4。

表 2-4　部分金属材料的锻造温度范围

| 材 料 类 型 | 锻造温度/℃ | | 保温时间/（min／mm） |
|---|---|---|---|
| | 始 锻 | 终 锻 | |
| 10、15、20、25、30、35、40、45、50 | 1200 | 800 | 0.25~0.7 |
| 15CrA、16Cr2MnTiA、38CrA、20MnA、20CrMnTiA | 1200 | 800 | 0.3~0.8 |
| 12CrNi3A、12CrNi4A、38CrMoAlA、25CrMnNiTiA、30CrMnSiA、50CrVA、18Cr2Ni4WA、20CrNi3A | 1180 | 850 | 0.3~0.8 |
| 40CrMnA | 1150 | 800 | 0.3~0.8 |
| 铜合金 | 800~900 | 650~700 | — |
| 铝合金 | 450~500 | 350~380 | — |

**6. 填写工艺卡片**

半轴自由锻工艺卡见表 2-5。

表 2-5　半轴自由锻工艺卡

| 锻件名称 | 半　轴 | 图　例 |
|---|---|---|
| 坯料质量 | 25kg | 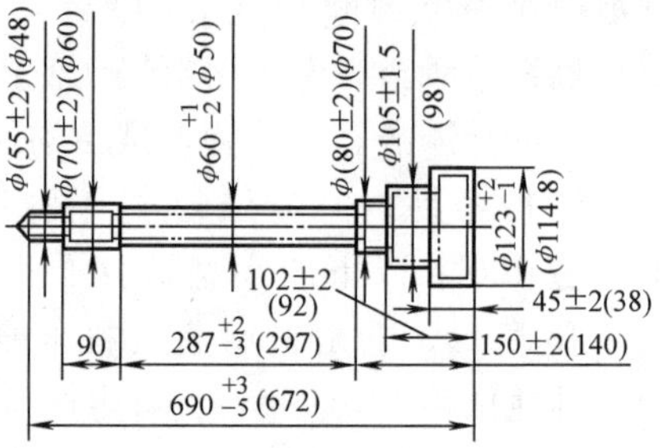 |
| 坯料尺寸 | φ130mm×240mm | |
| 材料 | 18CrMnTi | |

| 火次 | 工序内容 | 图　例 |
|---|---|---|
| 1 | 锻出头部 | |
| | 拔长 | |
| | 拔长及修整台阶 | 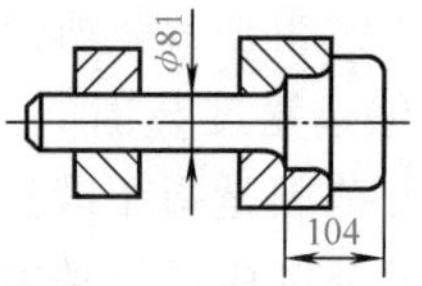 |

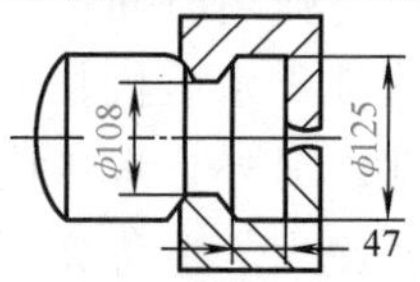

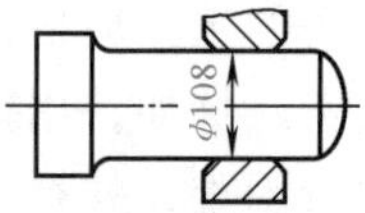

（续）

| 火次 | 工序内容 | 图　例 |
|---|---|---|
| 2 | 拔长并留出台阶 | 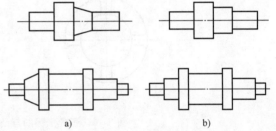 |
| | 锻出凹档及拔长端部并修整 | |

## 2.2.3　自由锻件的结构工艺性

设计自由锻件结构和形状时，除满足使用性能要求，还必须考虑自由锻设备、工具和工艺特点，符合自由锻的工艺性要求，使之易于锻造，减少材料和工时的消耗，提高生产率并保证锻件质量。

（1）尽量避免锥体或斜面结构　锻造具有锥体或斜面结构的锻件时，需制造专用工具，同时锻件成形也较困难，从而使工艺过程复杂，不便于操作，影响设备使用效率，应尽量避免，如图 2-14 所示。

（2）避免几何体的交接处形成空间曲线　图 2-15a 所示的圆柱面与圆柱面或圆柱面与平面相交，锻件成形十分困难。若改成如图 2-15b 所示的平面与平面相交，可消除空间曲线，使锻造成形变得容易。

图 2-14　避免锥体的轴类锻件结构
a）锥体结构　b）圆柱结构

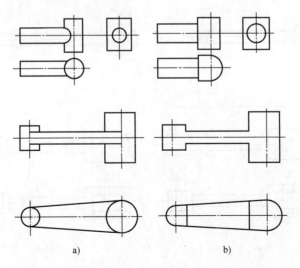

图 2-15　避免空间交接曲线的杆类锻件结构
a）圆柱面与圆柱面或圆柱面与平面交接结构　b）平面与平面交接结构

（3）避免加强肋等结构　如图 2-16a 所示的加强肋、凸台、工字形、椭圆形或其他非规则截面及外形结构，难以用自由锻方法获得，若采用特殊工具或特殊工艺来生产，会降低生产率，增加产品成本。改进后的结构如图 2-16b 所示。

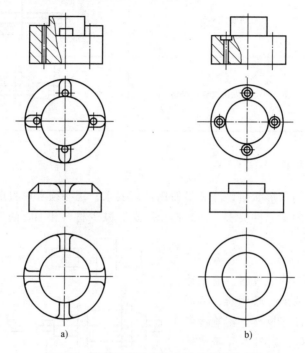

图 2-16　避免加强肋与凸台的盘类锻件结构

a）有肋与凸台的结构　b）无肋与凸台的结构

（4）合理采用组合结构　锻件的横截面面积有急剧变化或形状较复杂时，可设计成由几个简单件构成的组合体，如图 2-17 所示。每个简单件锻造成形后，再用焊接或机械连接的方法构成整体零件。

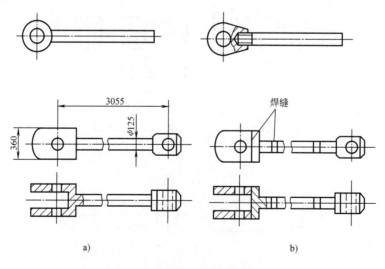

图 2-17　复杂件组合结构

a）整体结构　b）组合结构

## 2.3 模锻

模锻是在高强度锻模上预先制出与零件形状一致的模膛，锻造时使金属坯料在模膛内受压产生塑性变形而获得所需形状、尺寸以及内部质量锻件的加工方法。金属坯料受压变形过程中，由于模膛对其流动的限制，锻造终了时能得到和模膛形状相符的锻件。

与自由锻相比，模锻具有如下优点：

1）生产率高。金属变形在模膛内进行，故能快速获得所需形状。

2）能锻造形状复杂的锻件，并可使金属流线分布更合理，力学性能较好。

3）模锻件的尺寸精确，表面质量好，加工余量小。可节省金属材料，减少切削加工工作量。在批量足够的条件下，能降低零件成本。

4）模锻操作简单，劳动强度低。对工人技术水平要求不高，易于机械化、自动化。

模锻时锻件是整体变形，变形抗力较大，因而模锻生产受模锻设备吨位限制，模锻件的质量一般在150kg以下。又由于制造锻模的成本很高，锻压设备投资较大，工艺灵活性较差，生产准备周期较长。因此，模锻适合于中、小型锻件的大批大量生产，不适合单件小批量生产以及大型锻件的生产。

按使用设备的不同模锻可分为锤上模锻、压力机上模锻和胎模锻。

### 2.3.1 锤上模锻特点与锻模结构

#### 1. 锤上模锻特点

锤上模锻是将上模固定在锤头上，下模紧固在模垫上，通过随锤头做上下往复运动的上模，对置于下模中的金属坯料施以直接锻击，以获取锻件的锻造方法。

锤上模锻所用的设备有蒸汽-空气模锻锤、无砧座锤、高速锤等。蒸汽-空气模锻锤是生产中应用最广的模锻锤，其结构与自由锻造的蒸汽-空气锤相似，但由于模锻生产精度要求较高，模锻锤的锤头与导轨之间的间隙比自由锻锤要小，砧座加大以提高稳定性且与机架直接连接，这样使锤头运动精确，以保证上、下模准确合模。

锤上模锻的工艺特点如下：

1）锻件是在冲击力作用下，经过多次连续锤击在模膛中逐步成形的。且因惯性力的作用，金属沿高度方向的流动和充填能力较强。

2）锤头的上下行程、打击速度均可调节，能实现轻重缓急不同力度的打击，因而也可进行制坯工作。

3）锤上模锻的适应性广，可生产多种类型的锻件，可以单膛模锻，也可以多膛模锻。

锤上模锻优异的工艺适应性使其在模锻生产中占据着重要地位，但由于其打击速度较快，对于变形速度较敏感的低塑性材料（如镁合金等），锤上模锻不如在压力机上模锻的效果好。而且，由于模锻锤锤头的导向精度不高，行程不固定，锻件出模无顶出装置，模锻斜度大，锤上模锻件的尺寸精度不如压力机模锻件。

#### 2. 锤上模锻的锻模结构

锤上模锻用的锻模结构如图2-18所示，由带燕尾的上模2和下模4两部分组成，上、下模通过燕尾和楔铁分别紧固在锤头和模垫上，上、下模合在一起形成完整的模膛。

根据模膛功能不同，模膛可分为制坯模膛和模锻模膛两大类。

（1）制坯模膛　对于形状复杂的模锻件，为了使坯料基本接近模锻件的形状，使模锻时金属能合理分布，并很好地充满模膛，必须预先在制坯模膛内制坯。制坯模膛有以下几种：

1）拔长模膛。其作用是减小坯料某部分的横截面面积，以增加其长度。拔长模膛分为开式和闭式两种，如图 2-19 所示。

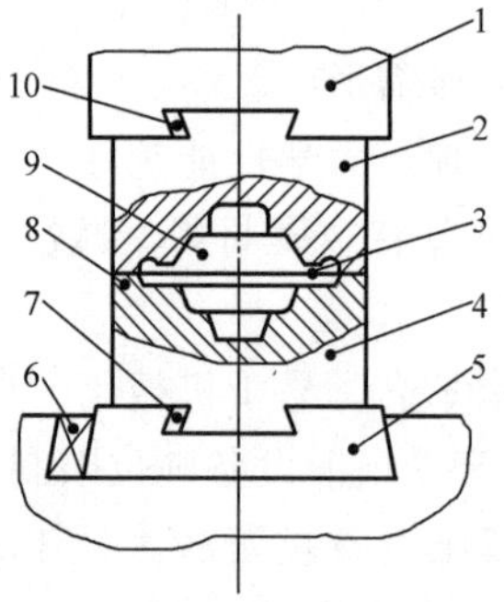

图 2-18　锤上模锻用的锻模结构
1—锤头　2—上模　3—飞边槽　4—下模　5—模垫
6、7、10—紧固楔铁　8—分模面　9—模膛

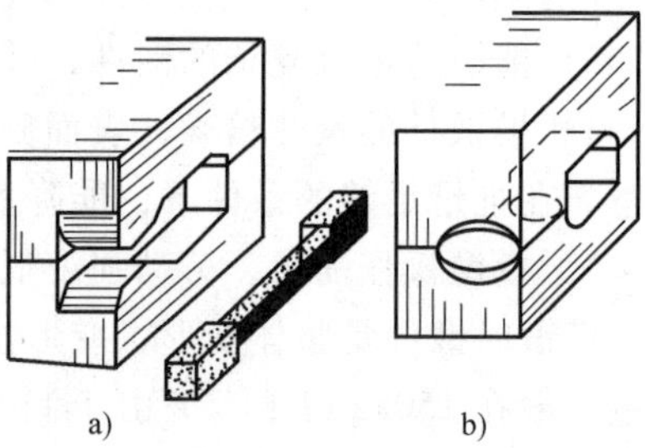

图 2-19　拔长模膛
a）开式　b）闭式

2）滚压模膛。其作用是减小坯料某部分的横截面面积，以增大另一部分的横截面面积，从而使金属坯料能够按模锻件的形状来分布。滚压模膛也分为开式和闭式两种，如图 2-20 所示。

3）弯曲模膛。其作用是使杆类模锻件的坯料弯曲，如图 2-21 所示。

此外，还有镦粗和击扁面等制坯模膛。

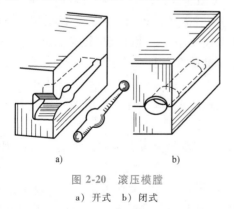

图 2-20　滚压模膛
a）开式　b）闭式

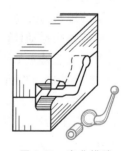

图 2-21　弯曲模膛

（2）模锻模膛　模锻模膛包括预锻模膛和终锻模膛。所有模锻件都要使用终锻模膛，预锻模膛则要根据实际情况来决定是否采用。

1）预锻模膛。其作用是在制坯的基础上，进一步分配金属，使之更接近终锻形状和尺寸，以便终锻时金属充满终锻模膛，避免形成皱折、充不满等缺陷，同时减小终锻模膛的磨损，延长锻模的使用寿命。预锻模膛的形状和尺寸与终锻模膛相近，只是模锻斜度和圆角半径稍大、高度较大，一般不设飞边槽。但采用预锻模膛后易引起终锻时偏心打击与错模，还会增加锻模材料与制作量，因此只有在锻件形状复杂、成形困难，且批量较大的情况下，设置预锻模膛才是合理的。

2）终锻模膛。其作用是使金属坯料最终变形到所要求的形状与尺寸。由于模锻需加热后进行，锻件冷却后尺寸会有所减小，所以终锻模膛的尺寸应比实际锻件尺寸放大一个收缩量，钢锻件收缩量可取 1.5%。

沿终锻模膛的四周需设置飞边槽，图 2-22 所示为最常用的飞边槽形式。根据最小阻力定律，模锻时金属首先充满整个模膛，多余的金属进入飞边槽形成飞边，飞边槽容纳多余的金属，减小对上、下模的打击，防止锻模开裂。锻后利用压力机上的切边模去除飞边。

对于具有通孔的锻件，由于不能靠上、下模的凸起部分把金属完全挤掉，故终锻后会在孔内留下一薄层金属，称为冲孔连皮。只有在冲模上把冲孔连皮和飞边冲掉后，才能得到有通孔的模锻件。图 2-23 所示为带有飞边槽与冲孔连皮的模锻件。

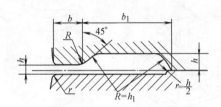

图 2-22　飞边槽

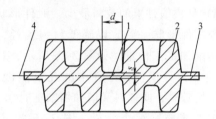

图 2-23　带有飞边槽与冲孔连皮的模锻件
1—冲孔连皮　2—锻件　3—飞边　4—分模面

（3）切断模膛　切断模膛是在上模与下模的角部组成一对刃口，用来切断金属，如图 2-24 所示，切断模膛主要用于从坯料上切下锻件或从锻件上切下钳口，也可用于多件锻造后分离成单个锻件。

根据模锻件的复杂程度不同，所需模膛数量不等，可将锻模设计成单膛锻模或多膛锻模。弯曲连杆模锻件所用多膛锻模与模锻工序如图 2-25 所示。

### 2.3.2　锤上模锻工艺规程的制定

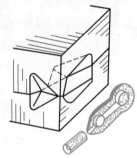

图 2-24　切断模膛

锤上模锻工艺规程的制定主要包括：绘制模锻件图；确定模锻基本变形工序；计算坯料尺寸；选择模锻设备；确定锻造温度；确定锻后工序等。

**1. 绘制模锻件图**

模锻件图是以零件图为基础，结合模锻的工艺特点绘制而成的，它是设计和制造锻模、计算坯料以及检验模锻件的依据。绘制模锻件图时，应考虑以下问题。

（1）分模面　即上、下锻模在模锻件上的分界面。锻件分模面选择合理与否关系到锻件成形、出模、材料利用率等一系列问题。分模面的选择原则如下：

1）保证模锻件能从模膛中顺利取出，这是确定分模面的最基本原则。通常情况下，分模面应选在模锻件最大水平投影尺寸的截面上。如图 2-26 所示，若选 a—a 面为分模面，则无法从模膛中取出锻件。

2）分模面应尽量选在能使模腔深度最浅的位置上，以便金属容易充满模腔，并利于锻模制造。图 2-26 所示的 $b$—$b$ 面就不适合作为分模面。

3）应尽量使上、下两模沿分模面的模腔轮廓一致，以便在锻模安装及锻造中容易发现错模现象，保证锻件质量。如图 2-26 所示，若选 $c$—$c$ 面为分模面，出现错模就不容易发现。

4）分模面尽量采用平面，并使上、下锻模的模腔深度基本一致，以便均匀充型，并利于锻模制造。

5）使模锻件上的敷料最少，锻件形状尽可能与零件形状一致，以降低材料消耗，并减少切削加工工作量。如图 2-26 所示，若将 $b$—$b$ 面选为分模面，零件中的孔不能锻出，只能采用敷料，既耗料又增加切削工时。

按上述原则综合分析，图 2-26 的 $d$—$d$ 面为最合理分模面。

（2）加工余量和锻造公差 模锻件是在锻模模腔内成形的，因此其尺寸较精确，加工余量、公差和敷料均比自由锻件要小得多。

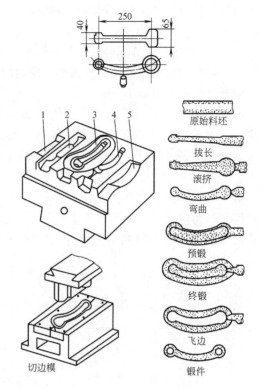

图 2-25　弯曲连杆锻模（下模）与模锻工序
1—拔长模膛　2—滚压模膛　3—终锻模膛
4—预锻模膛　5—弯曲模膛

模锻件的加工余量和锻造公差与工件形状尺寸、精度要求等因素有关。一般单边余量为 1~8mm，公差为 0.3~5.3mm，具体值可查阅 GB/T 12362—2016《钢质模锻件　公差及机械加工余量》。成品零件中的各种细槽、轮齿、横向孔以及其他妨碍出模的凹部应加敷料，直径小于 30mm 的孔一般不锻出。

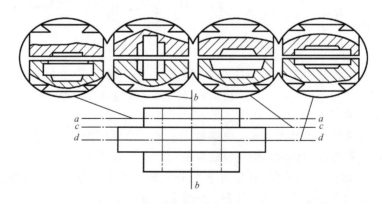

图 2-26　分模面的选择示意图

锻件的长度、宽度、高度错差（普通级）见表 2-6。锻件非加工面直线度公差见表 2-7。

表 2-6　锻件的长度、宽度、高度错差（普通级）（摘自 GB/T 12362—2016）

（单位：mm）

| 锻件质量/kg | | 锻件基本尺寸 | | | | | | | | |
|---|---|---|---|---|---|---|---|---|---|---|
| | | 大于 | 0 | 30 | 80 | 120 | 180 | 315 | 500 | 800 | 1250 |
| | | 至 | 30 | 80 | 120 | 180 | 315 | 500 | 800 | 1250 | 2500 |
| 大于 | 至 | 公差值及极限偏差 | | | | | | | | |
| 0 | 0.4 | $1.1^{+0.8}_{-0.3}$ | $1.2^{+0.8}_{-0.4}$ | $1.4^{+0.9}_{-0.5}$ | $1.6^{+1.1}_{-0.5}$ | $1.8^{+1.2}_{-0.6}$ | — | — | — | — |
| 0.4 | 1.0 | $1.2^{+0.8}_{-0.4}$ | $1.4^{+0.9}_{-0.5}$ | $1.6^{+1.1}_{-0.5}$ | $1.8^{+1.2}_{-0.6}$ | $2.0^{+1.3}_{-0.7}$ | $2.2^{+1.5}_{-0.7}$ | — | — | — |
| 1.0 | 1.8 | $1.4^{+0.9}_{-0.5}$ | $1.6^{+1.1}_{-0.5}$ | $1.8^{+1.2}_{-0.6}$ | $2.0^{+1.3}_{-0.7}$ | $2.2^{+1.5}_{-0.7}$ | $2.5^{+1.7}_{-0.8}$ | $2.8^{+1.9}_{-0.9}$ | — | — |
| 1.8 | 3.2 | $1.6^{+1.1}_{-0.5}$ | $1.8^{+1.2}_{-0.6}$ | $2.0^{+1.3}_{-0.7}$ | $2.2^{+1.5}_{-0.7}$ | $2.5^{+1.7}_{-0.8}$ | $2.8^{+1.9}_{-0.9}$ | $3.2^{+2.1}_{-1.1}$ | $3.6^{+2.4}_{-1.2}$ | — |
| 3.2 | 5.6 | $1.8^{+1.2}_{-0.6}$ | $2.0^{+1.3}_{-0.7}$ | $2.2^{+1.5}_{-0.7}$ | $2.5^{+1.7}_{-0.8}$ | $2.8^{+1.9}_{-0.9}$ | $3.2^{+2.1}_{-1.1}$ | $3.6^{+2.4}_{-1.2}$ | $4.0^{+2.7}_{-1.3}$ | $4.5^{+3.0}_{-1.5}$ |
| 5.6 | 10.0 | $2.0^{+1.3}_{-0.7}$ | $2.2^{+1.5}_{-0.7}$ | $2.5^{+1.7}_{-0.8}$ | $2.8^{+1.9}_{-0.9}$ | $3.2^{+2.1}_{-1.1}$ | $3.6^{+2.4}_{-1.2}$ | $4.0^{+2.7}_{-1.3}$ | $4.5^{+3.0}_{-1.5}$ | $5.0^{+3.3}_{-1.7}$ |
| 10.0 | 20.0 | $2.2^{+1.5}_{-0.7}$ | $2.5^{+1.7}_{-0.8}$ | $2.8^{+1.9}_{-0.9}$ | $3.2^{+2.1}_{-1.1}$ | $3.6^{+2.4}_{-1.2}$ | $4.0^{+2.7}_{-1.3}$ | $4.5^{+3.0}_{-1.5}$ | $5.0^{+3.3}_{-1.7}$ | $5.6^{+3.7}_{-1.9}$ |
| 20.0 | 50.0 | $2.5^{+1.7}_{-0.8}$ | $2.8^{+1.9}_{-0.9}$ | $3.2^{+2.1}_{-1.1}$ | $3.6^{+2.4}_{-1.2}$ | $4.0^{+2.7}_{-1.3}$ | $4.5^{+3.0}_{-1.5}$ | $5.0^{+3.3}_{-1.7}$ | $5.6^{+3.7}_{-1.9}$ | $6.3^{+4.2}_{-2.1}$ |
| 50.0 | 120.0 | $2.8^{+1.9}_{-0.9}$ | $3.2^{+2.1}_{-1.1}$ | $3.6^{+2.4}_{-1.2}$ | $4.0^{+2.7}_{-1.3}$ | $4.5^{+3.0}_{-1.5}$ | $5.0^{+3.3}_{-1.7}$ | $5.6^{+3.7}_{-1.9}$ | $6.3^{+4.2}_{-2.1}$ | $7.0^{+4.7}_{-2.3}$ |
| 120.0 | 250.0 | $3.2^{+2.1}_{-1.1}$ | $3.6^{+2.4}_{-1.2}$ | $4.0^{+2.7}_{-1.3}$ | $4.5^{+3.0}_{-1.5}$ | $5.0^{+3.3}_{-1.7}$ | $5.6^{+3.7}_{-1.9}$ | $6.3^{+4.2}_{-2.1}$ | $7.0^{+4.7}_{-2.3}$ | $8.0^{+5.3}_{-2.7}$ |
| 250.0 | 500.0 | $3.6^{+2.4}_{-1.2}$ | $40^{+2.7}_{-1.3}$ | $4.5^{+3.3}_{-1.5}$ | $5.0^{+3.3}_{-1.7}$ | $5.6^{+3.7}_{-1.9}$ | $6.3^{+4.2}_{-2.1}$ | $7.0^{+4.7}_{-2.3}$ | $8.0^{+5.3}_{-2.7}$ | $9.0^{+6.0}_{-3.0}$ |

表 2-7　锻件非加工面直线度公差（摘自 GB/T 12362—2016）　（单位：mm）

| 锻件最大长度 l | | 公差值 |
|---|---|---|
| 大于 | 至 | |
| 0 | 120 | 0.7 |
| 120 | 250 | 1.1 |
| 250 | 400 | 1.4 |
| 400 | 630 | 1.8 |
| 630 | 1000 | 2.2 |
| 1000 | — | 0.22%l |

（3）模锻斜度　为便于锻件从模膛中取出，在垂直于分模面的锻件表面（侧壁）必须有一定的斜度，称为模锻斜度，如图 2-27 所示。模锻斜度和模锻深度有关，通常模膛深度与宽度的比值（$h/b$）较大时，模锻斜度取较小值。生产中一般不做具体要求和检查，各种金属锻件常用的模锻斜度见表 2-8。

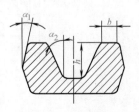

图 2-27　模锻斜度

表 2-8  各种金属锻件常用的模锻斜度

| 锻件高度尺寸/mm | | 公差值 | |
|---|---|---|---|
| 大于 | 至 | 普通级 | 精密级 |
| 0 | 6 | 5°00′ | 3°00′ |
| 6 | 10 | 4°00′ | 2°30′ |
| 10 | 18 | 3°00′ | 2°00′ |
| 18 | 30 | 2°30′ | 1°30′ |
| 30 | 50 | 2°00′ | 1°15′ |
| 50 | 80 | 1°30′ | 1°00′ |
| 80 | 120 | 1°15′ | 0°50′ |
| 120 | 180 | 1°00′ | 0°40′ |
| 180 | 260 | 0°50′ | 0°30′ |
| 260 | — | 0°40′ | 0°20′ |

（4）模锻圆角半径  为了便于金属在模腔内流动，避免锻模内尖角处产生裂纹，减缓锻模外尖角处的磨损，延长锻模使用寿命，模锻件上所有平面的交界处均需为圆角，如图 2-28 所示。模腔深度越深，圆角半径取值越大。一般外圆角（凸圆角）半径 $r$ 等于单面加工余量加成品零件圆角半径，钢的模锻件外圆角半径 $r$ 一般取 1.5~12mm，内圆角（凹圆角）半径由 $R=(2\sim3)r$ 计算所得，为了便于制模和锻件检测，圆角半径需圆整为标准值，如 1、1.5、2、2.5、3、4、5、6、8、10、12、15、20、25 和 30 等，单位为 mm，以便使用标准刀具加工。

（5）冲孔连皮  具有通孔的零件，锤上模锻时不能直接锻出通孔，孔内还留有一定厚度的金属层，称为冲孔连皮（图 2-23）。它可以减轻锻模的刚性接触，起缓冲作用，避免锻模损坏。冲孔连皮需在切边时冲掉或在机械加工时切除。常用冲孔连皮的形式是平底连皮，冲孔连皮的厚度 $s$ 与孔径 $d$ 有关，当 $d=30\sim80$mm 时，$s=4\sim8$mm。当孔径小于 30mm 或孔深大于孔径 2 倍时，只在冲孔处压出凹穴。

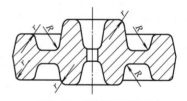

图 2-28  模锻圆角半径

上述各参数确定后，便可绘制模锻件图。图 2-29 所示为齿轮坯模锻件图。图中双点画线为零件轮廓外形，分模面选在锻件高度方向的中部。由于轮毂外径与轮辐部分不加工，故无加工余量。图中内孔中部的两条直线为冲孔连皮切掉后的痕迹。

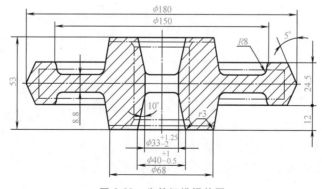

图 2-29  齿轮坯模锻件图

**2. 确定模锻基本变形工序**

模锻变形工序主要根据锻件的形状与尺寸来确定。根据已确定的工序即可设计出制坯模膛、预锻模膛及终锻模膛。按形状模锻件可分为两类：长轴类零件与盘类零件，如图 2-30 所示。长轴类零件的长宽比较大，如台阶轴、曲轴、连杆、弯曲摇臂等；盘类零件在分模面上的投影多为圆形或近似矩形，例如齿轮、法兰盘等。

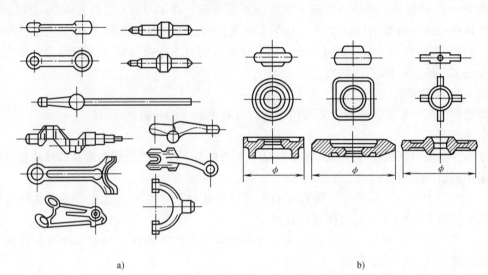

a)　　　　　　　　　　　　　　　b)

图 2-30　模锻零件

a）长轴类零件　b）盘类零件

（1）长轴类模锻件基本工序　常用工序有拔长、滚压、弯曲、预锻和终锻等。

拔长和滚压时，坯料沿轴线方向流动，金属体积重新分配，使坯料的各横截面积与锻件相应的横截面积近似相等。坯料的横截面积大于锻件最大横截面积时，可只选用拔长工序；坯料横截面积小于锻件最大横截面积时，应采用拔长和滚压工序。

锻件的轴线为曲线时，还应选用弯曲工序。

对于小型长轴类锻件，为了减少钳口料和提高生产效率，常采用一根棒料上同时锻造数个锻件的锻造方法，因此应增设切断工序，将锻好的工件分离。

大批量生产形状复杂、终锻成形困难的锻件时，还需选用预锻工序，最后在终锻模膛中模锻成形。

某些锻件选用周期轧制材料作为坯料时，可省去拔长、滚挤等工序，以简化锻模，提高生产率，如图 2-31 所示。

（2）盘类模锻件基本工序　常选用镦粗、终锻等工序。

对于形状简单的盘类零件，可只选用终锻工序完成成形。对于形状复杂，有深孔或有高肋的锻件，则应增加镦粗、预锻等工序。

**3. 计算坯料质量与尺寸**

坯料质量包括锻件、飞边、连皮、钳口料头以及氧化皮等的质量。通常，氧化皮占

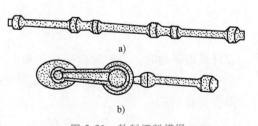

a)

b)

图 2-31　轧制坯料模锻

a）周期轧制材料　b）模锻后形状

锻件和飞边总质量分数的 2.5% ~ 4%。

坯料尺寸要根据锻件形状和采用的基本变形工序计算，如盘类锻件采用镦粗制坯，坯料截面积应符合镦粗规则，其高度与直径比一般取 1.8 ~ 2.2；轴类锻件可用锻件的平均横截面积乘以 1.05 ~ 1.2 得出坯料截面积。有了截面尺寸，再根据体积不变原则得出坯料长度。

**4. 选择模锻设备**

蒸汽-空气模锻锤的规格是用落下部分的质量表示，为 1 ~ 16t，可锻造 0.5 ~ 150kg 的模锻件。选择模锻锤的类型和吨位时，主要考虑设备的打击能量和装模空间（主要是导轨间距），应结合模锻件的质量、尺寸大小、形状复杂程度及所选择的基本工序等因素确定，并充分考虑工厂的实际情况。

**5. 确定锻造温度**

模锻件的生产也在一定温度范围内进行，与自由锻生产相似。

**6. 确定锻后工序**

坯料在锻模内制成模锻件后，还需经过一系列修整工序，以保证和提高锻件质量。锻后修整工序包括以下内容：

（1）切边与冲孔　模锻件一般都带有飞边，带孔的锻件有冲孔连皮，必须在切边压力机上切除，图 2-32 所示为切边模及冲孔模。

（2）校正　对于细长、扁薄、落差较大和形状复杂的模锻件，切边、冲孔及其他工序都可能引起变形，需压力校正。

（3）清理　为了提高模锻件的表面质量，改善其切削加工性能，模锻件需要进行表面清理，去除氧化皮、油污及其他表面缺陷等。

（4）精压　对于尺寸精度高和表面粗糙度值小的模锻件，还应在精压机上精压。精压分为平面精压和体积精压两种，如图 2-33 所示。

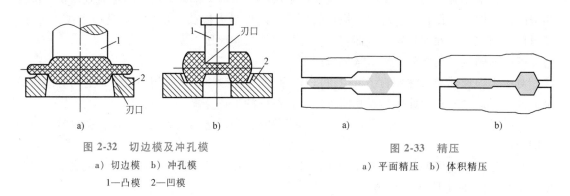

图 2-32　切边模及冲孔模　　　　　　　　　图 2-33　精压

a）切边模　b）冲孔模　　　　　　　　　　a）平面精压　b）体积精压

1—凸模　2—凹模

## 2.3.3　锤上模锻件的结构工艺性

设计模锻零件时，应根据模锻特点和工艺要求，使其结构符合下列原则。

（1）具有合理的分模面　使金属易于充满模膛，模锻件易于从锻模中取出，且敷料最少，锻模容易制造。

（2）具有合理的模锻圆角与模锻斜度　模锻零件上，除与其他零件配合的表面，均应设计为非加工表面。模锻件非加工表面之间形成的角应设计为模锻圆角，与分模面垂直的非加工表面，应设计出模锻斜度。

（3）零件外形力求简单　尽量平直、对称，避免零件横截面积差别过大，不应具有薄壁、高肋等不良结构。零件的凸缘太薄、太高或中间凹挡太深，金属不易充型，否则难以用模锻方法成形（图2-34a）。若零件上存在过于扁薄的部分，模锻时该部分金属容易冷却，不利于变形流动和受力，对保护设备和锻模也不利（图2-34b）。图2-34c所示零件有一个高而薄的凸缘，锻模的制造和锻件的取出都很困难，改成如图2-34d所示形状则较易锻造成形。

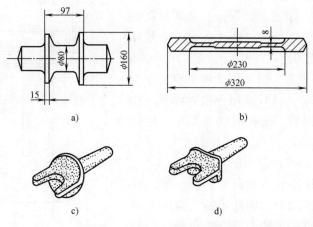

图2-34　模锻件结构工艺性

（4）尽量避免深孔或多孔结构　当孔径小于30mm或孔深大于直径两倍时，锻出困难。如图2-35所示齿轮零件，为保证纤维组织的连贯性以及更好的力学性能，常采用模锻方法生产，但齿轮上的四个$\phi20$mm的孔不方便锻造，只能采用机械加工成形。

（5）采用组合结构　对于复杂锻件，为减少敷料，简化模锻工艺，在可能的条件下，应采用锻造-焊接或锻造-机械连接组合工艺，如图2-36所示。

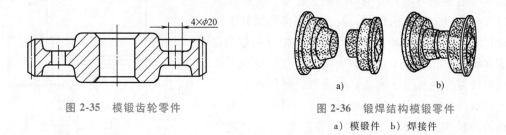

图2-35　模锻齿轮零件

图2-36　锻焊结构模锻零件
a）模锻件　b）焊接件

### 2.3.4　压力机上模锻

锤上模锻虽然应用非常广泛，但模锻锤在工作中存在振动和噪声大、劳动条件差、能耗高、热效率低等缺点，因此，近年来大吨位模锻锤有被模锻压力机逐步取代的趋势。压力机上模锻主要有热模锻曲柄压力机（又称热模锻压力机）上模锻、摩擦压力机上模锻和平锻压力机上模锻。

**1. 热模锻曲柄压力机上模锻**

热模锻曲柄压力机简称热模锻压力机，如图 2-37 所示。上、下锻模分别安装在滑块 9 和楔形工作台 10 上，曲柄连杆机构将曲柄 7 的旋转运动转换成滑块 9 的上下往复直线运动，使坯料在上、下锻模形成的模膛中锻压成形，顶杆 11 在顶料连杆 12 与凸轮 13 的带动下从模膛中顶出锻件，实现自动取件。曲柄压力机的吨位一般为 2000~120000kN。

热模锻压力机上模锻具有如下特点：

1）生产效率高。滑块行程固定，每个锻件在滑块的一次行程中完成成形。

2）锻件精度高。滑块行程固定，又具有良好的导向装置和自动顶件机构，锻件余量、公差和模锻斜度都比锤上模锻小。

3）可使用组合模具。因工作过程中滑块速度较慢（0.25~0.5m/s），具有静压作用力性质，故可采用镶块式组合锻模，使模具制造简单，更换容易，可节省贵重金属。

4）振动噪声小，劳动条件好。

由于静压力惯性小且滑块行程固定，无论在什么模膛内都是一次成形，因此不易使金属充满模膛，应进行多膛模锻，使变形分步进行，并采用预锻工步，也不宜在热模锻压力机上拔长和滚挤制坯，而且坯料表面的氧化皮不易被清除，影响锻件表面质量。热模锻压力机结构复杂、造价高，只适于大批量生产。

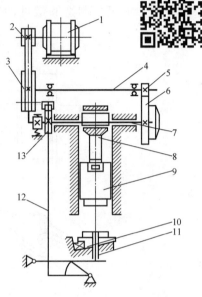

图 2-37 曲柄压力机传动简图

1—电动机 2、3—带轮 4—传动轴 5、6—齿轮
7—曲柄 8—连杆 9—滑块 10—楔形工作台
11—顶杆 12—顶料连杆 13—凸轮

**2. 摩擦压力机上模锻**

摩擦压力机如图 2-38 所示。上、下锻模分别安装在滑块 7 和机座 10 上。两个旋转的摩擦盘 4 可沿轴向移动，分别与飞轮 3 靠紧，借摩擦力带动飞轮 3 以不同方向转动，与飞轮连接的螺杆 1 随飞轮作不同方向的转动，由于与螺杆 1 配合的螺母 2 固定在机架上，螺杆 1 在转动的同时便会带动与之相连的滑块沿导轨 9 上下滑动。模锻时，坯料在上、下锻模形成的模膛内靠飞轮、螺杆和滑块向下运动时所积蓄的能量锻压成形。由于滑块运行有一定的速度（0.5~1.0m/s）和冲击作用，因此摩擦压力机具有锻锤和压力机双重工作特性。

摩擦压力机上模锻具有以下特点：

1）适应性强。滑块行程和锻压力不固定，因而可实现轻打、重打以及在一个模膛内多次锻打。这样不仅能满足模锻各种主要成形工序的要求，还可进行弯曲、切飞边和冲孔连皮、校正、精压和精密

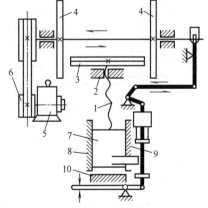

图 2-38 摩擦压力机传动简图

1—螺杆 2—螺母 3—飞轮 4—摩擦盘
5—电动机 6—皮带轮 7—滑块
8、9—导轨 10—机座

锻造等工序。

2）利于对变形速度敏感金属材料的模锻。滑块运行速度低，锻击频率也低，金属变形过程中的再结晶可以充分进行，因而特别适用于锻造再结晶速度慢、对变形速度敏感的金属材料，如低塑性合金钢和非铁合金。

3）可使用组合模具。由于工作速度低，设备又带有下顶料装置，可采用组合式模具。这样不仅使模具制造简化、节约材料、降低成本，还可以锻制出形状更复杂，余量、敷料和模锻斜度都很小的模锻件，并可将杆类锻件直立起来进行局部镦粗。

但摩擦压力机承受偏心载荷的能力差，对于形状复杂的锻件，需要在自由锻设备或其他设备上制坯。

摩擦压力机具有结构简单、造价低、投资少、使用维修方便、基建要求不高、工艺用途广泛等优点，许多中小型企业的锻造车间都拥有这类设备，但摩擦压力机传动效率低（仅为 10%~15%），锻造能力有限，故多用于中小型锻件的中、小批量模锻件的生产，如螺栓、齿轮、三通阀体、配气阀、铆钉、螺钉、螺母等。

**3. 平锻机上模锻**

平锻机也是以曲柄连杆机构为主传动机构，除主滑块外还有副滑快，滑块做水平运动，故称为平锻机，如图 2-39 所示。曲柄连杆机构通过主滑块 3 带动凸模 4 作纵向运动，同时曲柄 2 又通过凸轮 8、连杆 7 带动副滑块和活动凹模 6 做横向运动。坯料在由凸模 4、固定凹模 5、活动凹模 6 构成的模腔内锻压成形。平锻机的规格为 $5 \times 10^3 \sim 3.15 \times 10^4 kN$，可加工直径 25~230mm 的棒料。

平锻机上模锻具有以下特点：

1）扩大了模锻的适用范围。平锻模有两个分模面，可以锻出锤上模锻和热模锻压力机上模锻无法锻出的锻件，如侧面有凹挡的双联齿轮。最适合在平锻机上锻造的锻件是长杆大头件和带孔环形件，如汽车半轴、倒车齿轮等。模锻工步以局部镦粗与冲孔为主，也可以切飞边、切断、锯料、弯曲等。

2）锻件精度高。平锻件尺寸精确，表面粗糙度值大，生产率高，易于实现机械化操作。

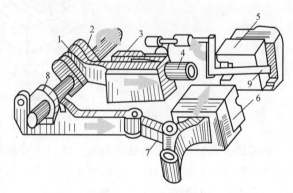

图 2-39 平锻机传动图

1、7—连杆 2—曲柄 3—滑块 4—凸模 5—固定凹模
6—副滑块和活动凹模 8—凸轮 9—坯料

3）材料利用率高。可锻出无飞边、无冲孔连皮、外壁无斜度的锻件，材料利用率可达 85%~95%。

但平锻机对非回转体及中心不对称的锻件较难锻造，坯料表面氧化皮不能自动脱落，需预先清除。平锻机结构复杂，造价昂贵，投资较大，适用于大批量生产。

## 2.3.5 胎模锻

胎模锻是在自由锻设备上使用简单的模具（称为胎模）进行锻件生产的方法。锻造时胎模不固定在锤头或砧座上，根据加工过程需要，随时放在上、下砧铁上进行锻造。因此，胎模结构较简单，制造容易，如图 2-40a 所示。由于锻件形状不同，胎模的类型也有多种，图 2-40b 所示为用于终锻的合模结构，由上、下模块组成，合模后形成的空腔为模腔，模块上的导销和销孔可使上、下模对准。锻造时，先把下模放在下砧铁上，再把加热坯料放在模腔内，然后合上上模，用锻锤锻打上模背部，待上、下模接触，坯料便在模腔内形成锻件，锻件周围的一薄层飞边，在锻后予以切除。

制定胎模锻工艺规程时，分模面的选取可灵活一些，分模面的数量可不限于一个，而且在不同工序中可选取不同的分模面，以便于制造胎模和使锻件成形。

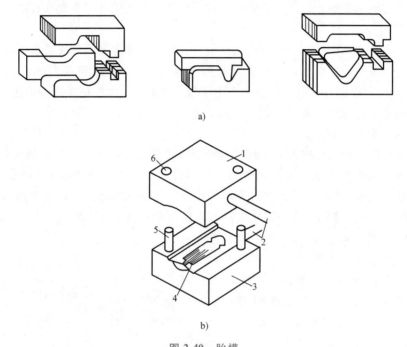

图 2-40　胎模
1—上模块　2—手柄　3—下模块　4—模腔　5—导销　6—销孔

胎模锻兼有自由锻和模锻的特点，比自由锻的锻件质量要好，生产效率高，能锻造形状较复杂的锻件。与模锻相比，胎模锻不需要专用的模锻设备与价格昂贵的锻模，生产准备时间短，成本低。但胎模往往人工操作，劳动强度大，故胎模锻只适合于小批量生产小型锻件，特别适于没有模锻设备的工厂。

## 2.4　板料冲压

利用冲模在压力机上使板料分离或变形，从而获得冲压件的加工方法称为板料冲压。板料冲压的坯料厚度一般小于 6mm，通常在常温下冲压，故又称为冷冲压。用于板料冲压的原材料可以是具有塑性的金属材料，如低碳钢、奥氏体不锈钢、铜和铝及其合金等，也可以是非金属材料，如胶木、云母、纤维板、皮革等。

板料冲压应用广泛，特别是在汽车、拖拉机、航空航天、家用电器、仪器、仪表等领域中占有极其重要的地位。

板料冲压具有以下特点：

1）操作简单，生产效率高，易于实现机械化和自动化。

2）冲压件的尺寸精确，表面质量好，互换性好，一般不再进行任何机械加工即可作为零件使用。

3）金属薄板经过冲压塑性变形获得一定几何形状，并产生冷变形强化，使冲压件具有质量轻、强度高和刚性好的优点。

冲模是冲压生产的主要工艺装备，其结构复杂、精度要求高、制造费用相对较高，故冲压适用于大批量生产。

冲压生产常用的冲压设备主要有剪板机和压力机两大类。剪板机用于把板料剪切成一定宽度的条料，为后续冲压生产准备坯料。压力机（冲床）用于冲压工序，分机械式压力机（曲柄压力机）和液压压力机两大类，曲柄压力机按机身结构不同，可分为开式压力机（机身呈"C"字形，操作空间三面敞开）和闭式压力机（框形机架，正面和背面操作）。压力机的主要技术参数以公称压力来表示，公称压力（kN）指压力机滑块在下止点前工作位置所能承受的最大工作压力。小型压力机多用开式，常用规格为 63~2000kN，大、中型压力机多用闭式，常用规格为 1000~6300kN。

冲压基本工序分为分离工序和变形工序两大类。

## 2.4.1 分离工序

分离工序是使板料的一部分与另一部分分离的加工工序，主要包括冲孔、落料、修整、切断、精冲等。切断是使板料沿不封闭轮廓线分离的工序，主要用于备料，将板料切成条料，也可用于制取形状简单、精度要求不高的零件。修整是沿冲裁件的外缘或内孔削去一薄层材料，以提高冲裁件的尺寸精度和降低剪断面的表面粗糙度值。冲孔和落料统称为冲裁，是使板料沿封闭轮廓线产生分离的工序。落料是从板料上冲出一定外形的零件或坯料，冲下部分是成品。冲孔是在板料上冲出孔，冲下部分是废料。冲裁既可直接冲出成品零件，也可为后续变形工序准备坯料，应用十分广泛。精冲即精密冲裁，是获得优质冲裁件的工艺。

**1. 冲孔和落料**

（1）冲裁过程 冲裁凸模和凹模具有锋利的刃口，刃口之间留有间隙，板料的冲裁过程分为弹性变形、塑性变形、剪裂分离三个阶段，如图 2-41 所示。

凸模接触板料下压时，板料在凸、凹模刃口处首先产生弹性变形而相对错移（图 2-41a）；凸模继续下压，板料中的内应力达到材料屈服强度时，产生塑性变形，这时凸模将板料压入凹模孔口，被压挤入的板料会

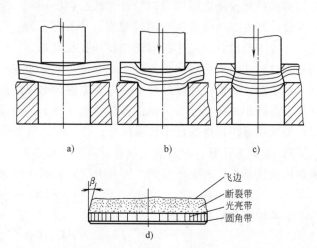

图 2-41 冲裁过程及落下部分断口形貌

a）弹性变形阶段 b）塑性变形阶段

c）剪裂分离阶段 d）落下部分断口形貌

形成小圆角和一段与板平面垂直的光面（图2-41b）；随着变形的增大，当板料中的内应力达到强度极限，出现微裂纹，当凸模继续下压时，已形成的上、下微裂纹向内迅速扩展直至会合，板料被切断分离（图2-41c）。冲裁件的断口形貌如图2-41d所示，由圆角带、光亮带、断裂带和飞边组成。

（2）冲裁工艺设计 冲裁工艺设计包括冲裁件的结构工艺性分析、凸凹模间隙的确定、冲裁模精度确定及刃口尺寸计算、冲裁力计算和排样设计等。

1）凸凹模间隙的确定。凸凹模间隙会严重影响冲裁件的断口质量，间隙合适时，板料内形成的上、下裂纹重合一线，断裂带和飞边均较小；间隙过大时，板料中拉应力增大，裂纹提前形成，板料内形成的上、下裂纹向内错开，断口断裂带和飞边均较大，如图2-42a所示；间隙过小时，凸凹模受到板料的挤压作用大，摩擦加大，板料内形成的上、下裂纹向外错开，断口形成二节光面，在两节光面间夹有裂纹，如图2-42b所示。另外，凸凹模间隙还影响模具寿命、冲裁力和冲裁件尺寸精度等。

合理间隙$z$的数值可按相关设计手册选用，或利用下列经验公式计算

$$z = Ct$$

式中，$t$为板料厚度（mm）；$C$为与材料厚度、性能有关的系数。$t \leqslant 3$mm时，对于低碳钢、铜合金、铝合金，$C = 0.06 \sim 0.10$；对于高碳钢，$C = 0.08 \sim 0.12$；当$t > 3$mm时，$C$值应适当加大。

2）凸凹模刃口尺寸计算。冲裁件尺寸和冲裁模间隙都决定于凸凹模刃口尺寸，因此凸凹模刃口尺寸是冲裁模设计时的关键尺寸，它关系到模具寿命和冲裁件的尺寸精度。

落料时，落料件尺寸等于凹模刃口尺寸，因此先按落料件尺寸确定凹模刃口尺寸，然后以凹模尺寸为设计基准，凸模尺寸与凹模配制；冲孔时，冲孔尺寸等于凸模刃口尺寸，因此先按冲孔尺寸确定凸模刃口尺寸，然后以凸模为设计基准，凹模尺寸与凸模配制。

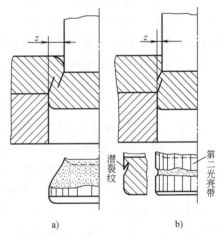

图2-42 间隙对断面质量的影响

a）间隙过大 b）间隙过小

由于凸、凹模在冲裁过程中不可避免地会出现磨损，凹模磨损后会增大落料尺寸，凸模磨损后会减小冲孔尺寸。为保证零件的尺寸要求，提高模具的使用寿命，落料时，应取凹模刃口尺寸接近落料件的最小极限尺寸；冲孔时，应取凸模刃口尺寸接近孔的最大极限尺寸。

3）冲裁力计算。冲裁力是板料冲裁时作用在凸模上的最大抗力，它是合理选择冲压设备和检验模具强度的主要依据。冲裁力计算公式一般为

$$F = KLt\tau_b$$

也可按下式估算

$$F \approx LtR_m$$

式中，$F$为冲裁力（N）；$L$为冲切刃口周长（mm）；$t$为板料厚度（mm）；$\tau_b$为板料的抗剪强度（MPa），一般$\tau_b = 0.8R_m$；$R_m$为板料的抗拉强度（MPa）；$K$为系数，根据经验常取1.3。

4) 排样设计。落料件在条料、带料或板料上的布置称为排样。

落料件排样的三种方法如图 2-43 所示。①有废料排样法，如图 2-43a 所示，沿冲裁件周边都有工艺余料（称为搭边），冲裁沿冲裁件轮廓进行，冲裁件质量和模具寿命较高，但材料利用率较低；②少废料排样法，如图 2-43b 所示，沿冲裁件部分周边有工艺余料。冲裁沿工件部分轮廓进行，材料利用率比有废料排样法要高，但冲裁件精度有所降低；③无废料排样法，如图 2-43c 所示，形状简单的冲裁件冲裁时，周边没有工艺余料，冲裁件实际是由切断条料获得，材料利用率高，但冲裁件精度低，由于受力不均匀模具寿命不高。

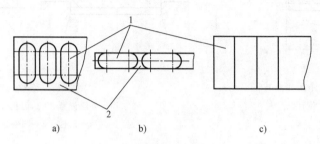

图 2-43 落料件的排样方法

a) 有废料排样法 b) 少废料排样法 c) 无废料排样法

1—工件 2—废料

无论采用何种排样方法，根据冲裁件的形状还可以在条料上有不同的布置，常见的有直排、斜排、对排、混合排等，如图 2-44 所示。具体应根据冲裁件的形状和纤维方向选择，其目的是提高材料的利用率和冲裁件质量。

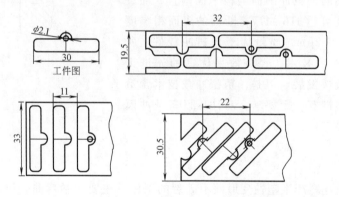

图 2-44 落料件的多种布置方式

搭边是指冲裁件与冲裁件之间，冲裁件与条料两侧边之间留下的工艺余料，其作用是保证冲裁时刃口受力均匀和条料正常送进。搭边值通常由经验确定，一般为 0.5~5mm，材料越厚、越软以及冲裁件的尺寸越大，形状越复杂，搭边值越大。

确定落料件的排样、布置方法和搭边值后，便可画出排样图，作为编制冲压工艺与设计模具的主要依据，如图 2-45 所示。

**2. 修整**

修整在专用的修整模上进行，通过削去薄层金属的方法去除冲裁件断面（外缘或内孔）

上的圆角、剪裂带和飞边，以提高冲裁件的断面质量与尺寸精度，如图 2-46 所示。修整余量为 0.1~0.4mm，修整的工件尺寸精度可达 IT6~IT7，表面粗糙度值为 $Ra1.6~0.8\mu m$。

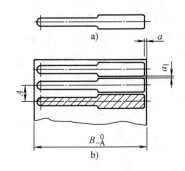

图 2-45　落料件的零件图和排样图

a）零件图　b）排样图

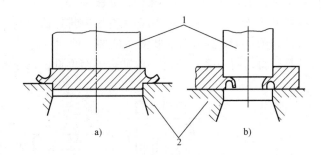

图 2-46　修整

a）外缘修整　b）内孔修整

1—凸模　2—凹模

### 3. 精密冲裁

精密冲裁又称无间隙或负间隙冲裁，一般采用齿圈压料板在精密冲裁压力机上完成，如图 2-47 所示。精密冲裁机理与普通冲裁有很大差异，其凸凹模间的间隙极小，板料在齿圈和凸凹模的作用下处于三向压应力状态，抑制了裂纹的产生，从而使板料以塑性剪切方式分离，得到的冲裁件断面与板平面垂直，而且平整光亮，其精度可达 IT6~IT7，断面的表面粗糙度值可达到 $Ra3.2~0.2\mu m$，质量优于普通冲裁件。所以，精密冲裁是一项技术、经济效果优良的先进工艺，近年来得到较快发展。但是，精密冲裁技术含量较高，对材料的塑性有一定要求，对冲压设备及冲模精度也都有较高要求。

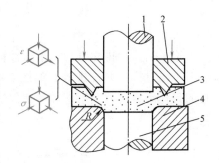

图 2-47　精密冲裁

1—凸模　2—齿圈压板　3—坯料

4—凹模　5—顶板

## 2.4.2　变形工序

变形工序是使坯料产生塑性变形而不破裂的工序，主要包括弯曲、拉深、翻边、缩口、压筋、胀形等。

### 1. 弯曲

弯曲是将坯料弯成具有一定角度或圆弧的变形工艺，在冲压生产中占有很大的比重。

（1）弯曲变形　弯曲变形过程如图 2-48 所示。弯曲开始时，凸模与板料接触产生弹性弯曲变形，随着凸模的下行，板料产生程度逐渐加大的局部弯曲塑性变形，直至板料与凸模完全贴合并压紧。

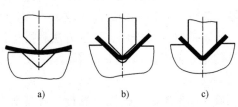

图 2-48　弯曲过程示意图

1）最小弯曲半径。如图 2-49 所示，弯曲时，金属塑性变形集中在弯曲中心角 $\phi$ 对应的 *aa-bb* 范围内，靠近凸模一侧（内侧）*aa* 受压应力作用，产生压缩变形，靠近凹模一侧（外侧）*bb* 受拉应力作用，产生拉伸变形。随着弯曲半径变小，外侧材料承受的拉应力与产生的伸长变形也越大，当此拉应力（或伸长变形）超过坯料的抗拉强度（或塑性变形极限）时，就会出现裂纹，因此坯料存在一个不会产生弯裂的最小弯曲半径 $r_{min}$，通常为（$0.25 \sim 1$）$t$（$t$ 为板厚），弯曲件的实际弯曲半径 $r$ 应大于最小弯曲半径 $r_{min}$。

材料塑性好，其最小弯曲半径可减小。因此，退火的板料比加工硬化的板料可有较小的最小弯曲半径。冷轧板料具有各向异性，沿纤维方向弯曲的最小弯曲半径可比沿垂直纤维方向弯曲的要小。板料表面及边缘粗糙时，易产生应力集中，需增大最小弯曲半径。

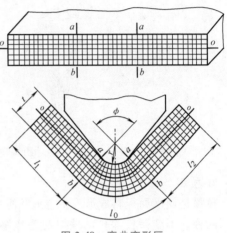

图 2-49　弯曲变形区

2）中性层。在变形区的厚度方向，缩短和伸长的两个变形区之间，有一层金属在变形前后没有变化，这层金属称为中性层 *oo*。中性层是计算弯曲件展开长度的依据。

3）回弹。由于材料的弹性恢复，会使弯曲件的角度和弯曲半径比凸模要大，这种现象称为回弹，增大的角度称为回弹角，一般为 $0° \sim 10°$。回弹会影响弯曲件的精度，因此，在设计弯曲模时，应使模具的弯曲角度比零件弯曲角度减小一个回弹角。

（2）弯曲工艺设计　弯曲工艺设计包括弯曲件的结构工艺性分析、弯曲件下料毛坯长度计算、弯曲力的计算和弯曲件的工序安排等。

1）下料毛坯长度 $l$ 的计算。下料毛坯长度实际上是弯曲件中性层长度，以图 2-49 所示弯曲件为例，计算公式为

$$l = l_1 + l_2 + l_0$$
$$= l_1 + l_2 + \pi\phi(r + kt)/180$$

式中，直边长 $l_1$ 和 $l_2$、弯曲圆弧部分中性层长度 $l_0$、中心角 $\phi$、弯曲半径 $r$ 和坯料板厚 $t$ 如图 2-49 所示；$k$ 为中性层系数，与变形程度有关，其值可查表 2-9。

表 2-9　中性层系数 $k$ 值

| $r/t$ | 0~0.5 | 0.5~0.8 | 0.8~2 | 2~3 | 3~4 | 4~5 | >5 |
|---|---|---|---|---|---|---|---|
| $k$ | 0.16~0.25 | 0.25~0.30 | 0.30~0.35 | 0.35~0.40 | 0.40~0.45 | 0.45~0.50 | 0.5 |

2）弯曲力的计算。弯曲力是设计弯曲模和选择压力机的主要依据，它与坯料板厚、材料、弯曲部位面积等有关。

3）弯曲工序安排。对于形状简单的弯曲件，如 V 形、U 形、Z 形等，只需一次弯曲就可以成形。形状复杂的弯曲件则要两次或多次弯曲成形，多次弯曲成形时，一般先弯两端、后弯中间部分的形状，如图 2-50 所示。对于精度要求较高或特别小的弯曲件，尽可能在一副模具上完成多次弯曲成形。

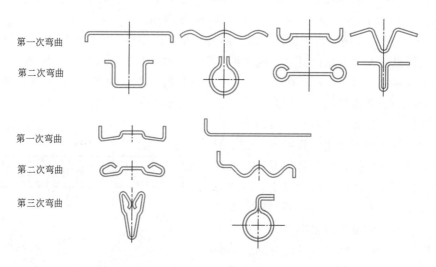

第一次弯曲

第二次弯曲

第一次弯曲

第二次弯曲

第三次弯曲

图 2-50　多次弯曲成形

**2. 拉深**

拉深是使平面板料成形为中空形状零件的冲压工序。拉深工艺可分为不变薄拉深和变薄拉深两种，不变薄拉深件的壁厚与毛坯厚度基本相同，工业应用较多，变薄拉深件的壁厚则明显小于毛坯厚度。下面介绍圆筒形不变薄拉深工艺。

（1）拉深变形过程与质量控制　拉深变形过程如图 2-51 所示，原始直径为 $D_0$ 的板料，经过凸模压入凹模孔口中，拉深后变成直径为 $d$、高度为 $h$ 的筒形零件。

拉深过程中，板料的变形及受力状态如图 2-52 所示。凸缘部分为主要变形区，这部分板料的直径逐渐减小，并通过凹模圆角逐步转化为侧壁。该区板料的径向受拉应力，产生拉应变，而切向（周向）受压应力，产生压应变。

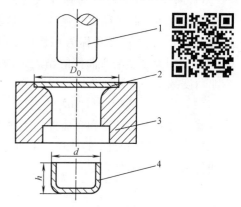

图 2-51　拉深变形过程示意图
1—凸模　2—毛坯　3—凹模　4—工件

处于凸模底部的板料被压入凹模形成筒底，这部分金属基本不变形，近似认为不变形区。

侧壁部位是已变形区，由底部以外的环形部分板料变形后形成的。该区主要受拉应力作用，厚度有所减小，尤其是直壁与底部之间的过渡圆角部位，拉薄最严重。

拉深过程中的主要缺陷是起皱和拉裂，如图 2-53 所示。起皱易出现在凸缘部位及凸缘与侧壁交界处，这是拉深时由于较大的切向（周向）压应力使板料失稳而造成的，生产中常采用加压边圈的方法予以防止。拉裂一般出现在直壁与底部的过渡圆角处，当拉应力超过材料的抗拉强度时，此处将被拉裂。为防止拉裂，应采取如下工艺措施：

1）限制拉深系数。这是防止拉裂的主要工艺措施。拉深系数是衡量拉深变形程度大小的主要工艺参数，用拉深件直径 $d$ 与毛坯直径 $D_0$ 的比值 $m$ 表示，即 $m = d/D_0$。拉深系数越小，变形程度越大，拉深应力越大，越易产生拉裂废品。能保证拉深正常进行的最小拉深系

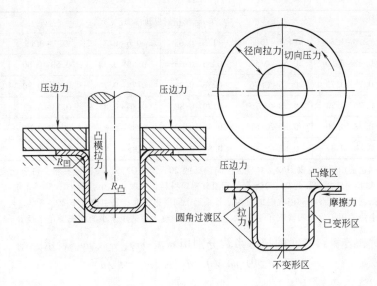

图 2-52　拉深变形过程的受力状态

数，称为极限拉深系数。

2）凸凹模工作部分应加工成圆角。一般凹模圆角半径为 $R_凹 = (5 \sim 10)t$，凸模圆角半径为 $R_凸 = (0.7 \sim 1)t$。

3）合理的凸凹模间隙。间隙过小容易拉穿，间隙过大则容易起皱。一般凸凹模之间的单边间隙 $z = (1.0 \sim 1.2)t_{max}$。

4）减小拉深时的阻力。压边力要合理不应过大；凸、凹模工作表面要有较小的表面粗糙度值；在凹模表面涂润滑剂以减小摩擦。

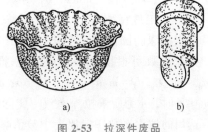

　　a)　　　　　　　　　　b)

图 2-53　拉深件废品
a）起皱　b）拉裂

（2）筒形件的拉深工艺设计　筒形件的拉深工艺设计包括拉深件结构工艺性分析、拉深件毛坯尺寸计算、拉深系数和拉深次数的确定以及拉深力的计算等。

1）拉深件毛坯尺寸计算。对于不变薄拉深，毛坯尺寸按变形前后表面积相同，且形状相似的原则确定。为了补偿变形时由于材料各向异性引起的变形不均匀，在计算毛坯尺寸时应加修边余量 $\delta$，如图 2-54 所示，$\delta$ 的数值可查阅模具设计手册。

圆筒形拉深件毛坯直径 $D$ 的计算公式如下

$$D = \sqrt{d^2 + 4dh - 1.72dr - 0.56r^2}$$

式中，$D$ 为毛坯直径（mm）；$d$ 为工件直径（mm）；$h$ 为工件高度（mm）；$r$ 为工件底部圆角半径（mm）。

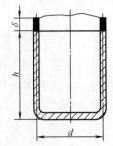

图 2-54　圆筒形拉深件的修边余量

2）拉深次数。深度小的工件可以一次拉深成形，深度大的工件则需两次或多次拉深，每道次的拉深系数应大于极限拉深系数。低碳钢筒形件带压边圈的极限拉深系数见表 2-10。

表 2-10　低碳钢筒形件带压边圈的极限拉深系数

| 拉深次数 | 毛坯相对厚度 $t/D$ (%) | | | | | |
| --- | --- | --- | --- | --- | --- | --- |
| | 2.0~1.5 | 1.5~1.0 | 1.0~0.6 | 0.6~0.3 | 0.3~0.15 | 0.15~0.08 |
| 第一次 | 0.48~0.50 | 0.50~0.53 | 0.53~0.55 | 0.55~0.58 | 0.58~0.60 | 0.60~0.63 |
| 第二次 | 0.73~0.75 | 0.75~0.76 | 0.76~0.78 | 0.78~0.79 | 0.79~0.80 | 0.80~0.82 |
| 第三次 | 0.76~0.78 | 0.78~0.79 | 0.79~0.80 | 0.80~0.81 | 0.81~0.82 | 0.82~0.84 |
| 第四次 | 0.78~0.80 | 0.80~0.81 | 0.81~0.82 | 0.82~0.83 | 0.83~0.85 | 0.85~0.86 |
| 第五次 | 0.80~0.82 | 0.82~0.84 | 0.84~0.85 | 0.85~0.86 | 0.86~0.87 | 0.87~0.88 |

注：1. 表中数据也适用于软黄铜 H62。对拉深性能偏低的 20、25、Q235、硬铝等材料，可取比表中数值大 1.5%~2.0%；对拉深性能偏高的 05、08S 深拉钢及软铝等材料，可取比表中数值小 1.5%~2.0%。

2. 表中数据适用于未经中间退火时的拉深。若采用中间退火可取比表中数值小 2%~3%。

3. 表中较小值适用于大的凹模圆角半径 $R_{凹}=(8~15)t$，较大值适用于小的凹模圆角半径 $R_{凹}=(4~8)t$。

多次拉深时，若板料各次的拉深系数分别用 $m_1$、$m_2$、$\cdots$、$m_n$ 表示，则

$$m_1=d_1/D、m_2=d_2/d_1、\cdots、m_n=d_n/d_{n-1}$$

工件总的拉深系数 $m$ 为

$$m=m_1\times m_2\times\cdots\times m_n$$

式中，$D$ 为毛坯直径（mm）；$d_1$、$d_2$、$\cdots$、$d_n$ 为各道次拉深坯的直径，最后一次拉深直径 $d_n=d$（$d$ 为工件直径）。

多次拉深的圆筒直径变化如图 2-55 所示。拉深次数可根据表 2-10 的数据推算，即 $d_1=m_1D$、$d_2=m_2d_1$、$\cdots$、$d_n=m_nd_{n-1}$，当 $d_n\le d$ 时，$n$ 为所求拉深次数。实际生产中，选用的拉深系数一般比表中数值略高。

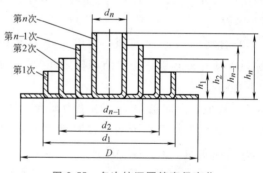

图 2-55　多次拉深圆筒直径变化

**3. 其他变形工序**

除弯曲、拉深工序，变形工序还有翻边、胀形、缩口、压筋等，这些工序是通过局部变形来实现工件成形的。翻边（图 2-56a）是将工件上的孔或边缘翻出竖立或有一定角度的直边。胀形（图 2-56b）是利用模具使空心件或管状件由内向外扩张的成形方法。缩口（图 2-56c）是利用模具使空心件或管状件的口部直径缩小的局部成形工艺。压筋（图 2-56d）是使坯料局部产生凹凸的加工工艺。

## 2.4.3　冷冲压模具

冷冲压模具是实现冲压工艺的专用工艺装备，其结构对冲压件的质量、冲压生产效率、生产成本和模具寿命等都有很大影响。常用的冷冲压模按工序组合可分为简单冲模、连续冲模和复合冲模三类。

（1）简单冲模　在压力机的一个冲压行程中只完成一道工序的冲模，如图 2-57 所示。

（2）连续冲模　在一副模具上有多个工位，在压力机的一个冲压行程中，在不同工位同时完成多道工序的冲模，如图 2-58 所示。

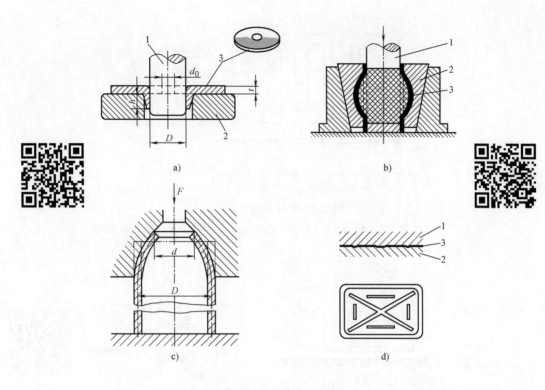

图 2-56　其他变形工序

a）翻边　b）胀形　c）缩口　d）压筋

1—凸模　2—凹模　3—工件

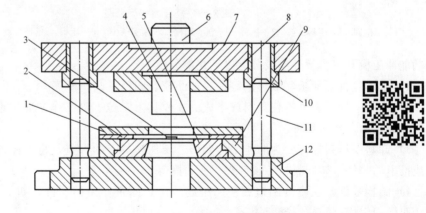

图 2-57　简单冲模示意图

1—固定卸料板　2—导料板　3—挡料销　4—凸模　5—凹模　6—模柄　7—上模座

8—凸模固定板　9—凹模固定板　10—导套　11—导柱　12—下模座

（3）复合冲模　在一副模具上只有一个工位，而在一个工位上有几副凸、凹模，在压力机的一个冲压行程中，在同一工位上完成两道或两道以上冲压工序的冲模，如图2-59所示。

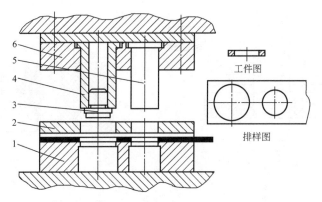

图 2-58　连续冲模示意图

1—凹模　2—固定卸料板　3—导正销　4—落料凸模　5—冲孔凸模　6—凸模固定板

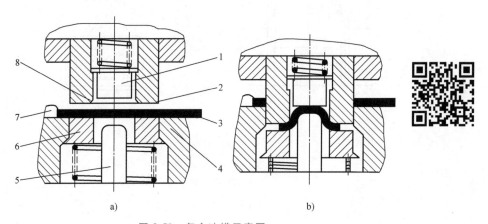

图 2-59　复合冲模示意图

1—顶出圈　2—落料凸模　3—板料　4—落料凹模　5—拉深凸模　6—压板　7—挡料销　8—拉深凹模

按功能冲压模具零、部件一般分为以下几部分：

1）工作零件。使板料成形的零件，如凸模、凹模、凸凹模等。

2）定位、导料零件。使条料或半成品在模具上定位、沿工作方向送进的零部件。如挡料销、导正销、导料板等。

3）卸料及压料零件。为防止工件变形，压住模具上的板料及将工件或废料从模具上卸下或推出的零件。如卸料板、顶件板、压边圈等。

4）结构零件。在模具制造和使用中起装配、固定作用的零件，如上、下模座，模柄，凸、凹模固定板，导柱，导套等。

各种典型组合结构还细分为不同的形式，标准组合结构的各种零件也已标准化，这为加快冲压模具生产的发展和 CAD/CAM 提供了依据和条件。

## 2.4.4　冲压工艺设计实例分析

以图 2-60 所示端盖进行冲压工艺设计分析。

已知该零件材料为 Q235 钢，厚度为 1mm，年产量为十万件。

（1）结构工艺性分析　该件结构较简单，外形尺寸31、19.8的精度分别为IT14和IT12级，两个$\phi4$小孔为螺钉安装孔，尺寸精度为IT12，内孔$\phi11$的尺寸精度为IT10，采用冲裁工序；所用材料Q235的冲压性能良好，板料厚为1mm，属中等厚度，对表面质量无特殊要求。该件可以用冲压加工成形。

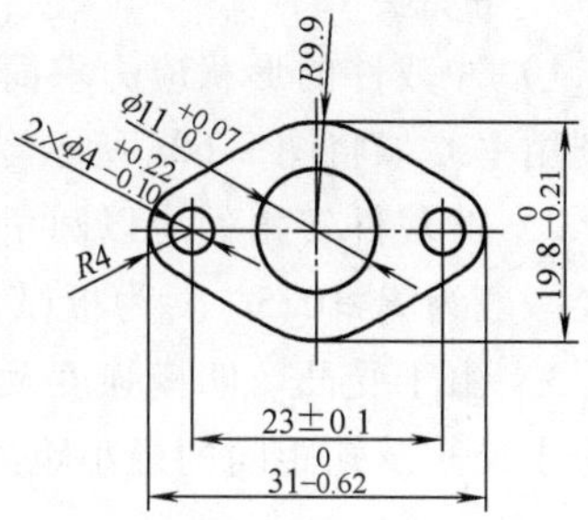

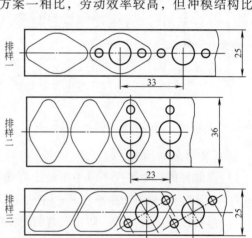

图2-60　端盖

（2）拟定工艺方案　从零件结构分析，该件所需基本工序为落料、冲孔两种。冲压工艺方案有以下几种。

方案一：先落料、后冲孔分两次完成。优点是模具结构简单，前期投产方便；缺点是工序较分散，需要模具、压力机和操作人员较多，劳动量较大，效率较低。

方案二：冲孔与落料用复合冲模完成。与方案一相比，劳动效率较高，但冲模结构比较复杂、安装、调试、维修较困难，制造成本高，由于冲中厚板所用的冲压力较大，模具寿命较低。

方案三：冲孔和落料用连续冲模同时完成。与方案一相比，工序比较集中，占用设备和人员少，且模具结构比复合冲模简单，寿命较高。对批量较大、尺寸和形状不十分精确的零件适合采用本方案。

综上所述，考虑零件精度要求不高，生产批量较大的特点，故采用工艺方案三。

（3）毛坯的排样设计　根据已确定的连续冲压工艺，该零件常见的排样方案有三种，如图2-61所示。对三种排样的分析可知，排样三的材料利用率最高。

图2-61　端盖排样方案

（4）进行连续冲模结构设计。

（5）选择压力机　先计算冲裁力，查材料手册，Q235的抗剪强度$\tau_b = 304 \sim 373\text{MPa}$。

根据落料、冲孔尺寸计算，得

冲切刃口周长　$L_孔 = 60.3\text{mm}$，$L_料 = 81.6\text{mm}$。

根据冲裁力计算公式计算，得

$$冲孔力\ F = KLt\tau_b = 1.3 \times 60.3 \times 1 \times 373\text{kN} = 29.2(\text{kN})$$

$$落料力\ F = KLt\tau_b = 1.3 \times 81.6 \times 1 \times 373\text{kN} = 39.6(\text{kN})$$

$$总冲压力\ F = 冲孔力\ F + 落料力\ F = 68.8(\text{kN})$$

再根据所需冲裁力，选用压力机，此例可选用100kN开式曲柄压力机。

（6）编写冲压工艺文件。

## 2.4.5　冲压件结构工艺性

冲压件结构工艺性是指冲压件结构、形状、尺寸对冲压工艺的适应性。

**1. 冲裁件结构工艺性**

1）冲裁件的形状应力求简单、对称，并有利于排样时合理利用材料，尽可能提高材料的利用率。如将图 2-62a 所示零件改为图 2-62b 后，可使材料利用率由 38% 提高到 79%。

2）冲裁件转角处应以圆角过渡，尽量避免尖角，以减小角部模具的磨损。转角处圆角半径一般为 $R \geq 0.5t$（$t$ 为板厚）。

3）由于受凸、凹模强度及模具结构的限制，冲裁件应避免长槽和细长悬臂结构，对孔的最小尺寸及孔距间的最小距离，也都有一定限制。冲裁件结构尺寸要求如图 2-63 所示。

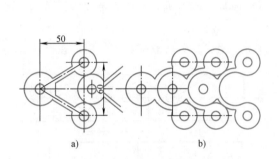

图 2-62　冲裁件材料的合理利用

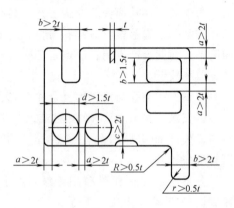

图 2-63　冲裁件结构尺寸要求

**2. 弯曲件的结构工艺性**

1）弯曲件的弯曲半径不应小于最小弯曲半径 $r_{min}$，如果弯曲半径 $r < r_{min}$ 时，可减薄弯曲区厚度，以加大相对弯曲半径 $r/t$（图 2-64a）。

2）弯曲件应尽量对称，防止在弯曲时发生工件偏移。直边过短不易弯曲成形，应使弯

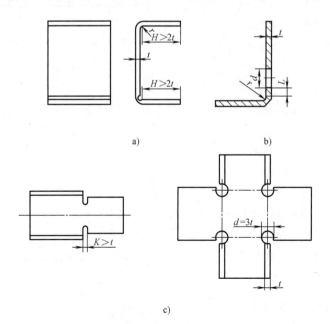

图 2-64　弯曲件结构工艺性

曲件的直边高 $H>2t$（图 2-64a）；弯曲已冲孔的工件时，孔的位置应在变形区以外，孔与弯曲变形区的距离 $L\geq(1\sim2)t$（图 2-64b）。

3）尽可能沿材料纤维方向弯曲，多向弯曲时，为避免角部畸变，应先冲工艺孔或切槽（图 2-64c）。

**3. 拉深件的结构工艺性**

1）拉深件的形状应力求简单、对称。拉深件的形状有回转体形状、非回转体对称形状和非对称空间形状三类。其中以回转体形，尤其是直径不变的杯形件最易拉深，模具制造也方便。

2）尽量避免直径小而深度过大，否则不仅需多副模具多次拉深，还容易出现废品。

3）如图 2-65 所示，拉深件的底部与侧壁、凸缘与侧壁交接处应有足够的圆角，一般应满足 $r_d\geq2t$，$R\geq(2\sim4)t$，且 $R>r_d$，方形件 $r\geq3t$。拉深件底部或凸缘上的孔边到侧壁的距离，应满足 $B\geq r_d+0.5t$ 或 $B\geq R+0.5t$（$t$ 为板厚）。另外，带凸缘拉深件的凸缘尺寸要合理，不宜过大或过小，否则会造成拉深困难或使压边圈失去作用。

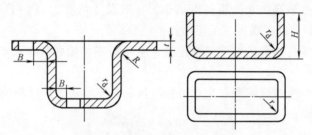

图 2-65 拉深件的结构尺寸要求

**4. 冲压件的精度与表面质量要求应合理**

（1）**冲压件的精度** 冲压件的尺寸精度应与冲压工序的经济精度相适应，以满足需要为前提，不应提出过高要求，否则将需要增加其他精整工序，使成本提高，生产效率降低。冲裁件的合理经济精度为 IT9~IT12，较高精度冲裁件可达到 IT8~IT10。采用整修或精密冲裁等工艺，可使冲裁件精度达到 IT6~IT7，但成本也相应提高。弯曲件的经济精度为 IT9~IT10。拉深件直径方向的经济精度一般为 IT9~IT10，整形后精度可达到 IT6~IT7，不变薄拉深件的壁厚在拉深后有少量增厚与变薄，因此，拉深件厚度处不注公差。

（2）**冲压件表面质量** 冲压件表面质量不应高于原材料表面质量，否则需增加切削加工等工序，使产品成本大幅度提高。

**5. 组合件与加强肋设计**

对于形状复杂的冲压件，可采用几个简单件的组合结构，如冲-焊结构，以简化冲压工艺。在满足要求的条件下，尽量采用较薄的板坯制造冲压件，可通过设加强肋增加冲压件的刚性和局部强度。

# 2.5 其他塑性成形方法

随着工业的不断发展，人们对金属塑性成形加工提出了越来越高的要求，不仅要求生产各种毛坯，还要求能直接生产更多具有较高精度与质量的成品零件。挤压、拉拔、辊轧、精密模锻、超塑性成形等塑性成形方法在生产实践中得到了迅速发展和广泛应用。

### 2.5.1 挤压

挤压是对挤压模具中的金属锭坯施加强大的压力作用，使其发生塑性变形而从挤压模具的模口中流出或充满凸、凹模模腔，从而获得所需形状与尺寸制品的塑性成形方法，如图 2-66 所示。

**1. 挤压工艺特点**

1）挤压时，三向压应力状态能充分提高金属坯料的塑性，可以加工一些锻造困难的金属材料。因此挤压材料不仅有铜、铝等非铁金属，碳钢、合金结构钢、不锈钢及工业纯铁等，某些高碳钢、轴承钢甚至高速工具钢等也可进行挤压成形。对于钨、钼等塑性较差的材料，也可采用挤压成形对锭坯进行开坯，以改善其组织和性能。

2）挤压法不仅可以生产断面形状简单的管、棒等型材，还可以生产断面极其复杂或具有深孔、薄壁以及变断面的零件。

3）挤压制品精度较高、表面粗糙度值小。一般尺寸精度为 IT8~IT9，表面粗糙度值为 $Ra3.2~0.4\mu m$，从而可以实现少、无切削加工的目标。

4）挤压变形后零件内部的纤维组织连续，基本沿零件轮廓分布而不被切断，从而提高了金属的力学性能。

5）材料利用率、生产效率高；生产方便灵活，易于实现生产过程的自动化。

**2. 挤压工艺分类**

（1）根据金属流动方向和凸模运动方向的不同分类

1）正挤压。金属流动方向与凸模运动方向相同，如图 2-66a 所示。

2）反挤压。金属流动方向与凸模运动方向相反，如图 2-66b 所示。

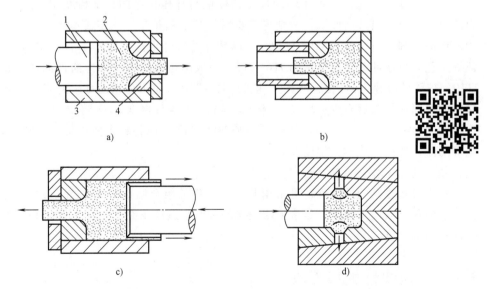

图 2-66　挤压示意图

a）正挤压　b）反挤压　c）复合挤压　d）径向挤压

1—凸模　2—坯料　3—挤压桶　4—挤压模

3）复合挤压。挤压过程中坯料的一部分金属流动方向与凸模运动方向相同，而另一部分金属流动方向与凸模运动方向相反，如图2-66c所示。

4）径向挤压。金属流动方向与凸模运动方向呈90°角，如图2-66d所示。

（2）按照挤压时金属坯料所处的温度不同分类

1）热挤压。挤压时坯料变形温度高于金属材料的再结晶温度，与锻造温度相同。热挤压时，金属变形抗力较小，塑性较好，允许每次变形程度较大，但产品的尺寸精度较低，表面较粗糙。热挤压广泛应用于铜、铝、镁及其合金的型材和管材等的生产，也可挤压强度较高、尺寸较大的中、高碳钢，合金结构钢，不锈钢等零件。目前，热挤压越来越多地应用于机器零件和毛坯的生产中。

2）冷挤压。坯料变形温度低于材料再结晶温度（通常是室温）的挤压工艺。冷挤压时，金属的变形抗力比热挤压大得多，但产品尺寸精度较高，可达IT8~IT9，表面粗糙度值为$Ra3.2~0.4\mu m$，而且产品内部组织为加工硬化组织，提高了产品的强度。目前可以对非铁金属及中、低碳钢的小型零件进行冷挤压成形，为了降低变形抗力，要对坯料进行预先软化退火和工序间中间退火处理。

冷挤压时，为了降低挤压力，防止模具损坏，提高零件表面质量，必须采取润滑措施。由于冷挤压时应力大，润滑剂易于被挤掉，从而失去润滑效果，所以对钢质零件须采用磷化-皂化处理，使坯料表面呈多孔结构，以存储润滑剂，在高压下起润滑作用。

冷挤压生产效率高、材料消耗少，在汽车、拖拉机、仪表、轻工、军工等领域广泛应用。

3）温挤压。将坯料加热到再结晶温度以下但高于室温的某个合适温度进行挤压的方法，介于热挤压和冷挤压。与热挤压相比，坯料氧化脱碳少，表面粗糙度值较小，产品尺寸精度较高；与冷挤压相比，降低了变形抗力，增加了每个工序的变形程度，提高了模具的使用寿命。温挤压材料一般不需要预先软化退火、表面处理和工序间退火。温挤压零件的精度和力学性能略低于冷挤压零件。表面粗糙度值为$Ra6.5~3.2\mu m$。温挤压不仅适用于挤压中碳钢，还适用于挤压合金钢零件。

挤压既可在专用挤压机上进行，也可在油压机及经过适当改进后的通用曲柄压力机或摩擦压力机上进行。

## 2.5.2　拉拔

在拉力作用下，使金属坯料通过拉拔模孔，以获得相应形状与尺寸制品的塑性加工方法称为拉拔，如图2-67所示。拉拔是管材、棒材、异型材以及线材的主要生产方法之一。

拉拔按制品截面形状可分为实心材拉拔与空心材拉拔。实心材拉拔主要包括棒材、异型材及线材的拉拔。空心材拉拔主要包括管材及空心异型材的拉拔。

拉拔具有如下特点：

1）拉拔制品尺寸精确，表面粗糙度值小。

2）拉拔生产设备简单，维护方便，只要更换模具就可在一台设备上生产多个品种与规格的制品。

3）受拉应力的影响，金属塑性不能充分

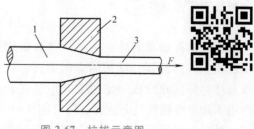

图2-67　拉拔示意图

1—坯料　2—拉拔模　3—制品

发挥。拉拔道次变形量和两次退火间的总变形量受拉拔应力的限制，一般道次伸长率为20%~60%。过大的道次伸长率将导致拉拔制品形状、尺寸、质量不合格，甚至拉裂；过小的道次伸长率将降低生产效率。

4）适合连续高速生产断面较小的长制品，例如丝材、线材等。

拉拔一般在冷态下进行，但是对一些在常温下塑性较差的金属材料则可采用加热后温拔。采用拉拔技术既可以生产直径大于500mm的管材，也可拉制出直径仅为0.002mm的细丝，而且性能符合要求，表面质量好。

### 2.5.3 辊轧

金属坯料在旋转轧辊的作用下产生连续塑性变形，从而获得所要求的截面形状并改变其性能的加工方法，称为辊轧。常采用的辊轧工艺有辊锻、横轧及斜轧等。

**1. 辊锻**

辊锻是使坯料通过装有圆弧形模块的一对相对旋转的轧辊，通过受压产生塑性变形，从而获得所需形状的锻件或锻坯的锻造工艺方法，如图2-68所示。它既可作为模锻前的制坯工序，也可直接辊锻锻件。

目前，成形辊锻适用于生产以下三种类型的锻件：

1）扁断面的长杆件，如扳手、链环等。

2）带有头部且沿长度方向横截面积递减的锻件，如叶片等。叶片辊锻工艺和铣削工艺相比，材料利用率可提高4倍，生产效率提高2.5倍，而且叶片质量大为提高。

3）连杆。国内已有不少工厂采用辊锻方法锻制连杆，生产效率高，简化了工艺过程。但锻件还需用其他锻压设备进行精整。

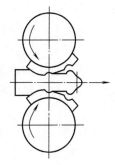

图 2-68 辊锻示意图

**2. 横轧**

横轧是指轧辊轴线与轧件轴线平行，且轧辊与轧件作相对转动的轧制方法，如齿轮轧制等。

齿轮轧制是一种少无切削加工齿轮的新工艺。直齿轮和斜齿轮均可用横轧方法制造，齿轮的横轧如图2-69所示。在轧制前，齿轮坯料外缘被高频感应器加热，然后将带有齿形的轧辊作径向进给，迫使轧辊与齿轮坯料对辗。在对辗过程中，毛坯上的部分金属受轧辊齿顶挤压形成齿谷，相邻部分被轧辊齿部反挤而上升，形成齿顶。

**3. 斜轧**

斜轧又称螺旋斜轧，由两个带有螺旋槽的轧辊相互倾斜配置，以相同方向旋转，轧辊轴线与坯料轴线相交成一定角度，坯料在轧辊的

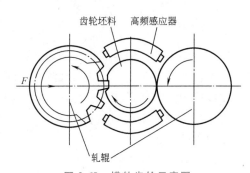

图 2-69 横轧齿轮示意图

作用下绕自身轴线反向旋转，同时还作轴向向前运动，即螺旋运动，坯料受压后产生塑性变形，最终得到所需制品。如图2-70a所示的钢球轧制，棒料在轧辊间螺旋型槽里轧制，并被分离成单个球，轧辊每转一圈，即可轧制出一个钢球，轧制过程是连续的。图2-70b所示为

周期轧制。斜轧还可直接热轧出带有螺旋线的高速工具钢滚刀、麻花钻、自行车后闸壳以及冷轧丝杠等。

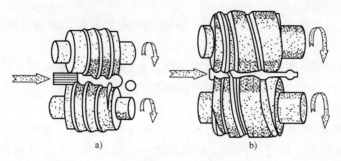

图 2-70　斜轧示意图

a）钢球轧制　b）周期轧制

### 2.5.4　旋压

旋压是利用旋压机使毛坯和模具以一定的速度共同旋转，并在滚轮的作用下，使毛坯在与滚轮接触的部位产生局部塑性变形，由于滚轮的进给运动和毛坯的旋转运动，局部塑性变形逐步扩展到毛坯的全部所需表面，从而获得所需形状与尺寸零件的加工方法。图 2-71 所示为旋压示意图。旋压基本上是靠弯曲来成形的，没有冲压那么明显的拉深作用，故壁厚的减薄量小。

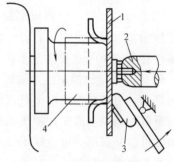

图 2-71　旋压示意图

1—毛坯　2—顶杆　3—滚轮　4—模具

旋压工艺特点如下：

1）旋压是局部连续成形，变形区很小，因此所需的成形力就小，仅为整体冲压成形力的几十分之一，甚至更小。旋压是一种既省力效果又明显的压力加工方法，可以用功率和吨位都非常小的旋压机来加工大型工件。

2）旋压工具简单，费用低，而且旋压设备的调整、控制比较简便灵活，具有很大的柔性，非常适合多品种小批量生产。根据零件形状不同，有时也用于大批量生产。

3）有一些形状复杂的零件，冲压难以成形，但却适合旋压加工。例如，头部很尖的火箭弹药锥形罩、薄壁收口容器以及带内螺旋线的猎枪管等。

4）旋压件尺寸精度高，甚至可与切削加工相媲美。

5）旋压零件表面粗糙度容易保证。此外，旋压成形的零件，抗疲劳强度高，屈服强度、抗拉强度、硬度也都大幅度提高。

但旋压也有不足之处，它只适用于制作轴对称的回转体零件；对于大量生产的零件，它不如冲压方法高效、经济；材料经旋压后塑性指标下降，并存在残余应力。

### 2.5.5　精密模锻

精密模锻是指在模锻设备上锻造出形状复杂、高精度锻件的模锻工艺，如精密模锻伞齿轮，齿形部分可直接锻出而不必再切削加工。精密模锻件的余量和公差小，尺寸精度可达

IT12～IT15，表面粗糙度值为 $Ra3.2～1.6\mu m$，能部分或全部代替机械加工，提高劳动生产率和材料利用率，降低零件成本。

**1. 精密模锻工艺特点**

1）要求精确计算原始坯料的尺寸，严格按坯料质量下料，否则会增大锻件尺寸公差，降低精度。

2）模锻前应精细清理坯料表面，除净坯料表面的氧化皮、脱碳层及其他缺陷。

3）为提高锻件的尺寸精度和减小表面粗糙度值，应采用无氧化或少氧化加热方法，尽量减少坯料表面形成的氧化皮。

4）精密模锻件的精度在很大程度上取决于锻模的加工精度，因此精密模锻模腔的精度必须很高，一般要比锻件精度高两级。精密锻模一定要有导柱、导套结构，以保证合模准确。为排出模腔中的气体，减小金属流动阻力，使金属更好地充满模腔，在凹模上应开有排气小孔。

5）模锻时，要预先进行锻模润滑和冷却。

6）精密模锻一般都在刚度大、精度高的模锻设备上进行，如曲柄压力机、摩擦压力机或高速锤等。采用装有顶出装置的模锻设备，可减少模锻斜度，提高锻件精度。

**2. 精密模锻种类**

（1）冷锻成形　冷锻成形是一种优质、高效、低消耗的先进制造技术，广泛应用于汽车零件的大批量生产中。当前，国外一台普通轿车采用的冷锻件总量达 $40～45kg$，其中齿形类零件总量达 $10kg$，冷锻成形的齿轮单件重量可达 $1kg$，齿形精度可达 7 级。

（2）温锻与热锻成形　温锻和热锻成形的分界线是再结晶温度，再结晶温度以上进行的为热锻，再结晶温度以下进行的为温锻。热锻中又有锻造温度靠近锻造温度范围的上限和靠近下限的差别。通常，加热温度低对提高锻件精度有利，精密锻造中，在再结晶温度以上又接近再结晶温度的锻造技术经常被采用，这一类锻造有温热锻、半热锻、亚热锻等不同叫法，其本质是一样的。

（3）精密模锻控制成形　精密模锻控制成形为一种复合塑性成形工艺，是将不同种类的塑性加工方法进行组合，利用各自的优点，如冷锻的高精度和热锻、温锻的低变形抗力等，达到节约材料和能量，减少加工难度和加工工序，提高零件的加工精度，提高劳动生产率和降低成本的目的。

精密模锻控制成形工艺是将坯料加热到完全再结晶温度以上，但低于普通热锻温度进行温热成形，然后利用余热进行缓冷退火软化处理，经表面处理与润滑处理后，再进行冷挤压成形。其本质是热锻和冷锻工艺的复合。该工艺不仅可以明显降低成形载荷，对于生产高精度、高合金含量的材料，还可以省去冷变形前的退火工序，可大大节省能量，缩短工艺流程，提高产品质量。温锻较热锻可以获得更高精度的锻件。随着锻件精度要求的提高，温锻、冷锻复合成形工艺应用越来越广。

精密模锻主要用于成批生产形状复杂、使用性能高的短轴线回转体零件和某些难于用机械加工方法制造的零件，如齿轮、叶片、航空零件和电器零件等。

### 2.5.6 超塑性成形

超塑性成形是指金属或合金在低的变形速率（$\varepsilon = 10^{-2}～10^{-4}s^{-1}$）、一定的变形温度

（约为熔点绝对温度的一半）和均匀的细晶粒度（晶粒平均直径为 $0.2 \sim 5\mu m$）条件下，相对伸长率 $A$ 超过 100% 的塑性变形。

**1. 金属超塑性成形特点**

金属超塑性成形时的宏观变形有几个特点：大延伸、无缩颈、小应力、易成形。

一般金属的变形能力差，容易出现缩颈，会导致断裂，如黑色金属伸长率不超过 40%，非铁金属伸长率也不超过 60%。而超塑性金属具有均匀变形与抵抗局部变形的能力，其伸长率达百分之百甚至百分之几千。如 Zn-22%Al 合金试验棒超塑性伸长率大于 1000%，轴承钢 GCr15 超塑性伸长率大于 500%，这是大延伸；从宏观看无缩颈是没有缩颈，为宏观均匀塑性变形，变形后表面平滑，没有起皱、凹陷、微裂及滑移痕迹等；小应力是指超塑性金属具有黏性流动的特性，变形靠晶粒的转动、易位与晶界的滑动完成，变形过程中没有或只有很小的加工硬化，流动性和填充性很好，易于成形。

**2. 超塑性成形的应用**

超塑性存在于许多金属，广泛应用于金属材料的压力加工成形。

（1）超塑性模锻和挤压　钢铁材料采用普通压力加工成形需要高压力（应力达 3500MPa）、高能量和高强度模具，由于钢材塑性的限制，形成一个形状较复杂的制品，往往需经多次挤压、中间处理，成形精度还不高。利用超塑性挤压加工成形，压力可降低，只需要低吨位的设备和能量，在 500℃ 以下成形只需低档模具材料。由于超塑性成形时，材料塑性大，变形能力强，填充性好，一般形状复杂的零件可以一次成形，还可以使组合零件变为整体设计而一次成形，从而节省材料且成形后零件组织均匀。

（2）超塑性冲压成形　如采用锌铝合金材料进行超塑性冲压成形，一次拉深成形的高度与直径比是普通拉深的 10 倍以上，而且质量好、无方向性。

（3）超塑性气压成形　如图 2-72 所示，将金属板料置于模具之中，与模具一起加热到规定温度，向模具内吹入压缩空气，使板料紧贴凸模或凹模成形，从而获得较复杂的壳体零件。

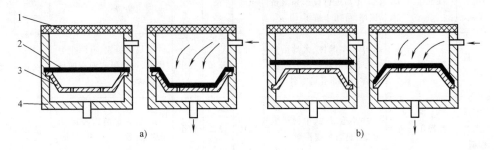

图 2-72　板料超塑性气压成形示意图

a）凹模成形　b）凸模成形

1—电热元件　2—板料　3—模具　4—模框

## 2.6　常用塑性成形方法的选择

每种金属的塑形成形方法都有其工艺特点和使用范围，生产中应根据零件承受的载荷情况和工作条件、材料的塑性成形性能、零件结构的复杂程度、轮廓尺寸大小、制造精度和各种塑性成形方法的生产总费用等进行综合比较,合理选择加工方法。

正确选择塑性成形方法的原则是:

1）保证零件或毛坯的使用性能。

2）要依据生产批量大小和工厂设备能力、模具装备条件选择塑性成形方法。

3）保证零件技术要求的前提下,尽量选用工艺简便、生产效率高、质量稳定的塑性成形方法。

几种常用塑性成形方法对比见表2-11。

表 2-11 几种常用塑形成形方法比较

| 加工方法 | | 使用设备 | 适 用 范 围 | 生产效率 | 加工精度 | 表面粗糙度值 | 模 具 特 点 | 自动化 | 劳动条件 |
|---|---|---|---|---|---|---|---|---|---|
| 自由锻 | | 空气锤 | 小型锻件、单件小批量生产 | 低 | 低 | 大 | 不用模具 | 难以实现 | 差 |
| | | 蒸汽-空气锤 | 中型锻件、单件小批量生产 | | | | | | |
| | | 水压机 | 大型锻件、单件小批量生产 | | | | | | |
| 模锻 | 胎模锻 | 空气锤 蒸汽-空气锤 | 中小型锻件、中小批量生产 | 较高 | 中 | 中 | 模具简单,不固定在设备上,换取方便 | 较易 | 差 |
| | 锤上模锻 | 蒸汽-空气锤 无砧座锤 | 中小型锻件、大批量生产 | 高 | 中 | 中 | 模具固定在锤头和砧铁上,模腔复杂,造价高 | 较难 | 差 |
| | 曲柄压力机上模锻 | 曲柄压力机 | 中小型锻件、大批量生产、不易进行拔长和滚挤工序,可用于挤压 | 很高 | 高 | 小 | 组合模具,有导柱导套和顶出装置 | 易 | 好 |
| | 平锻机上模锻 | 平锻机 | 中小型锻件、大批量生产,适合锻造带法兰的盘类零件和带孔的零件 | 高 | 较高 | 较小 | 三块模组成,有两个分模面,可锻出侧面有凹槽的锻件 | 较易 | 较好 |
| | 摩擦压力机上模锻 | 摩擦压力机 | 中小型锻件、中批量生产,可进行精密模锻 | 较高 | 较高 | 较小 | 一般为单膛锻模多次锻造成形,不宜多膛模锻 | 较易 | 好 |
| 挤压 | 热挤压 | 机械压力机 液压挤压机 | 适合各种等截面型材的大批量生产 | 高 | 较高 | 较小 | 由于变形力较大,要求凸、凹模要有很高的强度、硬度,表面粗糙度值小 | 较易 | 好 |
| | 冷挤压 | 机械压力机 | 适合塑性好的小型金属零件,大批量生产 | 高 | 高 | 小 | 变形力很大,凸、凹模强度、硬度很高,表面粗糙度值小 | 较易 | 好 |

（续）

| 加工方法 | | 使用设备 | 适 用 范 围 | 生产效率 | 加工精度 | 表面粗糙度值 | 模 具 特 点 | 自动化 | 劳动条件 |
|---|---|---|---|---|---|---|---|---|---|
| 轧制 | 纵轧 | 辊锻机 | 适合大批量加工连杆、扳手、叶片类零件,也可为曲柄压力机模锻制坯 | 高 | 高 | 小 | 在轧辊上固定两个半圆形的模块(扇形模块) | 易 | 好 |
| | | 扩孔机 | 适合大批量生产环套类零件,如滚动轴承圈 | 高 | 高 | 小 | 金属在具有一定孔形的碾压辊和芯辊间变形 | 易 | 好 |
| | 横轧 | 齿轮轧机 | 适合各种模数较小齿轮的大批量生产 | 高 | 高 | 小 | 模具为与零件相啮合的同模数齿形轧轮 | 易 | 好 |
| | 斜轧 | 斜轧机 | 适合钢球、丝杠等零件的大批量生产,也可为曲柄压力机制坯 | 高 | 高 | 小 | 两个轧辊为模具,轧辊带有螺旋形槽 | 易 | 好 |
| 板料冲压 | | 压力机 | 各种板类零件的大批量生产 | 高 | 高 | 小 | 模具较复杂,凸、凹模固定在有导向的模架上,模具精度高 | 易 | 好 |

# 习　题

2-1　什么是最小阻力定律? 为什么闭式滚压或拔长模膛可以提高滚压或拔长的效率?

2-2　纤维组织是怎样形成的? 它的存在有何利弊?

2-3　何为过热和过烧? 它们对锻件会产生哪些影响?

2-4　判断以下说法是否正确? 为什么?

1)　金属塑性越好,变形抗力越小,金属可锻性越好。

2)　为了提高钢材的塑性变形能力,可以降低变形速度或在三向压应力下变形等工艺。

3)　为了消除锻件中的纤维组织,可以用热处理方法来实现。

2-5　将 75mm 长的圆钢拔长到 165mm 的锻造比,以及将直径为 50mm、高为 120mm 的圆钢锻到 60mm 高的锻造比。能将直径为 50mm、高为 180mm 的圆钢镦粗到 60mm 高吗? 为什么?

2-6　为何要"趁热打铁"?

2-7　为什么许多重要的轴类工件要在锻造过程中安排镦粗工序?

2-8　如图 2-73 所示,带头部的轴类零件,在单件小批量生产条件下,若法兰头直径 $D$ 较小,轴杆 $l$ 较长时,应如何锻造? 若法兰头直径 $D$ 较大,轴杆 $l$ 较短时,又应如何锻造?

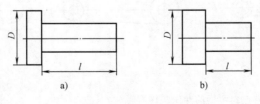

图 2-73　题 2-8 图

2-9　图 2-74 所示锻件在单件小批量生产时,结构是否适合自由锻? 请修改不当之处。

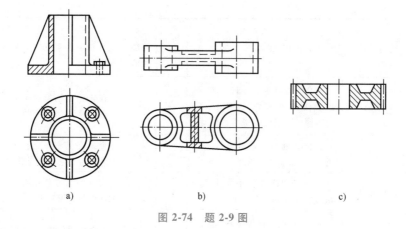

图 2-74　题 2-9 图

2-10　何为锻造温度范围？锻造温度范围对锻造操作有何影响？

2-11　模锻时，如何合理确定分模面的位置？

2-12　比较模锻与自由锻的不同之处。

2-13　预锻模膛与制坯模膛有何不同？

2-14　找出图 2-75 所示模锻零件结构的不合理处并改正。

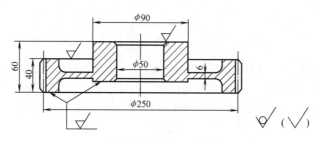

图 2-75　题 2-14 图

2-15　图 2-76 所示的三种结构连杆，采用锤上模锻制造，请确定分模面的位置。

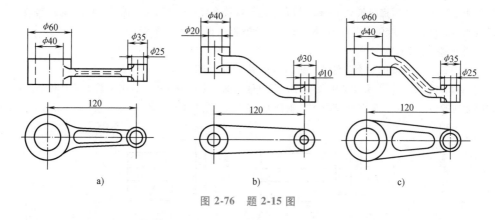

图 2-76　题 2-15 图

2-16　板料冲压有什么特点？主要的冲压工序有哪些？

2-17　间隙过大或过小会对冲裁件断面质量有何影响？

2-18　图 2-77 所示冲压件结构是否合理？如不合理请提出改进建议。

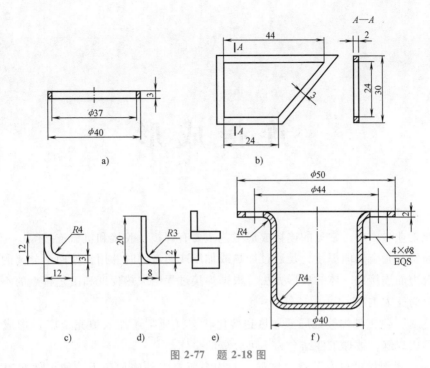

图 2-77　题 2-18 图

2-19　与普通冲裁相比，精密冲裁的主要优点是什么？

2-20　分析冲裁模与拉深模、弯曲模的凸、凹模有何区别？

2-21　图 2-78 所示托架由哪几个工序完成，确定其毛坯的冲裁工艺，并画出排样图。

2-22　采用 1.5mm 厚的 20 钢板大批量生产如图 2-79 所示的冲压件，试确定冲压基本工序图。

2-23　图 2-80 所示壁厚为 1.5mm 的 10 钢圆筒拉深件，能否一次拉深？若不能，确定拉深次数。

2-24　试说明挤压、拉拔、辊轧、旋压、精密模锻的成形工艺与应用特点。

2-25　什么是超塑性？试说明超塑性成形的工艺特点。有哪些主要应用？

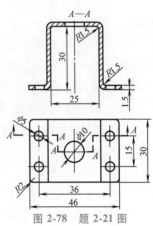

图 2-78　题 2-21 图

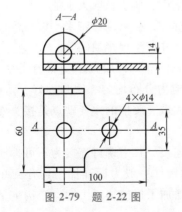

图 2-79　题 2-22 图

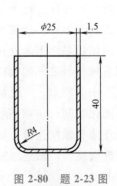

图 2-80　题 2-23 图

# 第3章

# 连 接 成 形

现代化工业生产中，常见的连接成形工艺主要有焊接、胶接和机械连接等。

焊接通常是指金属的焊接，是通过加热或加压或两者同时并用，使两个分离的物体产生原子间结合力而连接成一体的成形方法。根据焊接过程中加热程度和工艺特点的不同，焊接方法可以分为三大类。

（1）熔焊　将工件焊接处局部加热到熔化状态（通常还加入填充金属）形成熔池，冷却结晶后形成焊缝，被焊工件结合为不可分离的整体。

（2）压焊　焊接过程中无论加热与否，均需要对工件施加压力，使工件在固态或半固态状态下实现连接。

（3）钎焊　熔点低于被焊金属的钎料（填充金属）熔化之后，填充接头间隙，并与被焊金属相互扩散以实现连接。钎焊过程中被焊工件不熔化且一般没有塑性变形。

常见焊接方法的分类如图 3-1 所示。

焊接成形的特点主要表现在以下几个方面：

1）节省金属材料，结构重量轻。

2）能以小拼大、化大为小，可制造重型、复杂的机器零部件，简化铸造、锻造及切削加工工艺，可获得最佳技术经济效果。

3）焊接接头不仅具有良好的力学性能，还具有良好的密封性。

4）能够制造双金属结构，使材料性能得到充分利用。

焊接广泛应用于造船工业、建筑工程、电力设备生产、航空及航天工业等。

焊接成形也存在一些不足之处，如焊接结构不可拆卸，会给维修带来不便；焊接结构存在焊接应力和变形；焊接接头的组织性能往往不均匀，并产生焊接缺陷等。

胶接是使用黏结剂来连接各种材料。与其他连接方法相比，胶接不受材料类型的限制，能够实现各种材料之间的连接，而且具有工艺简单、应力分布均匀、密封性好、防腐节能、应力和变形小等特点，广泛应用于现代化生产的各个领域。胶接的主要缺点是接头处力学性能较差，固化时间长，黏结剂易老化，耐热性差等。

机械连接有螺纹连接、销钉连接、键连接和铆钉连接，其中铆钉连接为不可拆连接，其余均为可拆连接。机械连接的主要特点是所采用的连接件一般为标准件，具有良好的互换性，选用方便，工作可靠，易于检修，其不足之处是增加了机械加工工序，结构重量大，密封性差，影响外观，且成本较高。

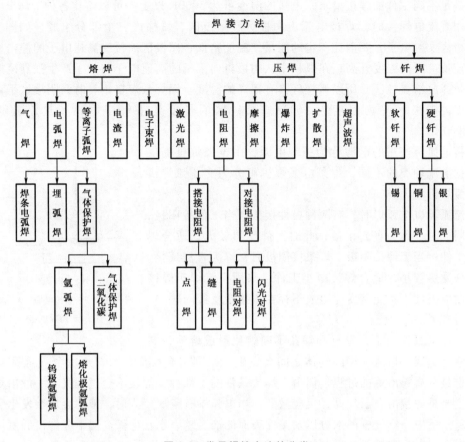

图 3-1 常见焊接方法的分类

# 3.1 熔焊成形基础

熔焊是利用热源将填充金属及工件局部加热熔化，形成熔池，熔池金属冷却结晶，形成焊缝。电弧焊是最常用的熔焊方法。

## 3.1.1 焊接电弧与电弧焊冶金过程

### 1. 焊接电弧

电弧焊的热源是焊接电弧，它是电极与工件之间产生强烈而持久的气体放电现象，即在电极与工件间的气体介质中有大量电子流过的导电现象。例如焊条电弧焊，引弧时先将焊条与工件（两极）瞬时接触短路，造成接触点处形成大电流并产生大量的热，再迅速将两极升温至熔化甚至汽化状态，随即轻轻抬起焊条使两极分离一定的距离，两极间便产生电子发射，阴极电子射向阳极，同时两极间气体介质电离，形成电弧。电弧形成后，只要维持两极间一定的电压，即可维持电弧的稳定燃烧。

电弧具有电压低、电流大、温度高、能量密度大、移动性好等特点，是较理想的焊接热源。一般 20~30V 的电压即可维持电弧的稳定燃烧，而电弧中的电流可以从几十安培到几千安培以满足不同工件的焊接要求，电弧的温度可达5000K以上，可以熔化各种金属。

使用直流电焊接时，焊接电弧由阴极区、阳极区、弧柱区三个部分组成，如图3-2所示。阴极区发射电子，要消耗一定的能量，温度稍低；阳极区因接受高速电子的撞击而获得较高的能量，因而温度升高；在弧柱中从阴极奔向阳极的高速电子与粒子产生强烈碰撞，将大量的热释放给弧柱区，所以弧柱区具有很高的温度。钢焊条焊接钢材时，阴极区平均温度为2400K，阳极区平均温度为2600K。弧柱区的长度几乎等于电弧长度，温度可达6000～8000K。

焊接电弧所使用的电源称为弧焊电源，由电弧焊机提供的。根据电流种类的不同，焊条电弧焊机可分为交流弧焊机和直流弧焊机两大类。

直流弧焊机电弧焊时，有两种极性接法：当工件接阳极，焊条接阴极时，称为直流正接，此时工件受热较大，适合焊接厚大工件；当工件接阴极，焊条接阳极时，称为直流反接，此时工件受热较小，适合焊接薄小工件。采用交流焊机焊接时，因两极极性不断交替变化，故不存在正接或反接问题。

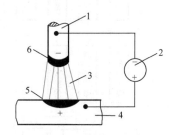

图3-2　电弧的构造

1—电极　2—直流电源　3—弧柱区
4—工件　5—阳极区　6—阴极区

**2. 电弧焊冶金过程**

在焊接电弧作用下，母材和焊条不断熔化形成熔池，高温下，液态金属、熔渣和周围气体之间会发生一系列冶金反应，与普通冶金（炼钢）过程类似，也是金属再冶炼的过程。但由于焊接条件的特殊性，焊接冶金过程又与一般冶炼过程不同，主要是焊接冶金温度高，反应激烈，当电弧中有空气侵入时，液态金属会发生强烈的氧化、氮化反应，空气中的水分以及工件表面的油、锈、水在电弧高温下分解出的氢原子会溶入液态金属，导致接头塑性和韧性降低（氢脆），甚至产生裂纹；高温下会出现大量金属蒸发以及合金元素烧损，使接头力学性能下降；焊接熔池小，冷却速度快，使各种冶金反应难以达到平衡状态，焊缝中的化学成分不均匀，且熔池中气体、氧化物等来不及浮出，容易形成气孔、夹渣等缺陷，降低接头性能。

综上所述，为了使焊接冶金朝着有利的方向进行，以保证焊缝的质量，电弧焊时通常会采取以下措施：

1）焊接过程中，对熔化金属进行机械保护，使之与空气隔绝。保护方式有三种：气体保护、熔渣保护和气-渣联合保护。

2）对焊接熔池进行冶金处理，主要通过在焊接材料（焊条药皮、焊丝、焊剂）中加入一定量的脱氧剂（主要是锰铁和硅铁）和一定量的合金元素，在焊接过程中排除熔池中的FeO，同时补偿合金元素的烧损。

## 3.1.2　焊接接头的组织和性能

焊接时，随着焊接热源向前移动，后面的熔池金属迅速冷却结晶形成焊缝。与此同时，与焊缝相邻两侧一定范围内的金属受到焊缝热传导的作用，被加热至不同温度，离焊缝越近，被加热的温度越高，反之越低。因此，在焊接过程中，靠近焊缝的金属相当于受到一次不同规范的热处理，组织性能发生了变化，形成了所谓的热影响区。焊缝和热影响区统称焊接接头。图3-3所示为低碳钢焊接接头温度分布与组织变化示意图。

**1. 焊缝的组织和性能**

焊缝组织是由熔池金属冷却结晶后得到的铸态组织。熔池金属的结晶一般从液-固交界处形核，垂直于熔池侧壁向熔池中心生长成为柱状晶粒。虽然焊缝是铸态组织，但由于熔池冷却速度较大，所以柱状晶粒并不粗大，加上焊条杂质含量低及其合金化作用，焊缝化学成分优于母材，所以焊缝金属的力学性能一般不低于母材。

**2. 焊接热影响区的组织和性能**

根据焊接热影响区各点受热温度的不同，可分为熔合区、过热区、正火区、不完全重结晶区等区域。

（1）熔合区　其为焊缝和母材金属的交界区。此区受热温度处于液相线与固相线之间，熔化金属与未熔化的母材金属共存，冷却后，其组织为部分铸态组织和部

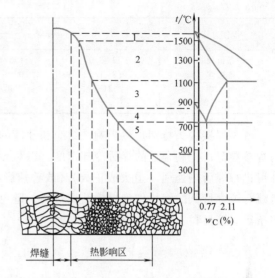

图 3-3　低碳钢焊接接头温度分布与组织变化示意图
1—熔合区　2—过热区　3—正火区
4—不完全重结晶区　5—再结晶区

分过热组织，化学成分和组织极不均匀，因而塑性差、强度低、脆性大。这一区域很窄，只有 0.1~0.4mm，是焊接接头中力学性能最薄弱的部位。

（2）过热区　受热温度为固相线至1100℃，奥氏体晶粒严重长大，冷却后得到晶粒粗大的过热组织，塑性和韧性差。过热区也是热影响区中性能最差的部位。

（3）正火区　受热温度为1100℃~$Ac_3$，焊后空冷使该区的金属相当于进行了正火处理，故其组织为均匀而细小的铁素体和珠光体组织，塑性、韧性较高，是热影响区中力学性能最好的区域。

（4）不完全重结晶区　又称部分正火区，受热温度为$Ac_3$~$Ac_1$，只有部分组织转变为奥氏体，冷却后可获得细小的铁素体和珠光体，部分铁素体未发生相变，因此该区域晶粒大小不均匀，力学性能比正火区差。

（5）再结晶区　受热温度为$Ac_1$~450℃。只有在焊前经过冷塑性变形（如冷轧、冲压等）的母材金属，才会在焊接过程中出现再结晶。如果焊前未发生冷塑性变形，则热影响区中就没有再结晶区。

根据焊接热影响区的组织和宽度，可以间接判断焊缝的质量。一般焊接热影响区宽度越小，焊接接头的力学性能越好。影响热影响区宽度的因素有加热的最高温度、相变温度以上的停留时间等。如果被焊工件大小、厚度、材料、接头形式一定，焊接方法的影响也是很大的，表3-1将电弧焊与其他熔焊方法的热影响区作了比较。

**3. 改善焊接接头组织和性能的措施**

焊缝组织虽然是铸态组织，但由于按等强度原则选择焊条，所以焊缝金属的强度一般不低于母材，其韧性也接近母材，只是塑性略有降低。焊接接头中塑性和韧性最低的区域为热影响区的熔合区和过热区，这主要是由粗大的过热组织造成的，又由于在这两个区域中，拉应力最大，所以它们是焊接接头中最薄弱的部位，往往也是裂纹发源地。

表 3-1　焊接低碳钢时热影响区的平均尺寸　　　　　　　　（单位：mm）

| 焊接方法 | 各区平均尺寸 | | | 总宽度 |
|---|---|---|---|---|
| | 过热区 | 正火区 | 部分正火区 | |
| 焊条电弧焊 | 2.2~3.0 | 1.5~2.5 | 2.2~3.0 | 5.9~8.5 |
| 埋弧焊 | 0.8~1.2 | 0.8~1.7 | 0.7~1.0 | 2.3~3.9 |
| 气焊 | 21 | 4.0 | 2.0 | 27 |
| 电子束焊 | — | — | — | 0.05~0.75 |

改善焊接接头特别是热影响区组织和性能的主要措施是：合理选择焊接方法、接头形式与焊接规范；控制合适的焊后冷却速度，以尽量减小热影响区范围；细化晶粒，降低脆性，并可进行焊后热处理（退火或正火），改善热影响区的组织和性能。另外，应尽量选择低碳且硫、磷含量低的钢材作为焊接结构材料，避免焊接工件表面的油污、水分等，并合理选择焊条等焊接材料。

### 3.1.3　焊接应力与变形

焊接过程中对焊件的不均匀加热除了引起焊接接头金属组织性能的变化，还会产生焊接应力和变形。焊接应力和变形会降低焊接结构的使用性能，引起焊接结构形状和尺寸的改变，甚至引起焊接裂纹，导致整个焊接结构破坏。减小焊接应力和变形，可以改善焊接质量，大大提高焊接结构的承载能力。

**1. 焊接应力和变形产生的原因**

焊接应力和变形产生的根本原因是焊接过程中对工件的不均匀加热和冷却。下面以低碳钢平板的对接焊为例，说明焊接应力和变形的形成过程，如图 3-4 所示。

焊接加热时，钢板上各部位的温度不均匀，焊缝区温度最高，离焊缝越远，温度越低。钢板各区因温度不同将产生大小不等的纵向膨胀。图 3-4a 所示的虚线表示钢板各区若能自由膨胀的伸长量分布，但钢板是个整体，各区无法自由膨胀，只能使钢板在长度方向上整体伸长 $\Delta l$，造成高温焊缝及邻近区域的伸长受到两侧低温区金属的阻碍而产生压应力（用符号"−"表示），两侧低温区金属则产生拉应力（用符号"+"表示）。在焊缝及邻近区域自由伸长受阻产生的压缩变形中，如图 3-4a 所示，虚线包围部分的变形量是由于该区温度高、屈服强度低，所受压应力超过金属的屈服强度，产生的压缩塑性变形。

由于焊缝及邻近区域在高温时已产生压缩塑性变形，而两侧区域未产生塑性变形。因此，在随后的冷却过程中，钢板各区若能自由收缩，焊缝及邻近区域将会缩至图 3-4b 所示

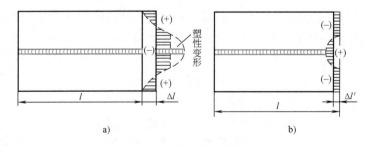

图 3-4　低碳钢平板对接焊时应力和变形的形成
a）焊接中　b）冷却后

的虚线位置，两侧区域则恢复到焊前的原长。但这种自由收缩同样无法实现，由于整体作用，钢板的端面将共同缩短至比原始长度短 $\Delta l'$ 的位置，这样，焊缝及邻近区域收缩受阻而受拉应力作用，其两侧则受压应力作用。

综上所述，低碳钢平板对焊后的结果是：焊缝及邻近区域产生拉应力，两侧产生压应力，平板整体缩短 $\Delta l'$。这种室温下保留在结构中的焊接应力和变形称为焊接残余应力和变形。

焊接应力和变形是同时存在的，当母材塑性较好且结构刚度较小时，焊接结构在焊接应力的作用下会产生较大的变形而残余应力较小；反之则变形较小而残余应力较大。焊接结构内部的拉应力和压应力总是保持平衡的，当平衡被破坏时（如车削加工），结构内部的应力会重新分布，变形情况也会发生变化，从而使预想的加工精度不能实现。

焊接变形的本质是焊缝区的压缩塑性变形，而工件因焊接接头形式、焊接位置、钢板厚度、装配焊接顺序等因素的不同，会产生各种不同形式的变形。常见焊接变形的基本形式大致有五种，见表3-2。

表 3-2　常见焊接变形的基本形式

| 变形形式 | 示意图 | 产 生 原 因 |
|---|---|---|
| 收缩变形 | | 焊接后焊缝的纵向(沿焊缝长度方向)和横向(沿焊缝宽度方向)收缩引起 |
| 角变形 | | 由于焊缝横截面形状上下不对称，焊缝横向收缩不均引起 |
| 弯曲变形 | | T形梁焊接时，焊缝布置不对称，由焊缝纵向收缩引起 |
| 扭曲变形 | | 工字梁焊接时，由于焊接顺序和焊接方向不合理而使结构上出现扭曲 |
| 波浪变形 | | 薄板焊接时，焊接应力使薄板局部失稳而引起 |

**2. 预防和减小焊接应力和变形的工艺措施**

（1）焊前预热　减小工件各部分的温差，降低焊缝区的冷却速度，从而减小焊接应力和变形，预热温度一般为400℃以下。

（2）选择合理的焊接顺序

1）尽量使焊缝能自由收缩，以减小焊接残余应力。图3-5所示为一大型容器底板的焊接顺序，若先焊纵向焊缝③，再焊横向焊缝①和②，则焊缝①和②在横向和纵向的收缩都会受到阻碍，焊接应力增大，焊缝交叉处和焊缝上都极易产生裂纹。因此应先焊焊缝①和②，再焊焊缝③比较合理。

2）对称焊缝采用分散对称焊工艺，长焊缝尽可能采用分段退焊或跳焊的方法进行焊接，以缩短加热时间，降低接头区温度，并使温度分布均匀，从而减小焊接应力和变形，如图3-6、图3-7所示。

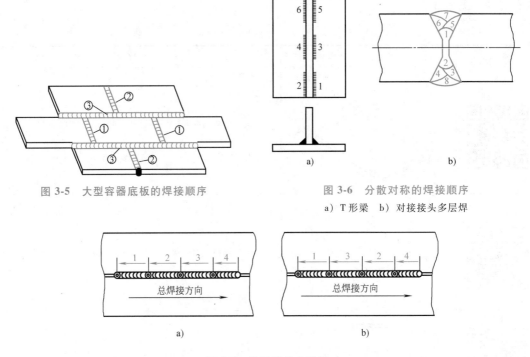

图3-5　大型容器底板的焊接顺序

图3-6　分散对称的焊接顺序
a）T形梁　b）对接接头多层焊

图3-7　长焊缝的分段焊
a）退焊　b）跳焊

（3）加热减应区　铸铁补焊时，补焊前可对铸件上的适当部位加热，以减小对焊接部位伸长的约束，焊后冷却时，加热部位与焊接处一起收缩，从而减小焊接应力。被加热的部位称为减应区，这种方法称为加热减应区法，如图3-8所示。利用这个原理也可以焊接一些刚度比较大的工件。

（4）反变形法　焊前预测焊接变形量和变形方向，在焊前组装时将被焊工件向焊接

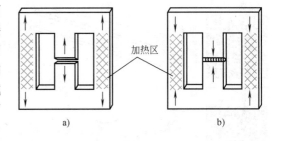

图3-8　加热减应区法
a）焊接时　b）冷却时

变形相反的方向人为变形，以达到抵消焊接变形的目的，如图 3-9 所示。

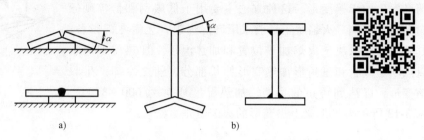

图 3-9　反变形法

a）自由反变形　b）预制反变形

（5）刚性固定法　利用夹具等强制手段，以外力固定被焊工件来减小焊接变形，如图 3-10 所示。该方法能有效减小焊接变形，但会产生较大的焊接应力，所以一般只用于塑性较好的低碳钢结构。

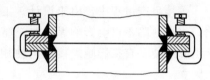

图 3-10　刚性固定法

对于大型或结构较为复杂的工件，也可先组装后焊接，即先将工件用点焊或分段焊定位后，再进行焊接。这样可以利用工件整体结构之间的相互约束来减小焊接变形。但这样也会产生较大的焊接应力。

**3. 消除焊接应力和矫正焊接变形的方法**

（1）消除焊接应力的方法

1）锤击焊缝。焊后用圆头小锤对红热状态下的焊缝进行锤击，可以延展焊缝，从而使焊接应力得到一定的释放。

2）焊后热处理。焊后对工件进行去应力退火，对于消除焊接应力具有良好效果。碳素钢或低合金结构钢工件整体加热到 580~680℃，保温一定时间后，空冷或随炉冷却，一般可消除 80%~90% 的残余应力。对于大型工件，可采用局部高温退火来降低应力峰值。

3）机械拉伸法。对工件进行加载，使焊缝区产生微量塑性拉伸，可以使残余应力降低。例如，压力容器水压试验时，将试验压力加到工作压力的 1.2~1.5 倍，这时焊缝区发生微量塑性变形，应力被释放。

（2）矫正焊接变形的措施　当焊接变形超过设计允许量时，必须对焊件变形进行矫正。矫正变形的基本原理是产生新的变形抵消原来的焊接变形。

1）机械矫正变形。利用压力机加压或锤击等机械力，产生塑性变形来矫正焊接变形，如图 3-11 所示。这种方法适用于塑性较好、厚度不大的工件。

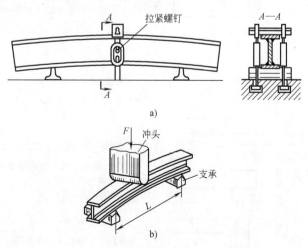

图 3-11　工字梁弯曲变形的机械矫正

a）拉紧器矫正　b）压力机矫正

2）火焰矫正变形。利用金属局部受热后的冷却收缩来抵消已发生的焊接变形。这种方法主要用于低碳钢和低淬硬倾向的低合金钢。火焰矫正一般采用气焊焊炬，无需专门设备，其效果主要取决于火焰加热位置和加热温度。加热位置通常以点状、线状和三角形加热变形伸长部分，使之冷却产生收缩变形，以达到矫正的目的，加热温度通常为 $600 \sim 800 ℃$。图 3-12 所示为 T 形梁上拱变形的火焰矫正方法。

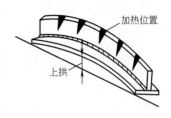

图 3-12　T 形梁上拱
变形的火焰矫正

### 3.1.4　焊接缺陷与检验

#### 1. 焊接缺陷

焊接生产过程中，由于设计、工艺、操作中各种因素的影响，往往会产生各种焊接缺陷。焊接缺陷不仅会影响焊缝的美观，还有可能会减小焊缝的有效承载面积，造成应力集中而引起断裂，直接影响焊接结构使用的可靠性。表 3-3 列出了常见的焊接缺陷及其产生的原因。

表 3-3　常见焊接缺陷及其产生原因

| 缺陷名称 | 示意图 | 特　征 | 产　生　原　因 |
|---|---|---|---|
| 气孔 | | 焊接时，熔池中过饱和的 H、N 以及冶金反应产生的 CO，在熔池凝固时未能逸出，在焊缝中形成空穴 | 焊接材料不清洁；弧长太长，保护效果差；焊接规范不恰当，冷却速度太快；焊前清理不当 |
| 裂纹 | | 热裂纹：沿晶界开裂，具有氧化色泽，多在焊缝上，焊后立即开裂；<br>冷裂纹：穿晶开裂，具有金属光泽，多在热影响区，有延时性，可发生在焊后任何时刻 | 热裂纹：母材硫、磷质量分数高；焊缝冷速太快，焊接应力大；焊接材料选择不当；<br>冷裂纹：母材淬硬倾向大；焊缝含氢量高；焊接残余应力较大 |
| 夹渣 | | 焊后残留在焊缝中的非金属夹杂物 | 焊道间的熔渣未清理干净；焊接电流太小、焊接速度太快；操作不当 |
| 咬边 | | 在焊缝和母材交界处产生的沟槽和凹陷 | 焊条角度和摆动不正确；焊接电流太大、电弧过长 |
| 焊瘤 | | 焊接时，熔化金属流淌到焊缝区外的母材上所形成的金属瘤 | 焊接电流太大、电弧过长、焊接速度太慢；焊接位置和运条不当 |
| 未焊透 | | 焊接接头的根部未完全熔透 | 焊接电流太小、焊接速度太快；坡口角度太小、间隙过窄、钝边太厚 |

**2. 焊接质量检验**

焊接质量检验是焊接生产的重要环节。焊接之前和焊接过程中应认真检查影响焊接质量的因素，防止和减少焊接缺陷的产生；焊后应根据产品的技术要求，对焊接接头的缺陷情况和性能进行成品检验，确保使用安全。

成品检验分为破坏性检验和非破坏性检验两类。破坏性检验主要包括焊缝的化学成分分析、金相组织分析和力学性能试验，主要用于科研和新产品试生产。非破坏性检验的方法很多，由于不对产品产生损害，因而在焊接质量检验中占有很重要的地位。常用的非破坏性检验方法如下：

（1）外观检验 用肉眼或借助样板、低倍放大镜（5~20倍）检查焊缝成形、焊缝外形尺寸是否符合要求，焊缝表面是否存在缺陷，所有焊缝在焊后都要经过外观检验。

（2）致密性检验 对于贮存气体、液体、液化气体的各种容器、反应器和管路系统，都要对焊缝和密封面进行致密性试验。

1）水压试验。水压试验主要用于承受较高压力的容器和管道。这种试验不仅用于检查有无穿透性缺陷，还用于检验焊缝强度。试验时，先将容器中灌满水，将水压提高至工作压力的 1.2~1.5 倍，并保持 5min 以上，再降压至工作压力，并用圆头小锤沿焊缝轻轻敲击，检查焊缝的渗漏情况。

2）气压试验。气压试验用于检查低压容器、管道和船舶舱室等的密封性。试验时将压缩空气注入容器或管道，在焊缝表面涂抹肥皂水，以检查渗漏位置。也可将容器或管道放入水槽，然后向工件中通入压缩空气，观察是否有气泡冒出。

3）煤油试验。煤油试验用于不受压的焊缝及容器的检验。在焊缝一侧涂上白垩粉水溶液，待干燥后，在另一侧涂刷煤油。若焊缝有穿透性缺陷，则会在涂有白垩粉的一侧出现明显的油斑，由此可确定缺陷的位置。如在 15~30min 内未出现油斑，即认为合格。

（3）表面缺陷检验

1）磁粉检验。磁粉检验用于检验铁磁性材料的工件表面或近表面处缺陷（裂纹、气孔、夹渣等）。其原理是将工件放置在磁场中磁化，使其内部通过分布均匀的磁力线，并在焊缝表面撒上细磁铁粉，若焊缝表面无缺陷，则磁铁粉均匀分布；若表面有缺陷，则一部分磁力线会绕过缺陷，暴露在空气中，形成漏磁场，则该处会出现磁粉集聚现象。根据磁粉集聚的位置、形状、大小可判断出缺陷的情况。

2）渗透探伤。渗透探伤只适用于检查工件表面难以用肉眼发现的缺陷，对于表层以下的缺陷无法检出，常用荧光检验和着色检验两种方法。

荧光检验是把荧光液（含 MgO 的矿物油）涂在焊缝表面，荧光液具有很强的渗透能力，能够渗入表面缺陷中，然后将焊缝表面擦净，在紫外线的照射下，残留在缺陷中的荧光液会出现黄绿色反光。根据反光情况可以判断焊缝表面的缺陷状况。荧光检验一般用于非铁合金工件表面的探伤。

着色检验是将着色剂（含有苏丹红染料、煤油、松节油等）涂在焊缝表面，遇有表面裂纹，着色剂会渗透进去。经过一定时间后，将焊缝表面擦净，喷上一层白色显像剂，保持15~30min 后，若白色底层上显现红色条纹，则表示该处有缺陷存在。

（4）内部缺陷无损探伤

1）超声波探伤。超声波探伤用于探测材料内部缺陷。超声波具有光波的反射性，在两种介质的界面上会发生反射。当超声波通过探头从工件表面进入内部遇到的缺陷和工件底面时，分别发生反射。反射波信号被接收后在荧光屏上出现脉冲波形，根据脉冲波形的高低、间隔、位置，可以判断出缺陷的有无、位置和大小，但不能确定缺陷的性质和形状。超声波探伤主要用于检查表面光滑、形状简单的厚大工件，且常与射线探伤配合使用，用超声波探伤确定有无缺陷，发现缺陷后用射线探伤确定其性质、形状和大小。

2）射线探伤。利用 X 射线或 γ 射线照射焊缝，根据底片感光程度不同来检查焊接缺陷。由于焊接缺陷的密度比金属小，故在有缺陷处底片感光度大，显影后底片上会出现黑色条纹或斑点，根据底片上黑色条纹或斑点的位置、形状、大小即可判断缺陷的位置、大小和种类。X 射线探伤宜用于厚度为 50mm 以下的工件，γ 射线探伤宜用于厚度为 50～150mm 的工件。

## 3.2 电弧焊

### 3.2.1 焊条电弧焊

焊条电弧焊如图 3-13 所示，它由焊工手工操作焊条进行焊接，是应用最为广泛的金属焊接方法。

**1. 焊条电弧焊特点**

焊条电弧焊所用焊接设备简单，应用灵活方便，可以进行各种位置及各种不规则焊缝的焊接；焊条产品系列完整，可以焊接大多数常用金属材料。但焊条载流能力有限（20～500A），焊接厚度一般为 3～20mm，生产效率较低。由于是手工操作，焊接质量很大程度上取决于焊工的操作技能，且焊工需要在高温、尘雾环境下工作，劳动条件差，强度大；另外，焊条电弧焊不适合焊接一些活泼金属、难熔金属及低熔点金属。

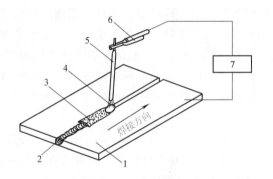

图 3-13 焊条电弧焊示意图
1—工件 2—焊缝 3—渣壳 4—电弧
5—焊条 6—焊钳 7—电源

**2. 焊条**

（1）焊条的组成与作用 焊条是焊条电弧焊所使用的熔化电极与焊接材料，它由芯部的金属焊芯和表面药皮涂层组成。

1）焊芯。其作用一是作为电极，导电产生电弧，形成焊接热源；二是熔化后作为填充金属成为焊缝的一部分，其化学成分和质量直接影响焊缝质量。几种常用的结构钢焊条焊芯牌号和化学成分见表 3-4。牌号中"H"是"焊"字拼音首位大写，后面的两位数字表示碳质量分数的万分数，尾部字母"A"、"E"分别表示优质钢、高级优质钢。焊条直径用焊芯直径表示，一般为 1.6～8.0mm，其中以 3.2～5.0mm 的焊条应用最广。焊条长度通常为300～450mm。

2）药皮。药皮在焊接过程中的主要作用是保证电弧稳定燃烧；造气、造渣以隔绝空气，保护熔化金属；对熔化金属进行脱氧、去硫、渗入合金元素等。各种原料粉末如碳酸

表 3-4　常用焊接用钢丝的牌号和化学成分（摘自 GB/T 14957—1994）

| 牌号 | 质量分数 $w$（%） | | | | | | | |
|---|---|---|---|---|---|---|---|---|
| | $w_C$ | $w_{Mn}$ | $w_{Si}$ | $w_{Cr}$ | $w_{Ni}$ | $w_{Cu}$ | $w_S$ | $w_P$ |
| H08A | ≤0.10 | 0.30~0.55 | ≤0.03 | ≤0.20 | ≤0.30 | ≤0.20 | ≤0.030 | ≤0.030 |
| H08E | ≤0.10 | 0.30~0.55 | ≤0.03 | ≤0.20 | ≤0.30 | ≤0.20 | ≤0.020 | ≤0.020 |
| H08MnA | ≤0.10 | 0.80~1.10 | ≤0.07 | ≤0.20 | ≤0.30 | ≤0.20 | ≤0.030 | ≤0.030 |

钾、碳酸钠、大理石、萤石、锰铁、硅铁、钾钠水玻璃等，按其作用以一定比例配成涂料，压涂在焊芯表面以形成药皮。

（2）焊条的种类

1）焊条按熔渣性质的不同分为酸性焊条和碱性焊条两大类。

① 酸性焊条形成的熔渣以酸性氧化物居多，氧化性强，合金元素烧损大，焊缝中氢含量高，塑性和韧性不高，抗裂性差。但酸性焊条具有良好的工艺性，对油、水、锈不敏感，交直流电源均可用，广泛应用于一般钢结构件的焊接。

② 碱性焊条又称低氢焊条，形成的熔渣以碱性氧化物居多，药皮成分主要为大理石和萤石，并含有较多铁合金，其有益元素较多，有害元素较少，脱氧、除氢、渗合金作用强，使焊缝力学性能得到提高，与酸性焊条相比，焊缝金属的含氢量低，塑性与抗裂性好。但碱性焊条对油污、水、锈较敏感，易出现气孔，焊接时易产生较多有毒物质，且电弧稳定性差，一般要求采用直流焊接电源，主要用于重要钢结构的焊接。

2）按用途焊条分为十大类，见表 3-5。

表 3-5　焊条类别

| 焊条按用途分类（行业标准） | | | 焊条按成分分类（国家标准） | | |
|---|---|---|---|---|---|
| 类别 | 名　称 | 代号 | 国家标准编号 | 名称 | 代号 |
| 一 | 结构钢焊条 | J（结） | GB/T 5117—2012 | 非合金钢及细晶粒钢焊条 | |
| 一 | 结构钢焊条 | J（结） | | | |
| 二 | 钼和铬钼耐热钢焊条 | R（热） | GB/T 5118—2012 | 热强钢焊条 | E |
| 三 | 低温钢焊条 | W（温） | | | |
| 四 | 不锈钢焊条 | G（铬）A（奥） | GB/T 983—2012 | 不锈钢焊条 | |
| 五 | 堆焊焊条 | D（堆） | GB/T 984—2001 | 堆焊焊条 | ED |
| 六 | 铸铁焊条 | Z（铸） | GB/T 10044—2006 | 铸铁焊条 | EZ |
| 七 | 镍及镍合金焊条 | Ni（镍） | GB/T 13814—2008 | 镍及镍合金焊条 | ENi |
| 八 | 铜及铜合金焊条 | T（铜） | GB/T 3670—2021 | 铜及铜合金焊条 | ECu |
| 九 | 铝及铝合金焊条 | L（铝） | GB/T 3669—2001 | 铝及铝合金焊条 | E |
| 十 | 特殊用途焊条 | TS（特） | — | — | |

（3）焊条的牌号与型号　焊条型号是国家标准中的焊条代号，如 E4303、E5015、E5016 等，见国家标准 GB/T 5117—2012。焊条牌号是焊条行业统一的焊条代号，如 J422（结 422）、Z248（铸 248）等，牌号中，以大写拼音字母或汉字表示焊条的类别，如"J"（结）表示结构钢焊条，"Z"（铸）表示铸铁焊条。后面的三位数字中，前两位表示焊缝金

属的强度、化学成分、工作温度等性能，如"42"表示结构钢焊缝金属的抗拉强度（$R_m$）不低于420MPa，"24"表示铸铁焊缝金属主要化学成分的组成类型与牌号编号；第三位数字表示焊条药皮的类型和焊接电源，如"2"表示氧化钛钙型药皮，交流、直流电源均可使用，"8"表示石墨型药皮，交流、直流电源均可使用。

焊条药皮类型及焊接电源种类编号见表3-6。

表3-6 焊条药皮类型及焊接电源种类编号

| 编号 | 0 | 1 | 2 | 3 | 4 | 5 | 6 | 7 | 8 | 9 |
|---|---|---|---|---|---|---|---|---|---|---|
| 药皮类型 | 不规定酸性 | 氧化钛型酸性 | 氧化钛钙型酸性 | 钛铁矿型酸性 | 氧化铁型酸性 | 纤维素型酸性 | 低氢钾型碱性 | 低氢钠型碱性 | 石墨型 | 盐基型 |
| 电源种类 | — | 交直流 | 交直流 | 交直流 | 交直流 | 交直流 | 交流/直流反接 | 直流反接 | 交直流 | 直流反接 |

**3. 焊接成形工艺设计**

焊接成形工艺设计是根据被焊工件的结构尺寸、技术要求、生产批量及使用性能等，合理确定焊缝空间位置、接头和坡口形式、绘制焊接工艺图，并选择焊条种类，确定焊接工艺参数，绘出焊接接头及坡口形式简图和装焊顺序简图。

（1）焊缝空间位置、接头和坡口形式

1）焊缝空间位置。焊缝有平焊缝、横焊缝、立焊缝和仰焊缝四种，如图3-14所示。平焊缝的施焊操作最方便、焊接质量最容易保证，应尽量采用。

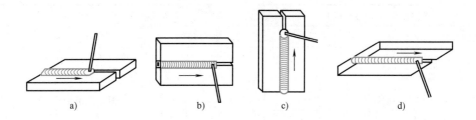

图3-14 焊缝空间位置

a）平焊缝 b）横焊缝 c）立焊缝 d）仰焊缝

2）接头基本形式。接头有对接接头、角接接头、搭接接头和T形接头四种，如图3-15a所示。对接接头是焊接结构中使用最多的一种形式，其热影响区小，应力分布比较合理，施焊方便，焊接质量容易保证，应尽量采用。

3）坡口基本形式。坡口有I形（不开坡口）、V形、双V形、U形、双U形，如图3-15b所示。通常焊条电弧焊时对接板厚为6mm以下板材时可不开坡口。

（2）焊接工艺图 焊接工艺图是根据焊接结构设计图，使用规定的焊缝符号、画法、标注等画出的图形，图中必须表达出对焊缝的工艺要求。

1）焊缝符号。为使图样清晰，并减轻绘图工作量，一般采用一些符号对焊缝进行标注，见表3-7。焊缝符号通过指引线标注在焊缝位置上，如图3-16所示，指引线包括箭头线

表 3-7 对接焊缝符号标注举例（摘自 GB/T 985. 1—2008）

| 母材厚度 t/mm | 坡口/接头种类 | 基本符号 | 横截面示意图 | 尺寸 | | | | 适用的焊接方法 | 焊缝示意图 | 备注 |
| --- | --- | --- | --- | --- | --- | --- | --- | --- | --- | --- |
| | | | | 坡口角 α 或坡口面角 β | 间隙 b | 钝边 c | 坡口深度 h | | | |
| 3≤t≤8 | I 形坡口 | ‖ | | — | 3≤b≤8 | — | — | 13 | | 必要时加衬垫 |
| | | | | | ≈t | | | 141 | | — |
| ≤15 | | | | | 0 | | | 52 | | — |
| 5≤t ≤40 | V 形坡口（带钝边） | Y | | α≈60° | 1≤b≤4 | 2≤c≤4 | — | 111 13 141 | | — |
| >12 | U 形坡口 | Y | | 8°≤β≤12° | b≤4 | ≤3 | — | 111 13 141 | | — |
| | | 凵 | | — | 1≤b≤3 | ≈5 | — | 111 13 | | 封底 |
| >12 | V—V 形组合坡口 | ⋁ | | 60°≤α≤90° 10°≤β≤15° | 2≤b≤4 | >2 | — | 111 13 141 | | — |
| >10 | 双 V 形坡口 | X | | 40°≤α≤60° | 1≤b≤3 | ≤2 | ≈t/2 | 13 | | — |

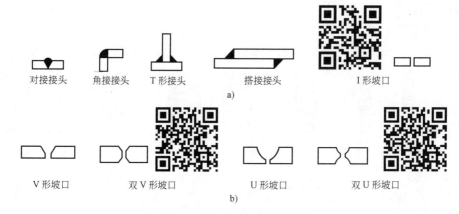

图 3-15　接头与坡口基本形式

a）焊接接头基本形式　b）对接焊缝典型坡口形式

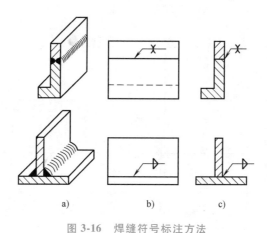

图 3-16　焊缝符号标注方法

a）焊缝　b）焊缝正面标注方法　c）焊缝剖面标注方法

和基准线，箭头线指在焊缝处。对于单面坡口焊缝，箭头线指向焊缝带有坡口的一侧，基准线则由一条实线和一条虚线组成，虚线可以画在实线的下方或上方，表示焊缝横截面形状的尺寸（如对接缝宽 $b$ 等）标在基准线的实线上；对于双面坡口焊缝，基准线则只有一条实线。

2）焊接工艺图的内容。主要表达出各构成件的形状及构成件间的相互关系；各构成件的焊接装配尺寸及有关板厚、型材规格；焊缝的图形符号和尺寸；焊接工艺要求等。

（3）焊条的选用　焊条的选用直接影响焊接质量和经济效益，应主要保证焊缝和母材具有相同水平的使用性能，具体应遵循以下原则：

1）考虑母材的力学性能和化学成分。焊接低碳钢和低合金结构钢时，应根据焊接件的抗拉强度选择相应强度等级的焊条，即等强度原则；焊接耐热钢、不锈钢等材料时，则应选择与焊接件化学成分相同或相近的焊条，即等成分原则。

2）考虑焊接结构的使用条件和特点。对于承受动载荷或冲击载荷的焊接件或结构复杂、大厚度的焊接件，为保证焊缝具有较高的塑性和韧性，应选择碱性焊条。

3）考虑焊条的工艺性。对于焊前清理困难且容易产生气孔的焊接件，应选择酸性焊条；如果母材中含碳、硫、磷量较高，则应选择抗裂性较好的碱性焊条。

4）考虑焊接设备条件。如果没有直流焊机，则只能选择交直流两用的焊条。

（4）焊接工艺参数 焊接工艺参数主要包括焊条直径、焊接电流、电弧长度、焊接速度等，其选择是否合理会严重影响焊接质量与生产率。

1）焊条直径。主要根据工件厚度来选择焊条直径，一般是工件越厚，焊条直径应越大。另外，选择时还需考虑接头形式、焊接空间位置和焊接层数等因素。

2）焊接电流。焊接电流是焊条电弧焊最重要的工艺参数，直接影响焊接质量。焊接电流主要根据焊条直径来选择，焊条直径越大，焊接电流也越大。另外，还需考虑药皮类型、工件厚度、焊接空间位置、接头形式等因素。

此外，电弧长度、焊接速度等由操作者根据实际情况灵活掌握。

### 3.2.2 埋弧焊

电弧埋在焊剂层下燃烧进行焊接的方法称为埋弧焊，其引弧、焊丝送进、移动电弧、收弧等动作一般由机械自动完成，故又称埋弧自动焊。

**1. 埋弧焊焊接原理与特点**

（1）埋弧焊焊接原理 埋弧焊如图 3-17 所示，焊接时，焊剂从焊剂漏斗中流出，均匀堆敷在工件表面，焊丝由送丝机构自动送进，经导电嘴进入电弧区，焊接电源分别接在导电嘴和工件上以产生电弧，焊剂漏斗、送丝机构及控制盘等通常都装在一台电动小车上，小车可按调定的速度沿焊缝自动行走。由图 3-18 所示的埋弧焊焊缝形成的纵截面图中，电弧在颗粒状的焊剂层下燃烧，电弧周围的焊剂熔化形成熔渣，工件金属与焊丝熔化形成较大体积的熔池，熔池被熔渣覆盖，熔渣既能起到隔绝空气保护熔池的作用，又阻挡了弧光对外辐射和金属飞溅，焊机带着焊丝均匀向前移动（或焊机不动，工件匀速运动），熔池金属被电弧气体排挤向后堆积形成焊缝。

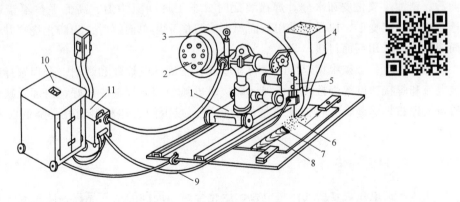

图 3-17 埋弧焊示意图

1—焊接小车 2—控制盘 3—焊丝盘 4—焊剂漏斗 5—焊接机头 6—焊剂 7—渣壳
8—焊缝 9—焊接电缆 10—焊接电源 11—控制箱

（2）埋弧焊特点 与焊条电弧焊相比，埋弧焊具有如下优点：

1）生产效率高。焊接电流高达 1000A，比焊条电弧焊大得多，熔深大，焊接速度快，且焊接过程可连续进行，无需频繁更换焊条，因此生产效率比焊条电弧焊高 5~20 倍。

2）焊接质量好。熔渣对熔化金属的保护严密，冶金反应较彻底，且焊接工艺参数稳定，焊缝成形美观，焊接质量稳定。

3）节省焊接材料。电弧能量集中，飞溅小，焊接厚度为 24mm 以下的钢板时可不开坡口，无焊条头的浪费，多余焊剂可回收使用。

4）劳动条件好。焊接时没有弧光辐射，焊接烟尘小，焊接过程自动进行。

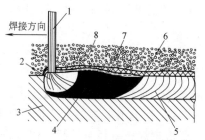

图 3-18　埋弧焊焊缝形成纵截面图
1—焊丝　2—电弧　3—工件　4—熔池
5—焊缝　6—渣壳　7—液态熔渣　8—焊剂

但埋弧焊也有一定的局限性，只适于平焊焊接以及批量生产的中厚板（厚度为 6~60mm）结构的长直焊缝和直径大于 250mm 的环形焊缝。对于一些形状不规则的焊缝及薄板无法焊接，也难以焊接铝、钛等氧化性强的金属和合金。适焊材料主要是碳素钢、低合金结构钢、不锈钢、耐热钢以及镍、铜合金等。

**2. 焊接材料与焊接工艺**

（1）焊接材料　焊接材料包括焊剂和焊丝。

1）焊剂。焊剂作用与焊条药皮相似，按熔渣性质分为酸性、中性和碱性三大类，酸性焊剂和碱性焊剂的特点与焊条药皮类似，中性焊剂介于两者之间。按制造方法可分为熔炼焊剂、烧结焊剂和黏结焊剂。

2）焊丝。作用与焊芯相似，常用焊丝直径为 1.6~6mm，除了作为电极和填充金属，还具有脱氧、去硫、渗合金等冶金作用。其牌号如 H08Mn2Si、H08Mn2、H08A 等（见 GB/T 5293—2018《埋弧焊用非合金钢及细晶粒钢实心焊丝、药芯焊丝和焊丝-焊剂组合分类要求》）。

（2）焊接工艺　为提高焊接质量，埋弧焊要求比焊条电弧焊更仔细地准备坡口并清理油污、锈蚀、氧化皮和水分。焊接装配时要求工件间隙均匀、高低平整不错边。为易于焊透，减小焊接变形，应尽量采用双面焊；当只能采用单面焊时，为防止烧穿并保证焊缝的反面成形，应采用反面衬垫。

埋弧焊时，必须根据焊件的材料和厚度，正确选配焊丝和焊剂，合理选择焊丝直径、焊接电流和焊接速度等焊接参数，保证焊接时电弧稳定、焊缝成形好、内部无缺陷，以获得高质量的埋弧焊焊缝，并在保证质量的前提下，减少能量和材料消耗，降低成本，提高生产效率。

### 3.2.3　气体保护电弧焊

气体保护电弧焊是用气体将电弧、熔化金属与周围的空气隔离，防止空气与熔化金属发生冶金反应，以保证焊接质量。与埋弧焊相比，气体保护焊具有以下特点：

1）采用明弧焊，熔池可见性好，适用于全位置焊接，焊后无熔渣，利于焊接过程的机械化、自动化。

2）电弧在保护气流压缩下燃烧，热量集中，焊接热影响区窄，工件变形小，尤其适用于薄板焊接。

3）可焊材料广泛，可用于各种黑色金属和非铁合金的焊接。

气体保护电弧焊的保护气体有两种：一种是惰性气体，如氩气（Ar）、氦气（He）等；

另一种是活性气体，如 $CO_2$ 气体等。两种类型的气体还可根据不同需求，按照一定的比例混合使用。

**1. 氩弧焊**

氩弧焊是利用氩气（Ar）作为保护气体的电弧焊。高温下，氩气不与金属起化学反应，也不溶入金属，因此机械保护作用好，电弧稳定性好，金属飞溅小，焊接质量高。但氩弧焊设备较复杂，且氩气成本高，故氩弧焊成本较高。其主要用于易氧化的非铁合金和合金钢的焊接，如铝、镁、钛及其合金以及不锈钢、耐热钢等。氩弧焊按所用电极的不同，可分为熔化极氩弧焊和钨极（非熔化极）氩弧焊两种，如图 3-19 所示。

（1）钨极氩弧焊 如图 3-19a 所示，以高熔点的钨钍棒或钨铈棒作为电极，焊接时，钨极与焊件之间产生电弧，熔化金属。由于钨的熔点高达 3410℃，焊接时钨棒基本不熔化，只是作为电极起导电作用，填充金属需另外添加，故又称为非熔化极氩弧焊。氩气通过喷嘴进入电弧区，将电极、工件、焊丝端部与空气隔绝开。

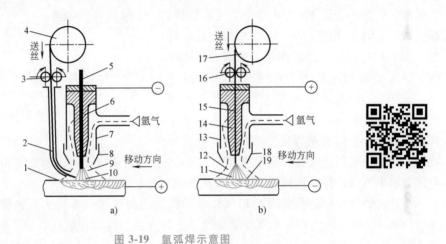

图 3-19 氩弧焊示意图

a）钨极氩弧焊 b）熔化极氩弧焊

1、19—熔池 2、15—焊丝 3、16—送丝滚轮 4、17—焊丝盘 5—钨极 6、14—导电嘴
7、13—焊炬 8、18—喷嘴 9、12—氩气流 10、11—电弧

采用钨极氩弧焊焊接钢、钛及铜合金时，应直流正接，这样可使钨极处在温度较低的负极，减小其熔化烧损，同时也利于工件的熔化；但在焊接铝、镁合金时，只有在工件接负极时，工件表面受正离子的撞击，才能使工件表面的 $Al_2O_3$、$MgO$ 等氧化膜被击碎，从而保证工件的焊合，但这样会使钨极烧损严重，因此通常采用交流电源，可在工件接正极时（即交流电的正半周）使钨极得到一定的冷却，从而减少其烧损。另外，为了减少钨极的烧损，焊接电流不宜过大，所以钨极氩弧焊通常只适用于厚度为 $0.5\sim6mm$ 的薄板焊接。

钨极氩弧焊的焊接工艺参数主要包括：钨极直径、焊接电流、电源种类和极性、喷嘴直径和氩气流量、焊丝直径等。

（2）熔化极氩弧焊 如图 3-19b 所示，以连续送进的焊丝作为电极并兼作填充金属，焊丝在送丝滚轮的输送下，进入导电嘴，与工件之间产生电弧，并不断熔化，形成很细小的熔滴，以喷射形式进入熔池，与熔化的母材一起形成焊缝。

与钨极氩弧焊不同，熔化极氩弧焊均采用直流反接，以提高电弧的稳定性，因此可采用较大的电流焊接厚度小于 25mm 的工件。直流反接对铝件的焊接十分有利，如以 450A 电流焊接铝合金时，不开坡口可一次焊透 20mm，而同样厚度用钨极氩弧焊时，则要焊 6~7 层。

熔化极氩弧焊的焊接工艺参数主要有：焊丝直径、焊接电流和电弧电压、送丝速度、保护气体的流量等。

**2. 二氧化碳气体保护焊**

二氧化碳气体保护焊是以 $CO_2$ 为保护气体的熔化极电弧焊，如图 3-20 所示。采用 $CO_2$ 作为保护气，一方面 $CO_2$ 可以将电弧、熔化金属与空气机械地隔离；另一方面，在电弧的高温作用下，$CO_2$ 会分解为 CO 和 O，因而具有较强的氧化性，会使 Mn、Si 等合金元素烧损、焊缝增氧、力学性能下降，还会形成气孔。另外，由于 $CO_2$ 气流的冷却作用及强烈的氧化反应，导致电弧稳定性差、金属飞溅大、弧光强、烟雾大等问题，因此二氧化碳气体保护焊不宜用于焊接高合金钢和非铁合金，主要用于低碳钢和低合金结构钢焊接。为补偿合金元素

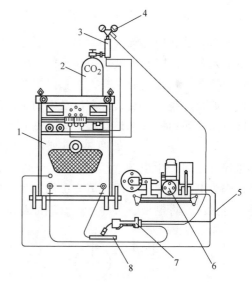

图 3-20  $CO_2$ 气体保护焊示意图

1—焊接电源及控制箱  2—$CO_2$ 气瓶  3—预热干燥器
4—气阀  5—焊丝  6—送丝机构  7—焊枪  8—工件

烧损和充分脱氧防止气孔，需采用含 Si、Mn 等合金元素的焊丝，如 H08Mn2Si、H08Mn2SiA 等。为减小飞溅，保持电弧稳定，宜使用直流反接法。

二氧化碳气体保护焊所用 $CO_2$ 气体价格低，因而焊接成本低，仅为焊条电弧焊和埋弧焊的 40%~50%；而且 $CO_2$ 电弧穿透能力强、熔深大、焊接速度快，生产效率比焊条电弧焊高 1~4 倍。

$CO_2$ 气体保护焊的焊接工艺参数包括焊丝直径、焊接电流、电弧电压、送丝速度、电源极性、焊接速度和保护气流量等。直径为 0.6~1.2mm 的细焊丝，适合焊接 0.8~4mm 厚的薄板，生产中应用较多。直径为 1.6~4mm 的粗焊丝，适合焊接 3~25mm 厚的中厚板，生产中应用较少。

### 3.2.4 等离子弧焊接与切割

**1. 等离子弧**

等离子弧发生装置如图 3-21 所示，在钨极 1 与焊件 5 之间的高压产生电弧后，电弧通过水冷喷嘴产生机械压缩效应，在一定压力和流量的冷气流（氩气）的均匀包围下产生热压缩效应，以及在带电粒子流自身磁场电磁力的作用下产生电磁收缩效应，弧柱被压缩，截面减小，电流密度提高，使弧柱气体完全处于电离状态，这种完全电离的气体称为等离子体，被压缩的能量高度集中的电弧称等离子弧，其温度可达到 30000K。等离子弧广泛应用于焊

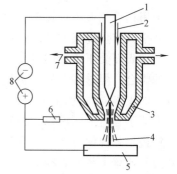

图 3-21  等离子弧发生装置原理图

1—钨极  2—冷气流  3—水冷喷嘴
4—等离子弧  5—焊件  6—电阻
7—冷却水  8—直流电源

接、切割等领域。

**2. 等离子弧焊接**

利用电弧压缩效应，获得较高能量密度的等离子弧进行焊接的方法，称为等离子弧焊接，它实际上是一种具有压缩效应的钨极氩弧焊。它除了具有钨极氩弧焊的一些特点外，等离子弧焊接还具有以下特点：

1）等离子弧能量密度大，弧柱温度高，电弧挺度好，一次熔深大，生产效率高。焊接12mm 以下钢板可不开坡口、装配不留间隙，焊接时不加填充金属，可单面焊、双面成形。

2）等离子弧稳定，热量集中，热影响区小，焊接变形小，焊接质量高。

3）电流小到 0.1A，等离子弧仍能稳定燃烧，并保持良好的挺直度和方向性，因而可以焊接金属薄箔，最小厚度可达 0.025mm。

但等离子弧焊存在设备复杂、投资高、气体消耗量大等问题，目前生产上主要应用于国防工业以及尖端技术中，焊接一些难熔、易氧化、热敏感性强的材料，如 Mo、W、Cr、Ti 及其合金、耐热钢、不锈钢等，也用于焊接质量要求较高的一般钢材和非铁合金。

**3. 等离子弧切削**

等离子弧切削是利用等离子弧的高温高速弧流使切口的金属局部熔化以致蒸发，并借助高速气流或水流将熔化的材料吹离基体形成切口的切削方法。它具有切削速度快、生产率高、工件切口狭窄、边缘光滑平整、变形小等特点，主要用于不锈钢、非铁合金、铸铁等难以用氧乙炔火焰切割的金属材料以及非金属材料的切削，切削厚度可达 200mm。目前，空气等离子弧切削的工业应用已扩展到碳钢和低合金钢，使等离子弧切削成为一种重要的切割方法。

## 3.3 其他焊接方法

### 3.3.1 非电弧熔焊

**1. 气焊与气割**

（1）气焊 气焊是利用可燃气体在氧气中燃烧时所产生的热量，将母材焊接处熔化而实现连接的一种熔焊方法。

生产中常用的可燃气体有乙炔、液化石油气等。以乙炔为例，其在氧气中燃烧时的火焰温度可达 3200℃。氧乙炔火焰有中性焰、碳化焰和氧化焰三种。

1）中性焰。氧气与乙炔体积混合比为 1~1.2，乙炔充分燃烧，焰内无过量氧和游离碳，适合焊接低碳钢、中碳钢和纯铜、青铜、铝合金等材料。

2）碳化焰。氧气和乙炔体积混合比小于 1，乙炔过剩，适用于焊接高碳钢、铸铁等材料。

3）氧化焰。氧气与乙炔体积混合比大于 1.2，氧气过剩，对熔池有氧化作用，只适用于黄铜等材料的焊接。

气焊时，应根据工件材料选择焊丝和气焊熔剂。气焊的焊丝只作为填充金属，与熔化的母材一起组成焊缝金属。焊接低碳钢时，常用的焊丝有 H08、H08A 等。焊丝直径根据工件厚度选择，一般与工件厚度不宜相差太大。气焊熔剂的作用是保护熔化金属，去除焊接过程中形成的氧化物，增加液态金属的流动性。

与电弧焊相比，气焊火焰温度低，加热速度慢，焊接热影响区宽，焊接变形大，且在焊接过程中，熔化金属受到的保护差，焊接质量不易保证，因而其应用已很少。气焊具有无需电源、设备简单、费用低、移动方便、通用性强等特点，因而在无电源场合和野外工作时有实用价值。目前，气焊主要用于碳钢薄板（厚度为 $0.5 \sim 3mm$）、黄铜的焊接和铸铁的补焊。

（2）气割　气割是用气体火焰将待切割处的金属预热到燃点，然后放出切割氧（纯氧）射流，使金属燃烧，生成的金属氧化物被气流吹掉。金属燃烧产生的热量和预热火焰又将邻近的金属加热到燃点，沿切割线移动割炬，便形成了割口。金属的气割本质上就是金属在纯氧中燃烧的过程。

只有满足以下条件的金属材料才能气割：①金属燃点必须低于其熔点，以保证气割过程是燃烧过程，而不是熔化过程。②金属氧化物的熔点必须低于金属本身的熔点，且流动性好，以确保气割中生成的金属氧化物能够迅速被吹离割口，不会阻碍气割过程的连续性。③金属燃烧时放出大量的热，而金属本身的导热性不高，这样才能保证气割处金属的温度达到燃点。在常用的金属材料中，只有低碳钢、中碳钢和低合金结构钢等能够进行气割，铸铁、不锈钢和铜、铝及其合金均不能气割。

**2. 电子束焊**

电子束焊是一种高效率的熔焊方法，它是利用聚焦的高速运动的电子束，在撞击工件时，其动能转化为热能，从而使工件连接处熔化形成焊缝，如图 3-22 所示。

电子束焊机的核心是电子枪，完成电子的产生、电子束的形成和会聚，主要由灯丝、阴极、阳极、聚焦线圈等组成。灯丝通电升温并加热阴极，当阴极达到 2400K 左右时即发射电子，在阴极和阳极之间的高压电场作用下，电子被加速（约为 1/2 光速），穿过阳极孔射出，然后经聚焦线圈，会聚

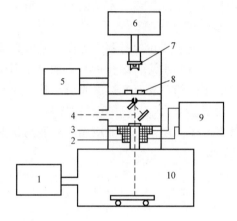

图 3-22　电子束焊示意图
1—工作室真空系统　2—偏转线圈　3—聚焦线圈
4—光学观察系统　5—电子枪室真空系统
6—高压电源　7—阴极　8—聚束阳极　9—聚焦、
偏转电源　10—工作台及转动系统

成直径为 $0.8 \sim 3.2mm$ 的电子束射向工件，并在工件表面将动能转化为热能，使工件连接处迅速熔化，冷却结晶后形成焊缝。

一般按焊接工作室真空度的不同，电子束焊分为真空电子束焊和非真空电子束焊（另加惰性气体保护罩或喷嘴），其中真空电子束焊应用最多。

真空电子束焊具有如下优点：

1）真空环境适于化学活泼性强的金属焊接，且接头强度高。

2）电子束能量密度大，最高可达 $5 \times 10^8 W/cm^2$，为普通电弧的 5000～10000 倍，热量集中，热效率高，焊接速度快，焊缝窄而深，热影响区小，焊接变形极小。

3）接头不开坡口，装配不留间隙，焊接时不加填充金属，接头光滑整洁。

4）电子束焦点半径可调节范围大、控制灵活、适应性强，可焊接厚度为 0.05mm 的薄件，也可进行其他焊接方法难以进行的深穿入成形焊接。

真空电子束焊特别适合焊接一些难熔金属、活性或高纯度金属以及热敏感性强的金属。但其设备复杂，成本高，工件尺寸受真空室限制，装配精度要求高，且易激发 X 射线，焊接辅助时间长，生产效率低，这些缺点都限制了电子束焊的应用。

**3. 激光焊**

激光是物质受激励后产生的波长、频率、方向完全相同的光束，激光具有单色性好、方向性好、能量密度高的特点。经透射或反射镜聚焦后，激光可获得直径小于 0.01mm、功率密度高达 $10^{13}\,\mathrm{W/cm^2}$ 的能束，可以作为焊接、切割、钻孔及表面处理的热源。产生激光的物质有固体、半导体、液体、气体等，其中用于焊接、切割等工业加工的主要是钇铝石榴石（YAG）固体激光和 $CO_2$ 气体激光。

激光焊如图 3-23 所示，激光发生器产生激光束，通过聚焦系统聚焦在工件上，光能转化为热能，金属熔化形成焊接接头。激光焊有点焊和缝焊两种。点焊采用脉冲激光器，主要焊接厚度小于 0.5mm 的金属薄板和金属丝，缝焊需用大功率 $CO_2$ 连续激光器。

激光焊的主要优点如下：

1）激光通过光纤传输，焊接时与工件无机械接触，对工件无污染。

2）能量密度高，可实现高速焊接，接缝间隙、热影响区和焊接变形都很小，特别适用于焊接微型、密集排列、精密、对热敏感的工件。

3）激光可在不同介质下工作，还能穿过透明材料对内部材料进行焊接，焊接绝缘包套导体，不必预先剥掉绝缘层。

4）可焊接几乎所有的金属与非金属材料，可实现性能差别较大的异种材料间的焊接。

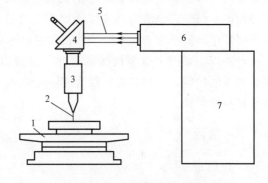

图 3-23　激光焊示意图
1—工件与工作台　2—聚焦激光束　3—聚焦系统　4—偏转镜　5—激光束　6—激光发生器　7—电源控制装置

5）激光束经透镜聚焦后，直径只有 1~2mm，借助平面反射镜可实现弯曲传输，对一般焊接方法难以到达的部位进行焊接，即可达性好。

但是，激光焊设备昂贵，能量转化率低（5%~20%），功率较小，工件厚度受到一定限制，且对工件接口加工、组装、定位要求均很高，从而使其应用有一定的局限性，目前主要用于电子工业和仪表工业中微型器件的焊接，以及硅钢片、镀锌钢板等的焊接。

激光还可用于各种金属材料及一些非金属材料（如陶瓷、岩石、玻璃、胶木等）的切割和打孔等加工，割缝窄，切口光整，加工质量好，切割速度快，生产效率高，无需模具，简化了工艺过程，节省材料。

**4. 电渣焊**

电渣焊是利用电流通过液态熔渣产生的电阻热进行焊接的熔焊方法。

电渣焊的焊接过程如图 3-24 所示，电渣焊工件的焊缝应置于垂直位置，接头相距 25~35mm，两侧装有冷却滑块，工件下端和上端分别装有引弧板和引出板。焊接时，将颗粒状焊剂装入接头空间至一定高度，然后焊丝在引弧板上引燃电弧，熔化焊剂形成渣池。渣池达到一定深度后，将焊丝插入渣池，电弧熄灭，依靠电流通过渣池产生的电阻热（渣池温度可达 1700～2000℃）熔化工件和焊丝，在渣池下面形成熔池，进入电渣焊过程。随着熔池和渣池上升，冷却滑块也同时向上移动，渣池则始终浮在熔池上作为加热的前导，熔池底部冷却结晶，形成焊缝。

电渣焊具有以下优点：

1）焊接厚件时生产率高。厚大截面无需开坡口，留 25～35mm 间隙即可一次焊成，节约焊接材料和工时。

2）焊缝金属纯净。渣池覆盖熔池，保护严密，熔池停留时间长，冶金过程完善，熔池金属自下而上结晶，低熔点夹杂物和气体容易排出，不易产生气孔、夹渣等缺陷。

由于电渣焊焊接熔池大，冷却缓慢，高温停留时间长，焊缝及热影响区范围宽，晶粒粗大，易形成过热组织，因此接头力学性能下降，焊后通常需进行正火处理，以细化晶粒、改善工件性能。另外，电渣焊总是以立焊方式进行，不能平焊，且不适宜焊接厚度小于 30mm 的工件，焊缝也不宜过长。

电渣焊主要用于重型机械制造业，制造锻-焊结构件和铸-焊结构件，如重型机床的机座、高压锅炉等，工件厚度一般为 40～450mm，可用于碳钢、低合金钢、高合金钢、非铁合金等材料的焊接。

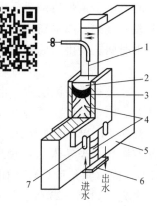

图 3-24　电渣焊的基本过程
1—焊丝　2—渣池　3—熔池
4—焊缝　5—焊件　6—冷却
水管　7—冷却滑块

### 3.3.2　压焊

**1. 电阻焊**

电阻焊是利用电流通过被焊工件及其接触处产生的电阻热，将连接处加热到塑性状态或局部熔化状态，再施加压力形成接头的焊接方法。

电阻焊生产效率高，可以在短时间（1/100s 到几秒）内获得焊接接头；焊接变形小，焊缝表面平整；无需填充金属和焊剂，可焊接异种金属；工作电压很低（一般几伏到十几伏），没有弧光和有害辐射；易于自动化。但其设备复杂，耗电量大，焊前工件清理要求高，且对接头形式和工件厚度有一定限制。

电阻焊分为点焊、缝焊和对焊三种基本类型，如图 3-25 所示。

（1）点焊　利用柱状电极加压通电，在被焊工件的接触

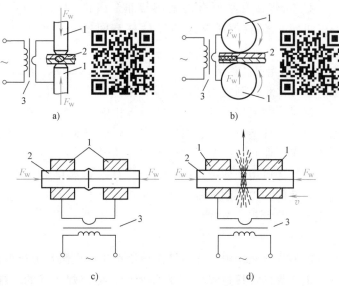

图 3-25　电阻焊原理示意图
a）点焊　b）缝焊　c）电阻对焊　d）闪光对焊
1—电极　2—工件　3—变压器

面之间形成单独的焊点，将两工件连接在一起的焊接方法为点焊，如图3-25a所示。点焊为搭接接头，如图3-26所示，焊接时，将表面已清理好的工件叠合，放在两电极间预压夹紧后通电，使两工件接触处产生电阻热，该处金属迅速加热到熔化状态形成熔核，熔核周围金属则加热到塑性状态，然后切断电源，熔核在压力作用下结晶形成焊点。焊接第二点时，有一部分电流会流经已焊好的焊点，称为点焊分流现象，分流使焊接区电流减小，影响焊点质量，工件厚度越大，材料

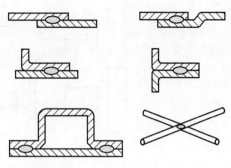

图3-26  点焊件的搭接接头

导电性越好，分流越大。因此，实际生产中对各种材料在不同厚度下的焊点最小间距有一定的规定。

点焊时，熔核金属被周围塑性金属紧密封闭，不与外界空气接触，故点焊焊点强度高，工件表面光滑，变形小。主要适用于焊接接头不要求气密的薄板构件，如厚度小于3mm的低碳钢，还可焊接不锈钢、铜合金、钛合金和铝镁合金等，广泛应用于汽车驾驶室、车厢、飞机以及电子仪表等的薄板结构生产中。

（2）缝焊  缝焊是用一对连续转动、断续通电的滚轮电极代替点焊的柱状电极，滚轮压紧并带动搭接的被焊工件前进，在两工件接触面间形成连续而重叠密封焊缝的焊接方法，如图3-25b所示。缝焊工件表面光滑平整，焊缝具有较高的强度和气密性，因此常用于厚度小于3mm有气密性要求的薄壁容器的焊接，如油箱、管道、小型容器等。但因焊缝分流严重，所需焊接电流较大，缝焊不适于厚板焊接。

（3）对焊  对焊是利用电阻热将两个工件沿整个接触面对接的焊接方法，工件的对接形式如图3-27所示。根据焊接过程和操作方法的不同，对焊可分为电阻对焊和闪光对焊。

1）电阻对焊。将被焊工件夹紧并加预压使其端面挤紧，再通电使接触处产生电阻热升温至塑性状态，断电并同时施加顶锻力，使接触处产生一定的塑性变形而连接的焊接方法，如图3-25c所示。

电阻对焊操作简单，接头外观光滑、飞边小，但对被焊工件端面的加工和清理要求较高，否则接触面容易发生加热不均匀，产生氧化物夹杂，而影响焊接质量。电阻对焊一般用于截面简单（如圆形、方形等）、横截面积小于$250mm^2$和强度要求不高的杆件对接，材料以碳钢、纯铝为主。

2）闪光对焊。将两夹紧的被焊工件先接通电源，然后使工件逐渐移动靠拢接触，由于接触端面凹凸不平，所以开始只是个别点接触，强电流通过接触点产生电阻热，使其迅速被加热熔化、汽化、爆破并以火花形式从接触处飞出形成闪光，继续移动工件使其靠拢，产生新的接触点，闪光现象持续，待工件被焊端面全部熔化，断电并迅速施加顶锻力，挤出熔化层，并在压力下产生塑性变形而连接在一起的焊接方法，称为闪光对焊，如图3-25d所示。

闪光对焊过程中，工件端面氧化物与杂质会被闪光火花带出或随液体金属挤出，并防止了空气侵入，所以接头中夹杂少，质量高，焊缝强度与塑性均较高，且焊前对端面的清理要求不高，单位面积焊接所需的焊机功率比电阻对焊小。闪光对焊常用于重要工件的对接，如刀具、管道、锚链、钢轨、车圈等，适用范围广，不仅能焊接同种金属，还能焊接异种金属（如

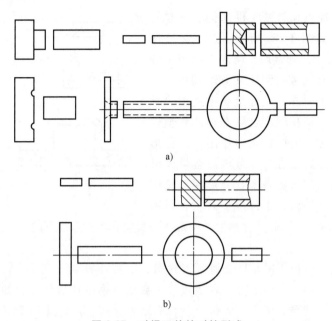

图 3-27　对焊工件的对接形式

a）电阻对焊件对接形式　b）闪光对焊件对接形式

铝-铜、铜-钢、铝-钢等），从直径为 0.01mm 的金属丝到直径为 500mm 的管材、横截面积为 20000mm$^2$ 的金属型材、板材均可焊接。但闪光对焊时工件烧损较多，焊后有飞边需要清理。

**2. 摩擦焊**

摩擦焊是利用工件接触端面相互摩擦所产生的热量为热源，使工件在压力下加热到塑性状态，施加顶锻力实现连接的焊接方法。摩擦焊技术经过多年的发展，已经发展出多种摩擦焊接方法：摩擦螺柱焊、搅拌摩擦焊、摩擦推焊、第三体摩擦焊、嵌入摩擦焊、惯性摩擦焊、径向摩擦焊、线性摩擦焊和摩擦叠焊等。

摩擦焊过程如图 3-28 所示，先将两焊接工件夹紧，并加上一定压力使工件紧密接触，然后一个工件不动，另一工件高速旋转运动，使工件接触面相对摩擦产生热量，当工件端面被加热到塑性状态时，工件停止转动，同时在工件一端加大压力使两工件产生塑性变形而焊接起来。

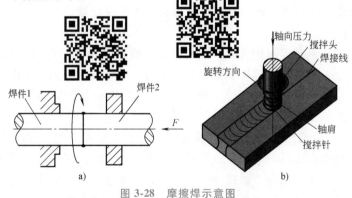

图 3-28　摩擦焊示意图

a）摩擦螺柱焊　b）搅拌摩擦焊

摩擦焊接过程中，被焊材料通常不熔化，仍处于固体状态，焊合区金属为锻造组织，接头质量高而稳定，工件尺寸精度高，废品率低于对焊；电能消耗少（耗电量仅为闪光对焊的 1/10～1/5），生产效率高（比闪光对焊高 5～6 倍），加工成本低；易实现机械化和自动化，操作简单，焊接工作场地无火花、弧光及有害气体，劳动条件好；适于焊接异种金属，如碳素钢、低合金钢与不锈钢、高速钢之间的连接，以及铜-不锈钢、铜-铝、铝-钢、钢-锆等之间的连接。

摩擦螺柱焊靠工件旋转实现，因此焊接非圆截面较困难。盘状工件及薄壁管件不易夹持也很难焊接。受焊机主轴电动机功率的限制，目前摩擦螺柱焊可焊接的最大横截面为 $20000mm^2$。摩擦焊机一次性投资费用大，适于大批量生产。

摩擦螺柱焊适用于圆形截面、轴心对称的棒、管等工件的对接，如图 3-29 所示，主要应用于汽车、拖拉机工业中的焊接结构、零件以及圆柄刀具，如电力工业中的铜-铝过渡接头、金属切削用的高速钢-结构钢刀具、内燃机排气阀、拖拉机双金属轴瓦、活塞杆等。

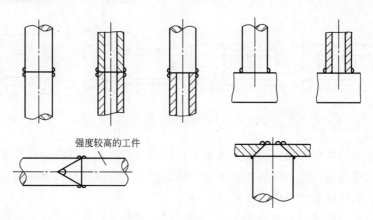

强度较高的工件

图 3-29 摩擦螺柱焊件对接形式

搅拌摩擦焊过程如图 3-28b 所示，同样是利用摩擦热与塑性变形热作为焊接热源。不同之处在于搅拌摩擦焊的焊接过程是由搅拌针伸入工件的接缝处，通过搅拌针的高速旋转，使其与焊接工件材料摩擦，从而使连接部位的材料温度升高软化，对材料进行搅拌摩擦来完成焊接。搅拌针高速旋转的同时沿工件接缝与工件相对移动，完成整条焊缝的焊接。

搅拌摩擦焊对设备的要求是焊头的旋转运动和工件的相对运动，即使一台铣床也可达到小型平板对接焊的要求，搅拌头一般采用工具钢制成，焊头长度一般比要求焊接的深度稍短。

搅拌摩擦焊唯一消耗的是搅拌针，不需要其他焊接消耗材料，如焊条、焊丝、焊剂及保护气体等。

由于搅拌针的工作寿命问题，搅拌摩擦焊主要用于熔化温度较低的 Al、Cu 等非铁合金，作为一种固相焊接方法，焊前及焊接过程中对环境的污染小，焊前工件无需严格的表面清理，焊接过程中的摩擦和搅拌可以去除焊件表面的氧化膜，焊接过程中也无烟尘和飞溅，由于搅拌摩擦焊仅仅靠焊头旋转并移动，逐步实现整条焊缝的焊接，所以比熔化焊更节省能源。

### 3.3.3 钎焊

钎焊是利用比被焊金属熔点低的钎料作为填充金属，把被焊工件连接起来的方法。钎焊件的接头形式如图 3-30 所示。

**1. 钎焊方法及特点**

钎焊采用熔点低于母材的合金作为钎料，加热时钎料熔化而母材不熔化，熔化的钎料靠润湿作用和毛细作用吸满并保持在搭接或嵌接的母材间隙（$0.05 \sim 0.2mm$）内，液态钎料和固态母材间相互扩散，形成钎焊接头。

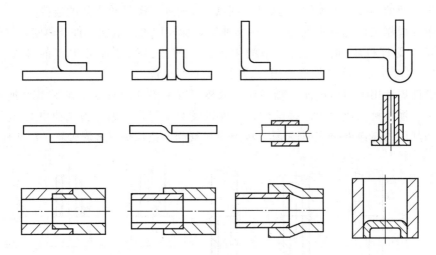

图 3-30 钎焊件的接头形式

作为填充金属的钎料在很大程度上决定了钎焊接头的质量。钎料应具有合适的熔点、良好的润湿性和填缝能力，能与母材相互扩散。除此之外，钎料还应具有一定的力学性能和物理化学性能，以满足接头的使用性能要求。

钎焊时，两母材的接触面要清理干净，因此钎焊时要使用钎剂，以去除母材和钎料表面的氧化物和油污杂质，保护钎料和母材接触面不被氧化，增加钎料的润湿性和毛细流动性。钎剂的熔点应低于钎料，钎剂残渣对母材和接头的腐蚀性应较小。

与熔焊和压焊相比，钎焊具有以下优点：

1）加热温度低，对母材组织和力学性能的影响小，焊接应力和变形较小。

2）可焊接性能差别较大的异种金属或合金。

3）能同时完成多条焊缝，生产效率高。设备简单，生产投资小。

4）接头平整光滑，外表美观整齐。

但钎焊接头的强度较低、耐热能力差，对焊前清理及装配要求较高。

钎焊在机械、电子、仪表、电动机等领域的应用十分广泛，特别是在航空、导弹、空间技术中发挥重要作用，成为一种不可取代的连接方法，较典型的应用有硬质合金刀具、钻探钻头、自行车车架、换热器、导管及各类容器等。在微波波导、电子管和电子真空器件的制造中，钎焊甚至是唯一可能的连接方法。

**2. 钎焊分类**

按钎料熔点的不同分为软钎焊与硬钎焊两类。

（1）**软钎焊** 钎料熔点低于450℃的钎焊称为软钎焊。常用的钎料是锡铅钎料，它具有良好的润湿性和导电性，常用的钎剂是松香或氯化锌溶液。软钎焊的接头强度低（一般为60~140MPa），工作温度低，主要用于焊接受力不大的工件，如电子产品、电机电器和汽车配件中的电子线路、仪表等。

（2）**硬钎焊** 钎料熔点高于450℃的钎焊称为硬钎焊。常用的钎料是铜基、银基、铝基钎料等，银基钎料形成的接头具有较高的强度、导电性和耐蚀性，而且其熔点较低、工艺性良好，但价格较贵，多用于要求较高的工件，一般工件多采用铜基钎料和铝基钎料。常用的钎剂有硼砂、硼酸和氟化物、氯化物等。硬钎焊的接头强度较高（一般为 200~490MPa），工作温度也较高，多用于受力构件的连接，如自行车架、雷达、刀具的焊接。

**3. 钎焊加热方法**

几乎所有的加热热源都可以作为钎焊热源，并依此将钎焊分类。

（1）火焰钎焊　用气体火焰（气炬火焰或钎焊喷灯）进行加热，用于碳钢、不锈钢、硬质合金、铸铁、铜及铜合金、铝及铝合金的硬钎焊。

（2）感应钎焊　利用交变磁场在零件中产生感应电流的电阻热加热工件，用于具有对称形状的工件，特别是管轴类工件的钎焊。

（3）浸沾钎焊　将工件局部或整体浸入熔融盐混合物熔液或钎料熔液中，靠这些液体介质的热量来实现钎焊，其特点是加热迅速、温度均匀、工件变形小。

（4）炉中钎焊　利用电阻炉加热工件，电阻炉可通过抽真空或采用还原性气体或惰性气体对工件进行保护。

除此以外，还有烙铁钎焊、电阻钎焊、扩散钎焊、红外线钎焊、反应钎焊、电子束钎焊、激光钎焊等。

## 3.4　常用金属的焊接及被焊工件结构工艺性

### 3.4.1　常用金属材料的焊接

**1. 金属材料的焊接性**

（1）焊接性概念　金属材料的焊接性指在采用一定的焊接方法、焊接材料、工艺参数及结构形式的条件下，获得优质焊接接头的难易程度，即其对焊接加工的适应性。一般包括两个方面：

1）接合性能。在给定焊接工艺的条件下，形成完好焊接接头的能力，特别是接头对产生裂纹的敏感性。

2）使用性能。在给定焊接工艺的条件下，焊接接头在使用条件下安全运行的能力，包括焊接接头的力学性能和其他特殊性能（如耐高温、耐腐蚀、抗疲劳等）。

焊接性是金属工艺性能在焊接过程中的反映，了解及评价金属材料的焊接性，是焊接结构设计、确定焊接方法、制定焊接工艺的重要依据。

（2）钢的焊接性评定方法　钢是焊接结构中最常用的金属材料，因而评定钢的焊接性尤为重要。由于钢的裂纹倾向与其化学成分密切相关，因此，可以根据钢的化学成分评定其焊接性的好坏。通常将影响最大的碳作为基础元素，把其他合金元素质量分数对焊接性的影响折合成碳的相当质量分数，碳的质量分数和其他合金元素的相当质量分数之和称为碳当量，用符号 $w_{CE}$ 表示，它是评定钢焊接性的一个参考指标。国际焊接学会推荐的碳钢和低合金结构钢的碳当量计算公式为

$$w_{CE} = \left( w_C + \frac{w_{Mn}}{6} + \frac{w_{Cr}+w_{Mo}+w_V}{5} + \frac{w_{Ni}+w_{Cu}}{15} \right) \times 100\%$$

式中，各元素的质量分数都取其成分范围的上限。

经验表明，碳当量越高，裂纹倾向越大，钢的焊接性越差。一般认为：

1）$w_{CE}$<0.4%时，钢的塑性良好，淬硬和冷裂倾向不大，焊接性良好，焊接时一般不预热。

2）$w_{CE}$ = 0.4%～0.6%时，钢的塑性下降，淬硬和冷裂倾向明显，焊接性较差，焊接时需要适当预热和采取一定的焊接工艺措施，防止裂纹产生。

3）$w_{CE}$>0.6%时，钢的塑性较低，淬硬和冷裂倾向严重，焊接性差，工件需预热到较高温度，并采取严格的焊接工艺措施及焊后热处理等。

碳当量公式仅用于对材料焊接性的粗略估算，实际生产中，可通过直接试验，模拟实际情况下的结构、应力状况和施焊条件，在试件上焊接，观察试件的开裂情况，并配合必要的接头使用性能试验进行评定。

**2. 碳素钢和低合金结构钢的焊接**

（1）碳素钢的焊接

1）低碳钢的焊接。Q235、10、15、20 等低碳钢是应用最广的焊接结构材料，由于$w_C$<0.25%，塑性很好，淬硬倾向小，不易产生裂纹，所以焊接性最好。焊接时，任何焊接方法和最普通的焊接工艺都可获得优质的焊接接头。但由于施焊条件、结构形式不同，焊接时还需注意以下问题：

① 低温环境下焊接厚度大、刚性大的结构时，应进行预热，否则容易产生裂纹。

② 重要结构焊后要去应力退火以消除焊接应力。

低碳钢对焊接方法几乎没有限制，应用最多的是焊条电弧焊、埋弧焊、气体保护焊和电阻焊。采用电弧焊时，焊接材料的选择参见表 3-8。

表 3-8　低碳钢焊接材料的选择

| 焊接方法 | 焊接材料 | 应 用 情 况 |
|---|---|---|
| 焊条电弧焊 | J421、J422、J423 等 | 焊接一般结构 |
| | J426、J427、J506、J507 等 | 焊接承受动载荷、结构复杂或厚板重要结构 |
| 埋弧焊 | H08 配 HJ430、H08A 配 HJ431 | 焊接一般结构 |
| | H08MnA 配 HJ431 | 焊接重要结构 |
| $CO_2$ 气体保护焊 | H08Mn2SiA | 焊接一般结构 |

2）中碳钢的焊接。中碳钢的 $w_C$ = 0.25%～0.60%，随着 $w_C$ 增加，淬硬、冷裂倾向增大，焊接性逐渐变差。中碳钢的焊接多用于锻件和铸钢件，常用的焊接方法是焊条电弧焊，应选用抗裂性好的低氢型焊条（如 J426、J427、J506、J507 等），对于补焊或焊缝不要求与母材等强度的工件，可选强度级别低、塑性好的焊条。焊接时，应采取焊前预热以减小焊接应力，采用细焊条、小电流、开坡口、多层焊，以减少含碳较高的母材金属的熔入，并减小热影响区宽度。另外，还可采取焊后缓冷、焊后热处理等工艺措施防止裂纹的产生。

3）高碳钢的焊接。高碳钢的 $w_C$>0.60%，其焊接特点与中碳钢基本相同，但淬硬和裂纹倾向更大，焊接性更差。这类钢一般不用于制造焊接结构，大多是用焊条电弧焊或气焊来补焊修理一些损坏件。焊接时，应提高焊前预热温度和采取更严格的工艺措施。

（2）低合金结构钢的焊接　低合金结构钢按其屈服强度分为 Q295、Q355、Q390、Q420、Q460，这类钢随强度级别的提高，焊接性变差。

强度级别较低的低合金结构钢，如 Q295、Q355，其焊接性良好，焊接工艺和焊接材料的选择与低碳钢基本相同，一般不需预热，只有工件较厚、结构刚度较大和环境温度较低时，才进行焊前预热，以免裂纹产生。

强度级别较高的低合金结构钢，淬硬、冷裂倾向较大，焊接性与中碳钢相当，焊接采用低氢焊条，焊前一般均需预热，焊后应及时进行热处理以消除残余应力，避免冷裂。

低合金结构钢含碳量较低，对硫、磷控制较严，焊条电弧焊、埋弧焊、气体保护焊均可用于此类钢的焊接，以焊条电弧焊和埋弧焊较常用。为了提高抗裂性，尽量选用碱性焊条和碱性焊剂，对于不要求焊缝和母材等强度的工件，可选择强度级别略低的焊接材料，以提高塑性，避免冷裂。

### 3. 不锈钢的焊接

不锈钢是具有优良耐蚀性的高合金钢，按正火状态组织不同，可分为奥氏体不锈钢、铁素体不锈钢和马氏体不锈钢等。

(1) 奥氏体不锈钢的焊接　奥氏体不锈钢具有较好的焊接性，一般无需采取特殊的工艺措施。通常采用焊条电弧焊和氩弧焊，也可采用埋弧焊，焊接材料按等成分原则选用。奥氏体不锈钢广泛用于石油、化工、动力、航空、医药、仪表等领域的焊接结构中，常见牌号有 12Cr18Ni9、06Cr19Ni10 等。

奥氏体不锈钢焊接存在的主要问题是焊接接头的晶间腐蚀倾向和焊缝的热裂倾向。接头的晶间腐蚀是由于焊接时热影响区晶粒内部过饱和碳原子扩散到晶界，与晶界附近的铬原子形成高铬碳化物（$Cr_{23}C_6$）从奥氏体中析出，使奥氏体晶界附近形成贫铬区而失去耐蚀性造成的。热裂主要是钢中的 Si、S、P 等杂质元素形成的低熔点共晶产物沿奥氏体晶界分布，降低了晶界的高温强度，加之奥氏体不锈钢的热导率小（约为低碳钢的1/3）、线胀系数大（大约是低碳钢的 1.5 倍），焊接时产生了较大的焊接应力，从而使焊缝在高温下易产生裂纹。为防止晶间腐蚀和热裂，应按母材金属类型选择与之配套的含碳、硅、硫、磷很低的不锈钢焊条或焊丝；采用小电流、短弧、焊条不摆动、快速焊等工艺，尽量避免金属过热；接触腐蚀介质的工作面应最后焊等措施。对于耐蚀性要求较高的重要结构，焊后还要进行高温固熔处理，以消除局部晶界贫铬区。

(2) 马氏体不锈钢的焊接　马氏体不锈钢的焊接性较差，其主要问题是具有强烈的淬硬和冷脆倾向，碳的质量分数越高，焊接性越差。焊接时要采取防止冷裂纹的一系列措施，如预热、焊后热处理等。

(3) 铁素体不锈钢的焊接　铁素体不锈钢焊接的主要问题是过热区晶粒长大引起脆化和裂纹。因此，焊接时要采用较低的预热温度（不超过150℃），减少高温停留时间，以防止过热脆化。此外，采用小能量焊接工艺可以减小晶粒长大倾向。

### 4. 铸铁的补焊

铸铁中碳的质量分数高，脆性大，焊接性很差，因此不用于制造焊接结构件，但对于铸铁零件的局部损坏和铸造缺陷，可进行焊补修复。铸铁的补焊在实际生产中具有较大的经济意义。

(1) 铸铁的补焊特点

1) 焊补区易形成白口组织。补焊时焊补区的碳、硅等促进石墨化的元素会大量烧损，且冷却速度快，不利于石墨化，因此很容易形成硬而脆的白口组织，焊后难以切削加工。

2) 焊补区易产生裂纹。由于铸铁强度低、塑性差，当焊接应力较大时，易在焊补区产生裂纹。

3) 焊缝中易产生气孔。铸铁中碳的质量分数高，补焊时易生成 CO 和 $CO_2$ 气体，由于冷却速度快，熔池中的气体往往来不及逸出而形成气孔。

4）只适宜平焊。铸铁的流动性好，熔池金属易流失，所以一般只适用于在平焊位置施焊。

（2）铸铁的补焊方法　铸铁补焊按补焊前是否预热可分为热焊法和冷焊法两类。

1）热焊法。焊补前将工件整体或局部缓慢预热到 600~700℃，焊补过程中保持 400℃以上，选择大电流连续补焊，焊后缓慢冷却。这种方法应力小，不易产生裂纹，可有效防止出现白口组织和气孔，但需加热设备，成本较高，劳动条件差，生产效率低，一般仅用于焊后要求机械加工或形状复杂的重要铸铁件，如机床导轨、主轴箱、汽车的气缸体等。热焊常采用气焊和焊条电弧焊。气焊适用于焊补中小型薄壁件，采用含硅高的焊条作为填充金属，并用气焊熔剂（常用 CJ201 或硼砂）去除氧化物；焊条电弧焊主要用于焊补厚度较大（>10mm）的铸铁件，采用铸铁焊芯的铸铁焊条 Z248 或钢芯石墨化铸铁焊条 Z208。

2）冷焊法。焊补前不对铸件预热或预热温度仅在 400℃ 以下，用焊条电弧焊进行焊补，这种焊法简便，生产效率高，劳动条件好，成本低，但焊补质量不如热焊法。冷焊法主要依靠选择合适的焊条来调整焊缝的化学成分，以防止白口组织和裂纹的产生。常用的铸铁冷焊焊条有钢芯铸铁焊条或铸铁芯铸铁焊条，如 Z100、Z116、Z208、Z248 等，适用于一般非加工面的焊补；镍基铸铁焊条，如 Z308、Z408 和 Z508 等，适用于重要铸铁件加工面的焊补；铜基铸铁焊条，如 Z607 和 Z612 等，适用于焊后需要加工的灰铸铁件的焊补。焊接时尽量采用小电流、短电弧、窄焊缝、分段焊工艺，以减小熔深，缩小温差，焊后立即用锤轻击焊缝，以松弛焊接应力，防止开裂。

**5. 铜、铝合金的焊接**

（1）铜及铜合金的焊接　铜及铜合金的焊接性较差，焊接时的主要问题是：

1）难焊透、难熔合。铜的热导系大，焊接时热量极易散失。故要求焊接热源强大集中，且焊前必须预热。

2）裂纹倾向大。铜在高温下易氧化生成的 $Cu_2O$ 与铜形成低熔共晶体分布在晶界上，从而使接头脆化。

3）焊接应力和变形较大。因铜的线胀系数大，收缩率也大，加上因导热性强而热影响区宽所致。

4）易产生气孔。铜在高温液态时易吸气，特别是氢气，冷却凝固过程中，氢的溶解度急剧下降又来不及逸出，便会在焊缝中形成气孔。

5）存在接头性能降低倾向。焊接时产生的铜氧化及合金元素蒸发、烧损，特别是焊接黄铜时的锌蒸发（锌的沸点仅为 907℃），会造成焊缝的强度、塑性、耐蚀性和导电性降低。而且锌蒸气有毒，会对焊工的身体造成伤害。

铜及铜合金可采用氩弧焊、气焊、焊条电弧焊、埋弧焊、等离子弧焊、钎焊等方法焊接。由于铜的电阻极小，不适合电阻焊。

氩弧焊是焊接纯铜和青铜的最理想方法，焊接时，采用含硅、锰等脱氧元素的焊丝，或用其他焊丝配以熔剂，以保证焊接质量。气焊主要用于黄铜的焊接，采用含硅的焊丝，配以含硼砂的熔剂，用微氧化焰加热，使熔池表面形成一层高熔点的致密氧化锌、氧化硅薄膜，以防止锌的蒸发和氢的溶入。埋弧焊适用于厚度较大的纯铜板。铜及铜合金焊接前均应清除工件、焊丝上的油、锈、水分，以减少氢的来源，避免气孔形成。

（2）铝及铝合金的焊接　工业上用于焊接的主要是工业纯铝和不能热处理强化的铝合

金（防锈铝合金）。铝及铝合金的焊接性较差，其主要问题是：

1）易氧化。铝极易氧化生成高熔点（2050℃）的致密氧化膜（$Al_2O_3$）覆盖在金属表面，焊接时阻碍母材的熔化和熔合，且其密度大（约为铝的1.4倍），不易浮出熔池而形成焊缝夹杂。

2）易形成气孔。液态铝能吸收大量氢气，铝的高导热性又使熔池迅速凝固，因此焊后冷却凝固过程中，会使氢来不及析出而在焊缝中形成气孔。

3）变形、裂纹倾向大。高温下铝的强度和塑性低，因铝的热胀系数和冷却收缩率大，因而焊接应力大，易产生变形和裂纹。

4）易焊穿、塌陷。铝由固态加热到液态时无显著的颜色变化，操作时难以掌握加热温度而容易焊穿。铝在高温下的强度和塑性低，焊接时不能支持熔池金属而容易引起焊缝塌陷。

另外，因铝的热导率较大，焊接时热量散失快，需要能量大或密集的焊接热源。

焊接铝及铝合金的常用方法有氩弧焊、电阻焊（点焊和缝焊）、气焊和钎焊。其中氩弧焊应用最广，电阻焊应用也较多，气焊在薄件生产中仍在采用。

氩弧焊电弧热量集中，氩气保护效果好，氩离子对氧化膜的阴极破碎作用，能自动清除工件表面的氧化膜，所以焊缝质量高、成形美观，焊接变形小，接头耐蚀性好。氩弧焊多用于焊接质量要求较高的工件。焊接时氩气纯度要求大于99.9%，焊丝选用与母材成分相近的铝基焊丝，常用的有E1100（纯铝焊丝）、E4043（铝硅合金焊丝）、E3003（铝锰合金焊丝）和E5356（铝镁合金焊丝），其中，E4043是一种通用性较强的焊丝，可用于焊接除铝镁合金以外的铝合金，焊缝的抗裂性能较高，也能保证一定的力学性能。

气焊常用于对焊接质量要求不高的纯铝和防锈铝合金工件的焊接，焊前必须清除工件焊接部位和焊丝表面的氧化膜和油污，焊接中使用铝焊剂去除被焊部位的氧化膜和杂质，并用焊丝不断破坏熔池表面的氧化膜，焊后立即将焊剂清理干净，防止焊剂对工件的腐蚀。

电阻焊焊接铝合金时，应采用大电流、短时间通电，焊前必须清除工件表面的氧化膜。

## 3.4.2 常用焊接方法的选择

综上所述，金属材料常用焊接方法的选择见表3-9。

表3-9 金属材料常用焊接方法的选择

| 焊接方法 | 主要接头形式 | 焊接位置 | 被焊材料选择 | 应用选择 |
|---|---|---|---|---|
| 焊条电弧焊 | 对接 角接 搭接 T接 | 全位置 | 碳钢、低合金钢、铸铁、铜及铜合金、铝及铝合金 | 各类中小型结构 |
| 埋弧自动焊 | | 平焊 | 碳钢、合金钢 | 成批生产、中厚板长直焊缝和较大直径环焊缝 |
| 氩弧焊 | | 全位置 | 铝、铜、镁、钛及其合金、耐热钢、不锈钢 | 致密、耐蚀、耐热的工件 |
| $CO_2$ 气体保护焊 | | | 碳钢、低合金钢、不锈钢 | |
| 等离子弧焊 | 对接搭接 | | 耐热钢、不锈钢、铜、镍、钛及其合金 | 一般焊接方法难以焊接的金属和合金 |
| 气焊 | 对接 | | 碳钢、低合金钢、铸铁、铜及铜合金、铝及铝合金 | 受力不大的薄板及铸件和损坏的机件的补焊 |

（续）

| 焊接方法 | 主要接头形式 | 焊接位置 | 被焊材料选择 | 应用选择 |
|---|---|---|---|---|
| 点　焊 | 搭接 | 全位置 | 碳钢、低合金钢、不锈钢、铝及铝合金 | 焊接薄板壳体 |
| 缝　焊 | | | | 焊接薄壁容器和管道 |
| 对　焊 | 对接 | 平焊 | 各类同种金属和异种金属 | 杆状零件的焊接 |
| 摩擦焊 | | | | 圆形截面零件的焊接 |
| 钎　焊 | 搭接 | — | 碳钢、合金钢、铸铁、非铁合金 | 强度要求不高，其他焊接方法难于焊接的工件 |

### 3.4.3　被焊工件结构工艺性

焊接结构件的设计，除考虑材料的选择及结构的使用性能要求，还应考虑制造时焊接工艺的特点及要求，即焊接结构工艺性，只有这样才能保证在较高的生产效率和较低的成本下，获得符合设计要求的产品质量。焊接件的结构工艺性应考虑可焊到性、焊缝质量的保证、焊接工作量的减少、焊接变形的控制、材料的合理应用等因素，主要表现在焊缝的布置、焊接接头和坡口形式等方面。

**1. 焊缝布置**

合理布置焊缝对焊接接头的质量、焊接应力和变形以及焊接生产效率均有较大影响，是焊接结构设计的关键，应注意下列设计原则：

（1）焊缝位置应便于焊接操作　应考虑各种焊接方法所需要的施焊空间。如图 3-31a 所示工件的焊缝位置，焊条无法伸入，操作困难，改成图 3-31b 后，施焊就比较方便。点焊和缝焊工件应考虑电极伸入方便，如图 3-32b 所示。对于气体保护焊工件，要考虑焊接过程中气体对熔池应具有良好的保护，如图 3-33b 所示。埋弧焊工件，要考虑接头处施焊时存放焊剂，以利于熔渣形成封闭空间，如图 3-34b 所示。

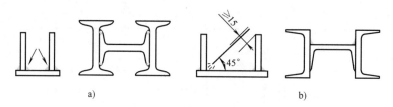

a)　　　　　　　　　　　　　　　　　b)

图 3-31　便于焊条伸入的焊缝布置

此外，焊缝应尽量放在水平位置，尽可能避免仰焊缝，减少横焊缝，以减少或避免焊接过程中大型构件的翻转。良好的焊接结构设计，还应尽量使全部或大部分焊接部件能在焊前一次装配点固，以便简化焊接工艺，提高生产效率。

（2）焊缝布置应有利于减小焊接应力和变形

1）尽量减少焊缝数量。如选用型材和冲压件作为被焊材料，焊缝数量减少，不仅减小了焊接应力和变形，还能减少焊接材料消耗，提高生产效率。图 3-35 所示箱体构件，采用型材或冲压件焊接（图 3-35b），可比板材焊接（图 3-35a）减少两条焊缝。另外，焊缝长度和焊缝截面积也应尽量减小，以减小焊接加热面积，对于无密封要求的构件，可设计为断续焊缝。

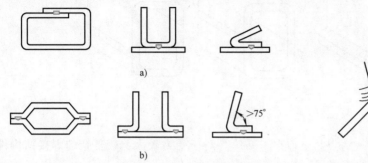
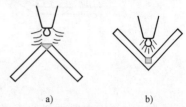

图 3-32　便于电极伸入的焊缝布置

图 3-33　利于保护气体作用的焊缝布置

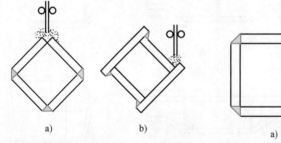
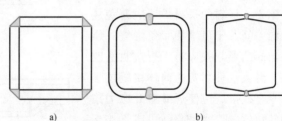

图 3-34　便于焊剂和熔渣存留的焊缝布置

图 3-35　减少焊缝数量

2）尽量分散布置焊缝。如图 3-36b 所示，如果焊缝密集或交叉（图 3-36a）会使焊接应力过于集中，而且因热影响区反复加热，会导致接头金属严重过热，组织恶化，力学性能显著下降，从而在焊接应力的作用下极易断裂。焊接结构中两条焊缝的间距一般要求大于 3 倍板厚，且不小于 100mm。

3）尽量对称分布焊缝。焊缝的对称布置（图 3-37b）可以使各条焊缝的焊接变形抵消，对减小梁柱结构的焊接变形有明显的效果。

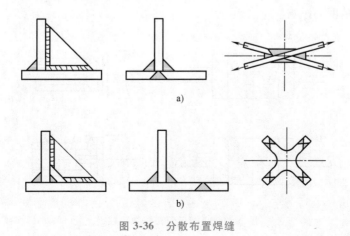

图 3-36　分散布置焊缝

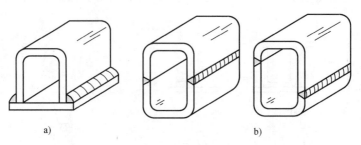

图 3-37　对称分布焊缝

（3）焊缝应尽量避开最大应力和应力集中部位　对于受力较大、较复杂的焊接结构件，若在最大应力和应力集中部位布置焊缝（图 3-38a），会造成焊接应力与外加应力相互叠加，产生过大应力而使其开裂。如图 3-38 所示的大跨度焊接钢梁，板料的拼料焊缝应避免放在梁的中间，宁可增加一条焊缝；压力容器的凸形封头应将无折边封头改成碟形封头，使封头与筒体接缝位于一水平直线段，可使焊缝避开应力集中的转角位置，水平直线段应不小于25mm。构件截面有急剧变化的位置或尖锐棱角部位也易产生应力集中，应避免布置焊缝。

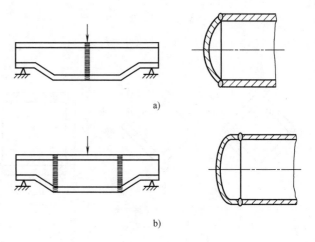

图 3-38　焊缝避开最大应力和应力集中部位

（4）焊缝应尽量避开机械加工面　一般情况下，焊接工序应在机械加工工序之前完成，以防止焊接损坏机械加工表面。此时焊缝的布置也应尽量避开需加工的表面，因为焊缝的机械加工性能不好，且焊接残余应力会影响加工精度。如果焊接结构上某一部位的加工精度要求较高，又必须在机械加工完成之后进行焊接工序时，应将焊缝布置在远离加工面处，如图 3-39b 所示，以避免焊接应力和变形对已加工表面精度的影响。

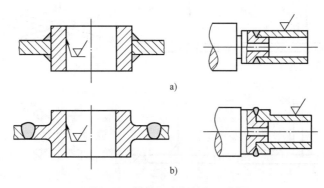

图 3-39　焊缝远离机械加工表面

**2. 焊接接头和坡口形式的选择**

（1）焊接接头形式的选择　设计焊接结构时，设计者应综合考虑焊接结构形状、焊缝强度要求、工件厚度、变形控制要求、焊接材料消耗量、坡口加工的难易程度及施工条件等情况来确定接头形式，要考虑易于保证焊接质量和尽量降低成本。

在四种基本接头形式中，对接接头焊缝方向通常与载荷方向垂直，应力分布比较均匀，承载能力强，施焊方便，接头容易焊透，焊接质量易于保证，是使用最多的接头形式，尤其是重要受力焊缝应尽量选用，如锅炉、压力容器、船体、飞机、车辆等结构的受力焊缝。角接接头多用于箱形构件上，便于组装，能获得美观的外形，但承载能力较低。搭接接头的两工件不在同一平面上，焊缝受剪切力作用，应力分布不均匀，承载能力较低，且不易焊透，不易检验，耗材多、结构质量大，不经济，因此不是焊接结构的理想接头。但搭接接头无需开坡口，便于组装，常用于受力不大的平面连接与空间结构以及异种金属的连接件。T形接头也是一种应用非常广泛的接头形式，能承受各种方向的力和力矩，但不易焊透，不易检验，且应力集中大，常用于接头成直角或一定角度连接的重要受力构件，在船体结构中约有70%的焊缝采用T形接头，其在机床焊接结构中的应用也十分广泛。

（2）焊接坡口形式的选择　坡口形式主要是根据板厚、质量要求和采用的焊接方法来确定，同时兼顾焊接工作量大小、焊接材料消耗、坡口加工成本和焊接施工条件等，一定要首先保证焊接质量，其次才考虑生产效率和成本。焊条电弧焊的部分坡口形式如图 3-40 所示，详细尺寸可查阅 GB/T 985.1—2008 规定。

焊条电弧焊焊板厚大于 6mm 的板材对接时，一般要开设坡口，对于重要结构，板厚超

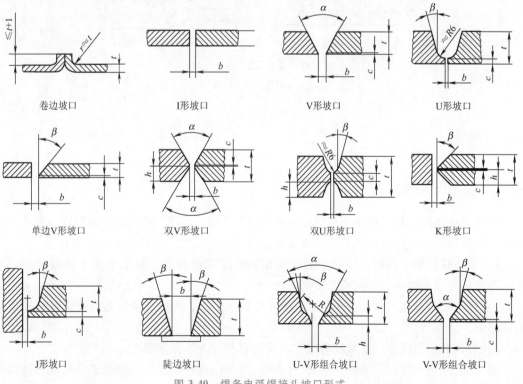

图 3-40　焊条电弧焊接头坡口形式

过 3mm 就要开设坡口。对于同样厚度的焊接接头，V 形和 U 形坡口只需一面焊，焊接性好，但焊后角变形较大，焊条消耗量也大。双 V 形和双 U 形坡口两面施焊，受热均匀，变形较小，焊条消耗量较小，应尽量选用，但必须两面施焊，所以有时受结构形状限制。U 形和双 U 形坡口根部较宽，便于焊条下伸，容易焊透，但坡口制备成本较高，一般只在重要、受动载的厚板结构中采用。

埋弧焊接头坡口形式与焊条电弧焊基本相同，但由于埋弧焊使用的焊接电流较大，熔池较深，所以对于厚度小于 14mm 的钢板的对接焊缝，可以不开坡口、不留间隙、单面一次焊成；板厚小于 24mm 时，可不开坡口双面焊接。焊更厚的工件时须开坡口，一般开 V 形坡口和 V 形坡口；对一些要求较高的重要焊缝，一般开 U 形坡口。

为使焊接接头两侧加热均匀，保证焊接质量，避免因两侧板厚不一致而引起接头处应力集中或产生焊不透等缺陷，设计焊接结构时应尽量采用两侧板厚相同或相近的金属材料。不同厚度金属材料对接时，允许的厚度差见表 3-10，当两板厚度差 $(\delta-\delta_1)$ 超过表中规定值时，应在较厚板上作出单面或双面斜边的过渡形式，其斜边过渡长 $L \geqslant 3(\delta-\delta_1)$，如图 3-41 所示。

表 3-10 不同厚度钢板对接时允许的厚度差

| 较薄板的厚度 $\delta_1$/mm | $\geqslant 2 \sim 5$ | $\geqslant 5 \sim 9$ | $\geqslant 9 \sim 12$ | $\geqslant 12$ |
|---|---|---|---|---|
| 允许厚度差 $(\delta-\delta_1)$/mm | 1 | 2 | 3 | 4 |

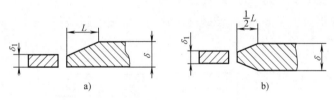

图 3-41 不同厚度钢板的对接
a）单面斜边 b）双面斜边

## 3.5 胶接

### 3.5.1 胶接的特点与应用

胶接也称黏接，是利用化学反应或物理凝固等作用，将两个物体紧密连接在一起的工艺方法。在未来的结构连接中，胶接是最有前途的连接方式之一，其主要特点如下：

1）能连接材质、形状、厚度、大小等相同或不同的材料，特别适用于连接异型、异质、薄壁、复杂、微小、硬脆或热敏制件。

2）接头应力分布均匀，避免了因焊接热影响区相变、焊接残余应力和变形等对接头的不良影响。

3）可以获得刚度好、质量轻的结构，且表面光滑，外表美观。

4）具有连接、密封、绝缘、防腐、防潮、减振、隔热、衰减消声等多重功能，连接不同金属时，不产生电化学腐蚀。

5）工艺性好，成本低，节约能源。

胶接也有一定的局限性，它并不能完全代替其他连接方式，目前存在的主要问题是胶接接头的强度不够高，大多数黏结剂耐热性不高，易老化，且对胶接接头的质量尚无可靠的检测方法。

近年来，胶接在许多领域都得到了广泛应用。胶接是航空航天工业中非常重要的连接方法，主要用于铝合金钣金及蜂窝结构的连接，除此以外，其在机械制造、汽车制造、建筑装潢、电子工业、轻纺、新材料、医疗以及日常生活中正扮演越来越重要的角色。

## 3.5.2 黏结剂

**1. 按黏结剂来源分**

黏结剂根据来源不同，可分为天然黏结剂和合成黏结剂两大类。其中天然黏结剂组成较简单，多为单一组分；合成黏结剂则较为复杂，由多种组分配制而成。目前应用较多的是合成黏结剂。

合成黏结剂的主要组分如下：

1）黏料。起胶合作用的主要组分，主要是一些高分子化合物、有机化合物或无机化合物。

2）固化剂。其作用是参与化学反应使黏结剂固化。

3）增塑剂。用以降低黏结剂的脆性。

4）填料。用于改善黏结剂的使用性能，如强度、耐热性、耐蚀性、导电性等，一般不与其他组分起化学反应。

**2. 按黏结剂成分性质分**

黏结剂按成分性质不同，可分为热固性黏结剂、热塑性黏结剂等多种类型。

**3. 按黏结剂的基本用途分**

黏结剂按基本用途可分为结构黏结剂、非结构黏结剂和特种黏结剂三大类。

1）结构黏结剂强度高、耐久性好，可用于承受较大应力的场合。

2）非结构黏结剂用于非受力或次要受力部位。

3）特种黏结剂主要是满足特殊需要，如耐高温、超低温、导热、导电、导磁、水中胶接等。

另外，黏结剂按固化过程中的物理化学变化，还可分为反应型、溶剂型、热熔型、压敏型等黏结剂。黏结剂的分类见表 3-11。

## 3.5.3 胶接工艺

**1. 胶接工艺过程**

正式胶接之前，先要对被粘物表面进行表面处理，以保证胶接质量。然后将准备好的黏结剂均匀涂敷在被粘表面上，黏结剂扩散、流变、渗透，合拢后，在一定的条件下固化，当黏结剂的大分子与被粘物表面距离小于 $5 \times 10^{-10}$ m 时，形成化学键，同时，渗入孔隙中的黏结剂固化后，生成无数的胶勾子，从而完成胶接过程。

表 3-11 黏结剂的分类

| 分 类 | | | | 典型代表 |
|---|---|---|---|---|
| 有机黏结剂 | 合成黏结剂 | 树脂 | 热固性黏结剂 | 酚醛树脂、不饱和聚酯 |
| | | | 热塑性黏结剂 | $\alpha$-氰基丙烯酸酯 |
| | | 橡胶 | 单一橡胶 | 氯丁胶浆 |
| | | | 树脂改性 | 氯丁-酚醛 |
| | | 混合型 | 橡胶与橡胶 | 氯丁-丁腈 |
| | | | 树脂与橡胶 | 酚醛-丁腈、环氧-聚硫 |
| | | | 热固性树脂与热塑性树脂 | 酚醛-缩醛、环氧-尼龙 |
| | 天然黏结剂 | 动物黏结剂 | | 骨胶、虫胶 |
| | | 植物黏结剂 | | 淀粉、松香、桃胶 |
| | | 矿物黏结剂 | | 沥青 |
| | | 天然橡胶黏结剂 | | 橡胶水 |
| 无机黏结剂 | 磷酸盐 | | | 磷酸-氧化铝 |
| | 硅酸盐 | | | 水玻璃 |
| | 硫酸盐 | | | 石膏 |
| | 硼酸盐 | | | 四硼酸钠 |

胶接的一般工艺过程有：确定部位、表面处理、配胶、涂胶、固化、检验等。

（1）确定部位 胶接可分为两类，一类用于产品制造，另一类用于各种修理，无论是何种情况，都需要对胶接部位有比较清楚的了解，例如表面状态、清洁程度、破坏情况、胶接位置等，才能为实施具体的胶接工艺做好准备。

（2）表面处理 为了获得最佳的表面状态，以利于形成足够的黏附力，提高胶接强度和使用寿命，主要解决下列问题：去除被粘表面的氧化物、油污等污物层，吸附的水膜和气体，清洁表面；使表面获得适当的表面粗糙度；活化被粘表面，使低能表面变为高能表面、惰性表面变为活性表面等。表面处理的具体方法有表面清理、脱脂去油、除锈打磨、清洁干燥、化学处理、保护处理等，应依据被粘表面的状态、黏结剂的品种、强度要求、使用环境等进行选用。

（3）配胶 单组分黏结剂一般可以直接使用，但如果有沉淀或分层，则在使用之前必须搅拌混合均匀。多组分黏结剂必须在使用前按规定比例调配混合均匀，根据黏结剂的适用期、环境温度、实际用量来决定每次配制量的大小，并随配随用。

（4）涂胶 涂胶是以适当的方法和工具将黏结剂涂布在被粘表面，操作正确与否对胶接质量有很大影响。涂胶方法与黏结剂的形态有关，对于液态、糊状或膏状的黏结剂可采用刷涂、喷涂、浸涂、滚涂、刮涂等方法，要求涂胶均匀一致，避免空气混入，达到无漏涂、不缺胶、无气泡、不堆积，胶层厚度控制在 0.08~0.15mm。

（5）固化 固化是黏结剂通过溶剂挥发、乳液凝聚的物理作用或缩聚、加聚的化学作用，变为固体并具有一定强度的过程，是获得良好黏接性能的关键过程。胶层固化应控制温度、时间、压力三个参数。固化温度是固化条件中最为重要的因素，适当提高固化温度可加速固化过程，并能提高胶接强度和其他性能。固化加热时要求加热均匀，严格控制温度，缓慢冷却。适当的固化压力可提高黏结剂的流动性、润湿性、渗透和扩散能力，可防止气孔、空洞和分离，使胶层厚度更为均匀。固化时间与温度、压力密切相关，升高温度可以缩短固化时间，降低温度则要适当延长固化时间。

（6）检验　对胶接接头的检验方法主要有：目测、敲击、溶剂检查、试压、测量、超声波检查、X射线检查等方法，目前尚无较理想的非破坏性检验方法。

2. 胶接接头

胶接接头的受力情况比较复杂，最主要的是机械力的作用。作用在胶接接头上的机械力主要有四种类型：剪切、拉伸、剥离和不均匀扯离，如图 3-42 所示，其中以剥离和不均匀扯离的破坏作用较大。选择胶接接头的形式应考虑以下原则：

1）尽量使胶层承受剪切力和拉伸力，避免剥离和不均匀扯离。

2）在可能和允许的条件下适当增大胶接面积。

3）采用混合连接方式，如胶接加点焊、铆接、螺栓连接、穿销等，可以取长补短，增加接头的牢固耐久性。

4）注意不同材料的合理配置，如材料线胀系数相差很大的圆管套接时，应将线胀系数小的套在外面，而线胀系数大的套在里面，以防止加热引起的热应力造成接头开裂。

5）接头结构应便于加工、装配、胶接操作和以后的维修。胶接接头的基本形式是搭接，常见的胶接接头形式如图 3-43 所示。

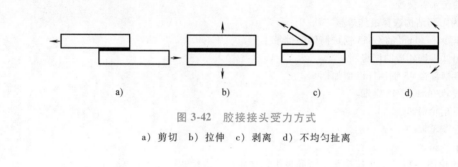

图 3-42　胶接接头受力方式

a）剪切　b）拉伸　c）剥离　d）不均匀扯离

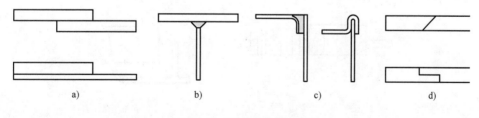

图 3-43　胶接接头的形式

# 习　题

3-1　焊条电弧焊时，若高温焊接区暴露在大气中，会有什么结果？为保证焊缝质量采取的主要措施是什么？

3-2 为避免大气的不良影响，能否在真空环境下进行电弧焊？为什么？

3-3 什么是焊接热影响区？低碳钢焊接热影响区内各主要区域的组织和性能如何？从焊接方法和工艺上，能否减小或消灭热影响区？

3-4 焊缝有哪些非破坏性检验方法？各应用于什么场合？

3-5 试说明焊条牌号 J422 和 J507 中字母和数字的含义，并比较它们的应用特点。

3-6 讨论在哪些情况下，需要注意电弧的极性和接法。

3-7 焊接变形的基本形式有哪些？如何预防和矫正焊接变形？

3-8 为什么存在焊接残余应力的工件在切削加工后往往会产生变形？如何避免？

3-9 讨论在如图 3-44 所示的焊接顺序下哪种工字梁比较合理，为什么？

3-10 制造下列工件，应分别采用哪种焊接方法？采取哪些工艺措施？

1）壁厚为 50mm，材料为 Q355 的压力容器。

2）壁厚为 20mm，材料为 ZG270-500 的大型柴油机缸体。

3）壁厚为 10mm，材料为 12Cr18Ni9 的管道。

4）壁厚为 1mm，材料为 20 钢的容器。

3-11 下列铸铁件应采用哪种焊接方法和焊接材料进行补焊？

1）变速箱箱体加工前发现安装面上有大砂眼。

2）车床床身在不受力、不加工部位有一个大气孔。

3）铸铁污水管裂纹。

3-12 为下列结构选择最佳焊接方法。

1）壁厚小于 30mm 的 Q355 锅炉筒体的批量生产。

2）采用低碳钢建造的厂房屋架。

3）丝锥柄部接 45 钢钢杆以增加柄长。

4）对接 $\phi$30mm 的 45 钢轴。

5）自行车轮钢圈。

6）自行车车架。

7）汽车油箱。

3-13 讨论图 3-45 所示焊接接头是否满足工艺性要求，为什么？

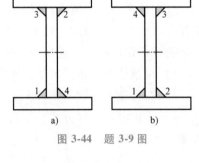

图 3-44 题 3-9 图

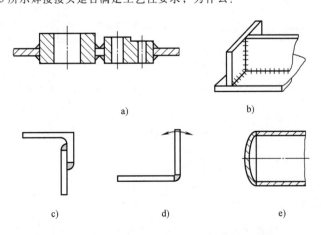

图 3-45 题 3-13 图

3-14　电阻点焊接头如图 3-46 所示，试讨论其结构工艺性。

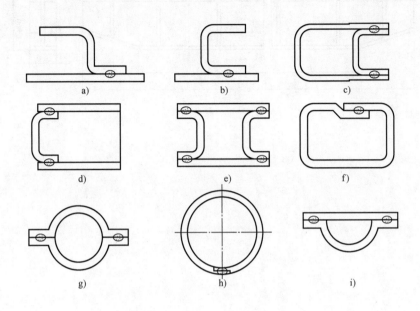

图 3-46　题 3-14 图

3-15　图 3-47 所示工件的焊缝布置是否合理？若不合理，请加以改正。

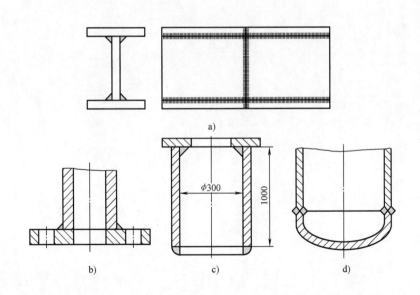

图 3-47　题 3-15 图

3-16　焊接梁的结构和尺寸如图 3-48 所示，材料为 Q235，钢板的最大长度为 2500mm，试讨论成批生产时腹板和翼板上的焊缝应如何布置，并确定各条焊缝的焊接方法，画出接头和坡口形式。

3-17　试比较钎焊和胶接的异同点。

3-18　胶接时为什么要对工件进行表面处理？胶接过程中有哪些重要参数需要控制？

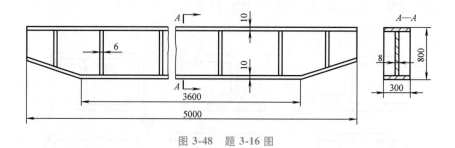

图 3-48 题 3-16 图

# 第4章

# 非金属材料成形

非金属材料是指除金属材料以外的工程材料，工程上常用的主要有塑料、橡胶、陶瓷等。随着科学技术的发展，非金属材料已越来越多地应用于国民经济各个领域，其成形技术也得到了较快的发展。近年来，单一材料已经很难满足零件在强韧性、稳定性、耐蚀性、经济性等方面的要求，从而出现了复合材料，它正以优异的性能迅速发展。严格地说，复合材料并不完全属于非金属材料，但按目前复合材料与非金属材料的密切关系，常把它归于非金属材料。

非金属材料与金属材料在结构和性能上有较大的差异，故其成形特点也有较大的不同。与金属材料成形相比，非金属材料成形有以下特点：

1）非金属材料可以在流态或固态下成形，方法灵活多样，可以制成复杂形状的零件。例如，塑料可以用注射、挤塑、压塑成形，还可以用浇注和黏接等方法成形；陶瓷可以用注浆成形，也可用注射、压注、压制等方法成形。

2）非金属材料的成形通常在较低温度下进行，成形工艺较简便，便于实现机械化和自动化生产。

3）非金属材料的成形一般要与材料的生产工艺结合。例如，陶瓷应先成形再烧结，复合材料常是将固态的增强料与呈流态的基体料在复合的同时成形。

## 4.1 塑料成形

塑料是以合成树脂为主要成分，并加入增塑剂、润滑剂、稳定剂及填料等组成的高分子材料。塑料的成形通常是将塑料原料加热到一定温度并施加一定的压力，使其成为熔融状态的流体充填到模具型腔中成为具有一定形状、尺寸和精度的塑料制件，外力解除后，在常温下其形状保持不变。

由于作为塑料主要成分的高分子合成树脂具有良好的可塑性，加工成形方便、成本低；生产的塑料制品具有质量小、比强度高；耐蚀性、化学稳定性好；优良的电绝缘性能、光学性能；减摩、耐磨性能和消声减振性能好等特点，因此塑料在机械、电子、家用电器、交通等国民经济领域都得到了广泛应用，塑料成形工艺也已成为重要的材料生产方法。

塑料制品的主要不足之处在于强度和硬度低、耐热性差、刚性和尺寸稳定性差、易老化等，使其应用受到一定限制。

### 4.1.1　塑料的成形工艺性

塑料的成形工艺性主要有流动性、收缩性和结晶性等。

**1. 流动性**

塑料熔体在一定的温度与压力下填充模具型腔的能力称为塑料的流动性。塑料的流动性对塑料制品的质量、模具设计及成形工艺影响很大。塑料流动性过小，不易充满型腔，会造成制品缺料；塑料流动性过大，易造成溢料而产生较大飞边，易于黏模而造成脱模清理困难，塑料件内部也易产生疏松等缺陷。因此在实际成形中，应根据制品结构、尺寸及成形方法选择适当流动性的塑料。

不同塑料因其分子结构不同，熔体的流动性也不同，常用塑料的流动性大致可分为三类：流动性好的，有聚酰胺、聚乙烯、聚苯乙烯、聚丙烯、环氧树脂、氨基塑料等；流动性中等的，有改性聚苯乙烯、ABS、聚甲基丙烯酸甲酯、聚甲醛、酚醛塑料等；流动性差的，有聚碳酸酯、硬聚氯乙烯、聚苯醚、聚砜、氟塑料等。

塑料熔体的流动性还与剪切速率（速度梯度）、温度和压力有较大的关系，这主要表现在黏度的变化上（黏度越小，流动性越好）。

通常，随着温度升高，塑料熔体的黏度降低，流动性提高。图 4-1 所示为几种常用塑料熔体黏度随温度的变化曲线。温度一定时，随着剪切速率的增加，塑料熔体的黏度降低、流动性提高，如图 4-2 所示。

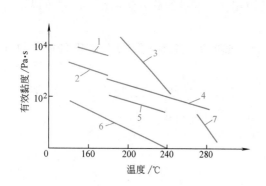

图 4-1　几种常用塑料熔体黏度随温度的变化曲线
1—增塑聚乙烯　2—硬聚氯乙烯　3—聚甲基丙烯酸甲酯
4—聚丙烯　5—聚甲醛　6—低密度聚乙烯　7—尼龙 66

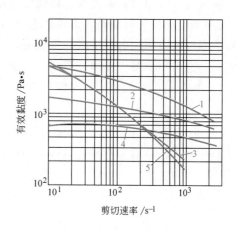

图 4-2　几种常用塑料熔体黏度随剪切速率的变化
1—聚砜（350℃挤出）　　2—聚砜（350℃注射）
3—低密度聚乙烯（350℃）　　4—聚碳酸酯（315℃）
5—聚苯乙烯（200℃）

不同塑料的熔体黏度对温度变化或对剪切速率的敏感程度不同。有的塑料熔体黏度对温度变化的敏感性不大，而对剪切速率的敏感性较大，如聚甲醛。有的塑料熔体黏度对剪切速率的敏感性不大，而对温度变化的敏感性较大，如聚酰胺、聚甲基丙烯酸甲酯等。

增大压力一方面会使分子间的链段活动范围减小，分子间的作用力增加，使塑料熔体的黏度增大，流动性下降；另一方面会使塑料熔体流动时的剪切速率增大，而使其黏度降低，流动性提高。

生产中为了提高塑料流动性，可在塑料中加入增塑剂和润滑剂；适当提高成形温度和压力；采用适当的工艺措施，如成形流动性较差或壁厚较薄的塑料制品时，可采用小截面浇口（如点浇口）来提高流速，进而提高剪切速率，以提高塑料熔体的流动性，使其在较小的压力下顺利充型；还可采取选用适当的模具结构、减小型腔表面粗糙度值等措施减小对塑料熔体流动的阻力。

**2. 收缩性**

塑料制品从模具中取出冷却到室温后，发生尺寸收缩的特性称为收缩性。影响塑料收缩性的因素很多，主要是热收缩，即塑料在较高的成形温度下成形，冷却到室温后产生的收缩。由于塑料的热胀系数比钢大 3~10 倍，塑料件从模具中成形后冷却到室温的收缩也相应比模具的收缩大，故塑料件的尺寸比型腔小。

生产中常用计算收缩率表示塑料制件的成形收缩

$$k = \frac{L_m - L_1}{L_1} \times 100\%$$

式中，$k$ 为计算收缩率；$L_m$ 为模具在室温时的尺寸（mm）；$L_1$ 为塑件在室温时的尺寸（mm）。

塑料的计算收缩率是塑料成形加工的重要工艺参数，直接影响塑料件尺寸精度及质量。影响收缩性的因素主要有以下几方面：

（1）塑料品种 塑料品种不同，收缩率也不同。不同批次或不同生产厂家，同品种塑料的收缩率也会不同。通常情况下，热塑性塑料的收缩率大于热固性塑料，结晶型塑料的收缩率大于非结晶型塑料。

（2）塑料件的形状和尺寸 形状复杂、尺寸较小的塑料件，壁厚较小或有较多型孔和嵌件的塑料件的收缩率较小。

（3）成形压力 成形压力对收缩率的影响比较明显，注射成形时，成形压力大，塑料件的收缩率小。

（4）成形温度 成形时塑料熔体的温度高，热胀冷缩大导致收缩加大；但提高塑料熔体的温度有利于向型腔中传递压力，可使收缩减小。收缩率的变化是这两种因素综合作用的结果。

（5）成形和冷却时间 在模具内的成形和冷却时间长，可使收缩率有变小的倾向。这是因为冷却时间长，可以使其均匀进行，物料在模具内固化充分，从模具内取出的制件与模具型腔的尺寸接近，因而收缩率变小。

（6）模具结构和浇口尺寸 模具的分型面和加压方向、浇注系统的尺寸和位置都会对收缩率产生一定的影响。

**3. 结晶性**

按聚集态结构的不同，塑料可分为结晶型塑料和无定形塑料两类。如果高分子聚合物的分子呈规则紧密排列则称为结晶型塑料，否则为无定型塑料。一般高分子聚合物的结晶是不完全的，高分子聚合物固体中的晶相所占质量分数称为结晶度。塑料的结晶度与成形时的冷却速度有很大关系，塑料熔体的冷却速度越慢，塑料的结晶度越大。结晶度大的塑料密度也大，分子间作用力增强，因而塑料的硬度和刚度提高，力学性能和耐磨性提高，耐热性、电性能及化学稳定性也有所提高；反之，结晶度低或无定形塑料，其与分子链运动有关的性能，如柔韧性、耐折性，伸长率及冲击强度等较大，透明度也较高。因此，可通过控制成形条件来控制塑料件的结晶度，从而控制其性能使之满足使用要求。

一般结晶型塑料的收缩率比无定型要大，波动范围也宽，因此制件尺寸精度差异也大。

结晶型塑料的使用性能较好，但加热熔化需要的热量较多，冷却凝固时放出热量也多，要注意对成形设备的选用和对模具温度调节系统的设计。结晶型塑料的各向异性明显，内应力也大，脱模后塑料件容易产生变形和翘曲。

**4. 其他性能**

塑料除上述工艺性能外，还有热敏性和水敏性、毒性、刺激性和腐蚀性、吸气性、粘模性、可塑性、压缩性、均匀性和交联倾向等。

热敏性是指塑料对热降解的敏感性。有些塑料对温度比较敏感，如果成形时温度过高容易变色、降解，如聚氯乙烯、聚甲醛等。

水敏性是指塑料对水降解的敏感性，也称吸湿性。水敏性高的塑料，成形过程中由于高温高压，使塑料产生水解或使塑件产生气泡、银丝等缺陷。所以有些塑料（如聚碳酸酯、聚酰胺、聚砜、聚丙烯酸甲酯等）在成形前要干燥除湿，并严格控制水分在 0.4% 以下。

有些塑料在加工时会分解出有毒性、刺激性和腐蚀性的气体。例如，聚甲醛会分解产生刺激性气体甲醛，聚氯乙烯及其衍生物或共聚物分解出既有刺激性又有腐蚀性的氯化氢气体。成形加工上述塑料时，必须严格掌握工艺规程，防止有害气体危害人体、腐蚀模具及加工设备。

## 4.1.2 塑料成形方法

**1. 注射成形**

注射成形又称注塑成形，是热塑性塑料成形的主要加工方法，近年来，也用于部分热固性塑料的成形加工。塑料注射成形源于金属的压铸成形。它具有成形周期短、生产率高、易于实现机械化和自动化，并能制造形状复杂、尺寸精度高的塑料制品的特点。所以，目前 60%~70% 的塑料制件是用注射成形方法生产的。

注塑机是注射成形的主要设备，注射模具是注射成形工艺的主要工艺装备，称为注塑模。注塑机的种类很多，其基本功能有两个，一是将塑料加热熔融（塑化）至黏流态；二是对黏流态的塑料熔体施加高压使其注入型腔成形。注塑机按外形特征分为立式、卧式、角式和转盘式等多种。按注塑机结构不同可分为柱塞式和螺杆式两类，柱塞式注塑机的结构简单，但注射成形过程中存在塑化不均匀、注射压力损失大、一次注射量较小等缺陷，因此只在小型注塑机中使用，目前使用较多的是卧式往复螺杆式注塑机。

（1）注射成形工艺过程　将经过预处理的塑料原料，通过注塑机的注射，使塑料在模具中成形，开模后取出塑件的过程。一次注射过程一般有预塑（加料塑化）、注射（合模注射保压）、冷却定型（冷却定型脱模）三个阶段，图 4-3 所示为螺杆式注塑机注射成形工艺过程示意图。

1）预塑阶段。如图 4-3a 所示，注塑机的螺杆 6 旋转，将加料斗 7 中落下的塑料沿螺旋槽向前输送，在注射料筒 5 中加热，塑料在高温和剪切力的作用下均匀塑化达到黏流态或塑化态。已经塑化的塑料向螺杆前段聚集，当料筒前端的塑料聚集达到一定压力，便使螺杆边转动边后退，料筒前端的塑料熔体逐渐增多，当达到一定量时，螺杆停止转动和后退，准备

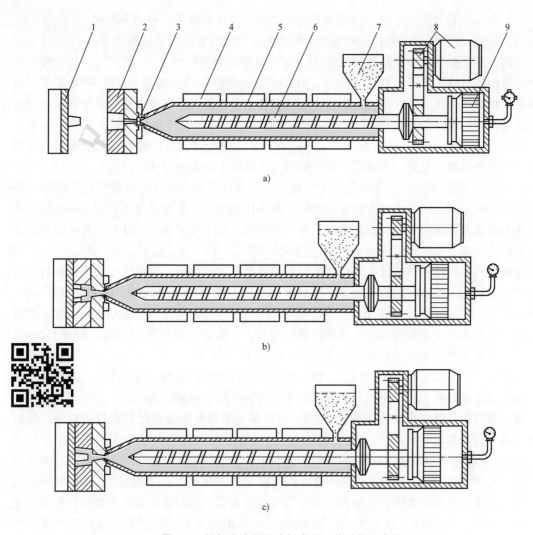

图 4-3 螺杆式注塑机注射成形工艺过程示意图

a）预塑阶段 b）注塑阶段 c）冷却定型阶段

1—动模 2—定模 3—喷嘴 4—加热器 5—料筒 6—螺杆 7—加料斗 8—电动机及传动系统 9—注射液压缸

注射。与此同时，锁模机构后退开模，并利用注射机的顶出机构使塑件脱模，取出前一次注塑的塑件。

2）注塑阶段。如图 4-3b 所示，注射机合模机构将动模 1 与定模 2 闭合，料筒 5 中经过加热达到良好塑化状态的塑料流体，由注射液压缸 9 推动螺杆，经过喷嘴 3 将熔融塑料压入闭合的模具型腔中成形。

3）冷却定型阶段。如图 4-3c 所示，塑料充满型腔后，需要保压，使塑件在型腔中冷却、硬化、定型。

压力撤销后，螺杆转动开始下一件的预塑，同时锁模机构后退开模取件，整个过程周期性重复进行。

从向料筒加料到开模取出塑件为一个成形周期，根据塑料品种、塑件尺寸及壁厚的不同，成形时间从几秒钟到几分钟不等。

（2）注射成形的工艺条件　注射成形的工艺条件主要有温度、压力和时间。

1）温度。注射成形时需控制的温度有料筒温度、喷嘴温度和模具温度等。

料筒温度应控制在塑料的黏流温度 $T_f$（对结晶型塑料为熔点 $T_m$）以上，提高料筒温度可使塑料熔体的黏度下降，对充模有利，但必须低于塑料的热分解温度 $T_d$。喷嘴处温度通常略低于料筒的最高温度，以防止塑料流经喷嘴处因升温而产生流涎。模具温度根据不同塑料的成形条件，通过模具的冷却或加热系统控制。对于要求模具温度较低的塑料，如聚乙烯、聚苯乙烯、聚丙烯、ABS、聚氯乙烯等应在模具上设冷却装置；对模具温度要求较高的塑料，如聚碳酸酯、聚砜、聚甲醛、聚苯醚等应在模具上设加热系统。

2）压力。包括塑化压力和注射压力。塑化压力又称背压，是注塑机螺杆顶部熔体在螺杆转动后退时受到的压力。增大塑化压力能提高熔体温度，并使温度分布均匀。塑化压力的大小应根据塑料品种而定，对于热敏性塑料（如聚氯乙烯、聚甲醛），塑化压力应低些，以防塑料过热分解。通常塑化压力很少超过 2MPa。

注射压力是指柱塞或螺杆头部注射时对塑料熔体施加的压力。它用于克服熔体从料筒流向型腔时的阻力、保证一定的充型速率和对熔体压实。注射压力的大小，取决于塑料品种、注塑机类型、模具的浇注系统结构尺寸、模具温度、塑件的壁厚及流程大小等因素。选用时，除了成形薄壁、流程较长、充型条件差的塑件，一般应尽量选用较低的注射压力成形。在注塑机上常用表压指示注射压力的大小，一般为 40~130MPa。

充型完成后需要一定时间的保压，保压的作用是对型腔内的塑料熔体压实、补充冷却收缩，以获得精确形状。保压压力一般等于注射压力或略低于注射压力。

常用塑料的注射成形工艺条件见表 4-1。近年来，采用注塑流动计算机模拟软件，可对注射压力进行优化设计。

3）时间。完成一次注射成形过程所需的时间称为成形周期，它影响注塑机的利用率和生产率。一个完整的成形周期如图 4-4 所示，包括注射时间（充模和保压）、冷却时间和其他时间。在整个成形周期中，注射时间和冷却时间最重要，对制品质量具有决定性影响。注射时间一般为 0.5~2min，厚大件可达 5~10min。冷却时间应以保证塑件在脱模后不发生变形为原则，一般为 0.3~12min，冷却时间过长不仅增长了成形周期，还会使塑件脱模困难。

表 4-1　常用塑料的注射成形工艺条件

| 塑料品种 | 注射温度/℃ | 注射压力/MPa | 成形收缩率（%） |
|---|---|---|---|
| 聚乙烯 | 180~280 | 49.0~98.1 | 1.5~3.5 |
| 硬聚氯乙烯 | 150~200 | 78.5~196.1 | 0.1~0.5 |
| 聚丙烯 | 200~260 | 68.7~117.7 | 1.0~2.0 |
| 聚苯乙烯 | 160~215 | 49.0~98.1 | 0.4~0.7 |
| 聚甲醛 | 180~250 | 58.8~137.3 | 1.5~3.5 |
| 聚酰胺（尼龙66） | 240~350 | 68.7~117.7 | 1.5~2.2 |
| 聚碳酸酯 | 250~300 | 78.5~137.3 | 0.5~0.8 |
| ABS | 236~260 | 54.9~172.6 | 0.3~0.8 |
| 聚苯醚 | 320 | 78.5~137.3 | 0.7~1.0 |
| 聚砜 | 345~400 | 78.5~137.3 | 0.7~0.8 |
| 氟塑料 F-3 | 260~310 | 137.3~392 | 1.0~2.5 |

$$
\text{成形周期} \begin{cases} \text{注射时间} \begin{cases} \text{充模时间（柱塞或螺杆前进的时间）} \\ \text{保压时间（柱塞或螺杆停留在前进位置的时间）} \end{cases} \\ \text{模具内冷却时间（柱塞或螺杆旋转后退的时间）} \\ \text{其他时间（包括开模、脱模、喷脱模剂、闭模等所用时间）} \end{cases}
$$

图 4-4　注射成形周期

**2. 压塑成形**

压塑成形又称压缩成形、模压成形，是塑料成形加工中较传统的工艺方法，目前主要用于热固性塑料的加工，也可用于热塑性塑料加工。它是将预制的塑料原料直接加入敞开的模具加料室，然后闭合模具，并在压力机上对模具加热加压，塑料在热和压力的作用下呈熔融流动状态充满型腔，随后塑料分子发生交联反应后逐渐硬化成形。

（1）压塑成形工艺过程　预先对松散的塑料原料（粉状、颗粒状、纤维状）进行预压成块和预热处理，然后如图 4-5 所示，将其加入模具加料室闭模后加热加压，使塑料原料塑化充型，经过排气和保压硬化后，脱模取出塑件、清理模具并对塑件进行后处理。

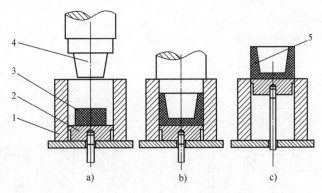

图 4-5　压塑成形过程示意图

a）置预制块　b）塑化充型　c）脱模取件

1—凹模（加料室）　2—顶件块　3—原料　4—凸模　5—塑件

（2）压塑成形工艺条件　压塑成形工艺条件主要有成形温度、压力和时间。

1）成形温度。成形温度对塑料顺利充型及塑件质量有较大影响。在一定范围内，升高温度可以缩短成形周期，减小成形压力。但是如果温度过高会加快热固性塑料的硬化，影响物料的流动，造成塑件内应力大，易出现变形、开裂、翘曲等缺陷；温度过低会使硬化不足，塑件表面无光，物理性能和力学性能下降。

2）压力。由凸模施加在塑料上，使黏流态的塑料充满型腔并在压力下固化。成形压力的大小取决于塑料的工艺性能和其他工艺条件。流动性小或压缩比大的塑料需较大的成形压力，而且塑件越厚、形状越复杂，所需要的成形压力也越大。生产中，在压塑前常将松散的塑料原料预压成块，这样既方便加料又可以降低成形所需压力。

表 4-2 是常用热固性塑料的压塑成形温度和压力。

3）时间。压制时间不仅和塑料的工艺性能、塑件的厚度与形状有关，还与模具的温度、成形压力以及塑料有无预热有关。压制时间短，塑料硬化不足，塑件的外观性能差，力学性能下降。适当增加压制时间，可以减小塑件的收缩率，提高耐热性能和力学性能。一般

表 4-2　常用热固性塑料的压塑成形温度和压力

| 塑料种类 | 成形温度/℃ | 成形压力/MPa |
|---|---|---|
| 酚醛塑料（PF） | 140～180 | 7～42 |
| 脲甲醛塑料（UF） | 135～155 | 14～56 |
| 聚酯塑料（UP） | 85～150 | 0.35～3.5 |
| 环氧树脂塑料（EP） | 145～200 | 0.7～14 |
| 有机硅塑料（OSMC） | 150～190 | 7～56 |

酚醛塑料压制时间为 1～2min，有机硅塑料的压制时间为 2～7min。

**3. 其他成形方法**

（1）传递成形　传递成形又称压注成形或挤胶成形，是在压塑成形的基础上发展起来的热固性塑料成形方法，其工艺类似于注射成形工艺，不同的是传递成形时塑料在模具的加料室内塑化，再经浇注系统进入型腔充型，如图 4-6 所示，而注射成形是在注塑机料筒内塑化。

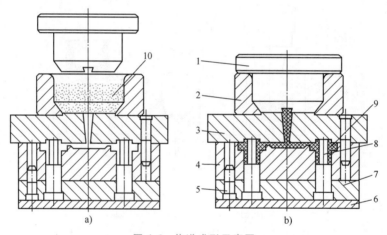

图 4-6　传递成形示意图

a）在加料室内塑化　b）在型腔内充型

1—压柱　2—加料室　3—上模板　4—凹模　5—导柱　6—下模垫板　7—固定板　8—型芯　9—塑件　10—原料

传递成形的工艺过程为：将塑料原料经过预处理，闭模后将原料加入加料室加热软化，随即在柱塞的挤压下通过浇注系统将熔融塑料挤入型腔，塑料在型腔内继续受热受压而固化成形，然后开模取出制品，并清理型腔、加料室和浇注系统。

传递成形的优点是：成形周期短；塑件飞边小，易于清理；能成形薄壁多嵌件的复杂塑料制品；塑件的精度和质量比压塑件好。但传递成形的缺点是：加料室内总会留有余料，塑料损耗较大；模具结构比压塑模复杂，制造成本较高。

传递成形所用设备与压塑成形基本相同，不同的是所需压力比压塑成形大。

（2）挤出成形　挤出成形又称挤塑成形，是热塑性塑料的重要生产方法之一，主要用于生产棒、管等型材和薄膜等，也是中空成形的主要制坯方法。

挤出成形生产线一般由挤出机、挤出模具、牵引装置、冷却定型装置、切割或卷曲装置、控制系统组成，如图 4-7 所示。挤出机相当于注塑机的注射系统，由料斗、料筒和螺杆组成。工作时螺杆在传动系统驱动下转动，将塑料推向料筒中加热塑化，在挤出机的前端装有挤出模具（又称机头或口模），塑料在通过挤出模具时形成所需形状的制件，再经过冷却定型处理就可以得到等截面的塑料型材。

挤出工艺应控制的工艺参数主要有压力、温度和挤出速率等。

挤出加工时，料筒的压力可以达到55MPa，根据塑料品种的不同，塑化温度一般为180~250℃。挤出速率是单位时间内挤出口模的塑料质量（kg/h）或长度（m/min）。挤出速率大小反映挤出机生产率的高低，它与挤出口模的阻力、挤出螺杆的结构长度与转速、加热系统及塑料特性等因素有关，其中，挤出螺杆的结构长度与转速影响最大。实际生产中，挤出螺杆的结构长度（由加料段、塑化段、定量定温段组成）主要取决于塑料的性质与制品的种类，如结晶型塑料无明显高弹态，所用螺杆的融化段可以很短，聚氯乙烯属于热敏性塑料，塑料熔体不宜久留在料筒中，螺杆可以不要定量定温段。

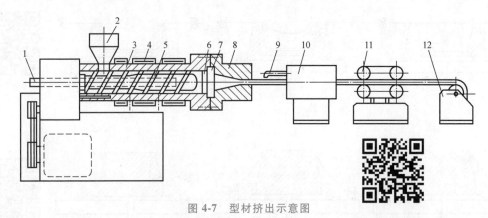

图 4-7　型材挤出示意图

1—冷却水入口　2—料斗　3—料筒　4—加热器　5—挤出螺杆　6—分流滤网　7—过滤板　8—机头
9—喷冷却水装置　10—冷却定型装置　11—牵引装置　12—卷料或裁切装置

（3）吹塑成形　挤出成形的中空管状塑料不经冷却，将热塑料管坯移入中空吹塑模具中向管内吹入压缩空气，在压缩空气的作用下，管坯膨胀并贴附在型腔壁上成形，冷却后即可获得薄壁中空制品。图4-8所示为吹塑成形过程示意图。

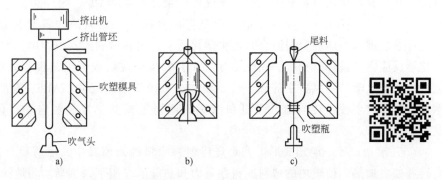

图 4-8　吹塑成形过程示意图

若挤出的中空管状塑料不经冷却，在机头中心通入压缩空气，将管坯吹成管状薄膜，冷却后可加工成各种薄膜制品。在挤出机头芯部穿入金属导线，挤出制品即为塑料包敷电线或电缆。

（4）真空成形 真空成形又称吸塑成形，它是将热塑性塑料板材、片材固定在模具上，用辐射加热器加热将塑料板材加热到软化温度，用真空泵抽取板材与模具之间的空气，借助大气压力使坯材吸附在模具表面，冷却后再用压缩空气脱模，以形成所需塑件的加工方法。真空成形工艺不需要大型的注塑机或压力机，生产设备简单，效率高，模具结构简单，能加工大尺寸的薄壁塑件，生产成本低。

常见的真空成形方法有：①凹模真空成形（图4-9a），用于要求外表精度较高、成形深度不高的塑件；②凸模真空成形（图4-9b），用于内表面精度要求较高，有凸起形状的薄壁塑件，壁厚比凹模真空成形方法稍均匀，可获得均匀壁厚塑件的凹凸模真空成形等方法。

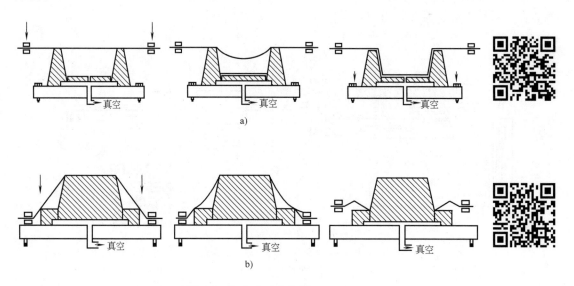

图 4-9 真空成形示意图
a）凹模成形 b）凸模成形

真空成形是生产各种塑料包装盒、餐具盒、罩壳类塑件、冰箱内胆、浴室镜盒等的主要方法。真空成形常用材料有聚乙烯、聚丙烯、聚氯乙烯、ABS、聚碳酸酯等。

（5）反应注射成形 反应注射成形是把两种能发生反应的塑料原料分别加热软化后，由计量系统进入高压混合器混合并发生塑化反应，再注射到模具型腔中，它们是在型腔中发生化学反应，并且伴有膨胀、固化的加工工艺，反应注射成形工艺过程如图4-10所示。它适合加工聚氨酯、环氧树脂等热固性塑料，也可用于生产尼龙、ABS、聚酯等热塑性塑料。例如，轿车仪表板、转向盘、飞机和汽车的座椅及椅垫、家具和鞋类、仿大理石浴缸浴盆等。

（6）滚塑成形 滚塑成形工艺是先将塑料原料加入模具中，然后模具沿两垂直轴不断旋转并使之加热，使模内的塑料原料在重力和热能的作用下，逐渐均匀地涂布、熔融黏附于模腔的整个表面上，成形为所需要的形状，再经冷却定型、脱模，最后获得制品。

滚塑成形工艺适合庞大的工程塑料制品成形，特别是超大型及非标异形中空塑料制品，由于其他塑料加工工艺本身特性的限制，现在只能依靠滚塑成形工艺才能完成。

#### 4. 塑料制品的结构工艺性

塑料制品的结构设计应满足使用性能和成形工艺的要求，力求做到结构合理、造型美观、便于制造。塑料制品的结构设计主要包括塑件的尺寸精度、表面粗糙度、脱模斜度、塑件的壁厚、局部结构（如圆角、加强肋、孔、螺纹、嵌件等）和分型面的确定等。

（1）尺寸精度要求　影响塑料制件尺寸精度的因素很多，主要有塑料的收缩率波动、模具的制造精度，使用过程中，模具的磨损、成形工艺条件、零件的形状和尺寸等。资料表明，模具制造误差和由收缩率波动引起的误差各占制品尺寸误差的 1/3。对于小尺寸的塑料制品，模具的制造误差是影响塑料制品尺寸精度的主要因素，而对于大尺寸塑料件，收缩率波动引起的误差则是影响尺寸精度的主要因素。

塑料制品的尺寸精度一般是根据使用要求，同时考虑塑料的性能及成形工艺条件确定的。目前，我国对塑料制品的尺寸公差标准为 GB/T 14486—2008《塑料模塑件尺寸公差》，小型塑料制品的部分尺寸公差见表4-3。该标准将塑料制品的精度分为 7 个等级，MT1 级精度要求高，目前极少采用。对于无尺寸公差要求的自由尺寸，可采用 MT5 级以上精度等级。

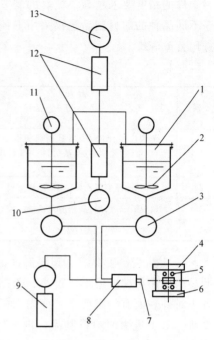

图 4-10　反应注射成形工艺过程示意图
1—原料槽　2—搅拌叶轮　3—计量加压泵
4—模具　5—加热器　6—锁模装置　7—喷嘴
8—混合器　9—清洗液　10—真空泵
11—电动机　12—控制阀　13—空压机

表 4-3　小型塑料制品的尺寸公差数值表（部分）　　　（单位：mm）

| 基本尺寸 | 公差等级（不受模具活动部分影响的公差等级） | | | | | | |
|---|---|---|---|---|---|---|---|
| | MT1 | MT2 | MT3 | MT4 | MT5 | MT6 | MT7 |
| <3 | 0.07 | 0.10 | 0.12 | 0.16 | 0.20 | 0.26 | 0.38 |
| 3~6 | 0.08 | 0.12 | 0.14 | 0.18 | 0.24 | 0.32 | 0.48 |
| 6~10 | 0.09 | 0.14 | 0.16 | 0.20 | 0.28 | 0.38 | 0.58 |
| 10~14 | 0.10 | 0.16 | 0.18 | 0.24 | 0.32 | 0.46 | 0.68 |
| 14~18 | 0.11 | 0.18 | 0.20 | 0.28 | 0.38 | 0.54 | 0.78 |
| 18~24 | 0.12 | 0.20 | 0.24 | 0.32 | 0.44 | 0.62 | 0.88 |
| 24~30 | 0.14 | 0.22 | 0.28 | 0.36 | 0.50 | 0.70 | 1.00 |
| 30~40 | 0.16 | 0.24 | 0.32 | 0.42 | 0.56 | 0.80 | 1.14 |
| 40~50 | 0.18 | 0.26 | 0.36 | 0.48 | 0.64 | 0.94 | 1.32 |
| 50~65 | 0.20 | 0.30 | 0.40 | 0.56 | 0.74 | 1.10 | 1.54 |
| 65~80 | 0.23 | 0.34 | 0.46 | 0.64 | 0.86 | 1.28 | 1.80 |
| 80~100 | 0.26 | 0.38 | 0.52 | 0.72 | 1.00 | 1.48 | 2.10 |
| 100~120 | 0.29 | 0.42 | 0.58 | 0.82 | 1.14 | 1.72 | 2.40 |

塑件的精度要求越高，模具的制造难度和成本也越高，塑件的废品率也会增加。因此，对于不同品种的塑料制品建议采用三种精度等级，在工艺条件一定的情况下可参照表4-4合理选用公差等级。

表4-4　常用塑件公差等级和选用

| 类别 | 塑料品种 | 公差等级 | | |
|---|---|---|---|---|
| | | 高精度 | 一般精度 | 未注公差尺寸 |
| 1 | 聚苯乙烯、ABS、聚甲基丙烯酸甲酯、聚碳酸酯、酚醛塑料、聚砜、聚苯醚、氨基塑料、30%玻璃纤维增强塑料、硬聚氯乙烯 | MT2 | MT3 | MT5 |
| 2 | 聚酰胺、硬聚氯乙烯、氨基酚醛塑料 | MT3 | MT4 | MT6 |
| 3 | 聚甲醛、聚丙烯、高密度聚乙烯 | MT4 | MT5 | MT7 |
| 4 | 软聚氯乙烯、低密度聚乙烯 | MT5 | TM6 | MT7 |

（2）表面粗糙度要求　塑料制品的表面粗糙度主要由模具的表面粗糙度决定，因此塑料制品的表面粗糙度值不宜过小，否则会增加模具的制造费用。对于不透明的塑料制品，由于外观对外表面有一定要求，而内表面，只要不影响使用，可比外表面的表面粗糙度值增大1~2级。对于透明的塑料制品，内、外表面的表面粗糙度值应相同，表面粗糙度值需达到$Ra0.8~0.05\mu m$（镜面），因此需经常抛光模具型腔表面。

（3）脱模斜度　为了使塑料制品易于从模具中脱出，设计时必须保证制品的内、外壁有足够的脱模斜度，脱模斜度与塑料品种、制品形状和模具结构等有关，一般情况下脱模斜度取$30'~2°$。选择脱模斜度一般应掌握以下原则：对较硬和较脆的塑料，脱模斜度可以取大值；如果塑料的收缩率大或制品的壁厚较大时，应选择较大的脱模斜度；对于高度较大及精度较高的制品应选较小的脱模斜度。为使塑件开模后留在型芯一侧，塑件内表面的脱模斜度可略小于外表面。

（4）制品壁厚合理　制品壁厚首先取决于使用要求，但是成形工艺对壁厚也有一定的要求。塑件壁厚太薄会造成制品的强度和刚度不足，受力后容易产生翘曲变形，成形时流动阻力大，会出现缺料和冷隔等缺陷，大型复杂制品就难以充满型腔。壁厚太厚不但浪费材料，而且会延长成形周期，降低生产率，塑件易产生气泡、凹陷、翘曲等缺陷，同时也会增加生产成本。塑件的壁厚应尽量均匀一致，避免局部太厚或太薄，否则会造成因收缩不均产生内应力，或在厚壁处产生缩孔、气泡或凹陷等缺陷。塑料制品的壁厚一般为1~4mm，大型塑件的壁厚可达6mm以上，热塑性塑料制品的最小壁厚和建议壁厚见表4-5。

表4-5　热塑性塑料制品的最小壁厚和建议壁厚　　　　（单位：mm）

| 塑料名称 | 最小壁厚 | 建议壁厚 | | |
|---|---|---|---|---|
| | | 小型制品 | 中型制品 | 大型制品 |
| 聚苯乙烯 | 0.75 | 1.25 | 1.6 | 3.2~5.4 |
| 聚甲基丙烯酸甲酯 | 0.8 | 1.50 | 2.2 | 4.0~6.5 |
| 聚乙烯 | 0.6 | 1.25 | 1.6 | 2.4~3.2 |
| 聚氯乙烯（硬） | 1.15 | 1.60 | 1.8 | 3.2~5.8 |
| 聚氯乙烯（软） | 0.85 | 1.25 | 1.5 | 2.4~3.2 |

（续）

| 塑料名称 | 最小壁厚 | 建议壁厚 | | |
|---|---|---|---|---|
| | | 小型制品 | 中型制品 | 大型制品 |
| 聚丙烯 | 0.85 | 1.45 | 1.8 | 2.4~3.2 |
| 聚甲醛 | 0.8 | 1.40 | 1.6 | 3.2~5.4 |
| 聚碳酸酯 | 0.95 | 1.80 | 2.3 | 4.0~4.5 |
| 聚酰胺 | 0.45 | 0.75 | 1.6 | 2.4~3.2 |
| 聚苯醚 | 1.2 | 1.75 | 2.5 | 3.5~6.4 |
| 聚甲基丙烯酸甲酯 | 0.8 | 1.50 | 2.2 | 4.0~6.5 |

（5）加强肋、圆角、孔、螺纹、嵌件

1）加强肋。不增加壁厚的情况下，增加塑件的强度和刚度，避免塑件发生变形翘曲。加强肋的尺寸如图4-11所示。

加强肋的设计应注意以下几个方面：①加强肋与塑件壁连接处应采用圆弧过渡；②加强肋厚度不应大于塑件壁厚；③加强肋的高度应低于塑件高度的0.5mm以上，如图4-12b所示；④加强肋布置应相互交错，如图4-13b所示，以避免收缩不均引起塑件变形或断裂，还应避免或尽量减少塑料局部集中，防止产生缩孔、气泡。

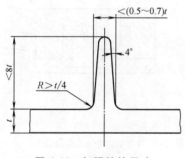

图4-11 加强肋的尺寸

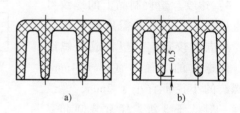

图4-12 加强肋的高度

2）圆角。塑料制品除要求尖角外，所有两相交面都应采用圆角过渡。圆角可避免应力集中，提高制件强度。一般外圆弧的半径是壁厚的1.5倍，内圆弧的半径是壁厚的0.5倍。

3）孔。塑料制品上的孔，应尽量开设在不减弱制品强度的部位，孔与孔之间、孔与边壁之间应留有足够距离，以免造成边壁太小而破裂，不同孔径的孔边壁的最小厚度见表4-6。塑料制品上孔的四周应采用凸边或凸台来加强，如图4-14所示。

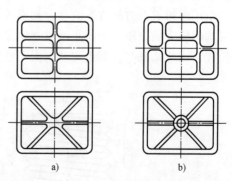

图4-13 加强肋应交错分布

表4-6 不同孔径的孔边壁的最小厚度　　　　（单位：mm）

| 孔　径 | 2 | 3.2 | 5.6 | 12.7 |
|---|---|---|---|---|
| 孔边壁的最小厚度 | 1.6 | 2.4 | 3.2 | 4.8 |

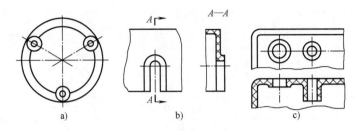

图 4-14　孔的加强凸边或凸台

由于不通孔只能用一端固定的型芯成形，其深度应浅于通孔。通常，注射成形时孔深不超过孔径的 4 倍，压塑成形时压制方向的孔深不超过孔径的 2 倍。

塑件孔为异型孔（斜孔或复杂形状孔）时，要考虑成形时模具的结构，可采用拼合型芯的方法成形，以避免侧向抽芯结构产生，图 4-15 所示为几种复杂孔的成形方法。

4）螺纹。塑料制品上的螺纹可以直接成形，通常无需后续机械加工，故应用较普遍。塑料成形螺纹时，外螺纹的大径不宜小于 4mm，内螺纹的小径不宜小于 2mm，螺纹精度一般低于 3 级。经常装卸和受力较大的地方，不宜使用塑料螺纹，而应在塑料中装入带螺纹的金属嵌

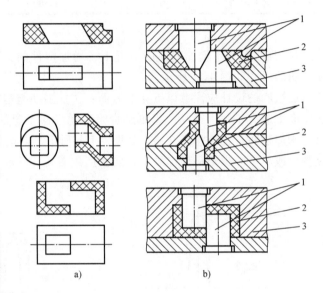

图 4-15　几种复杂孔的成形方法
a）塑件孔形状　b）拼合型芯方法成形示意图
1—拼合型芯　2—塑件　3—模具

件。由于塑料成形时的收缩波动，塑料螺纹的配合长度不宜太长，一般不超过 7~8 牙，且尽量选用较大的螺距。为防止塑料螺纹最外圈崩裂或变形，螺孔始端应有 0.2~0.8mm 深的台阶孔，螺纹末端与底面也应留有大于 0.2mm 的过渡段，如图 4-16 所示。

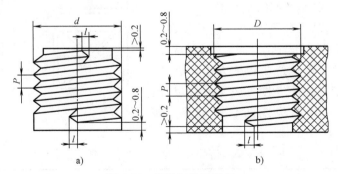

图 4-16　塑料螺纹的形状
a）外螺纹　b）内螺纹

5）嵌件。嵌件是在塑料制品中嵌入的金属或非金属零件，用于提高塑件的力学性能或导电导磁性等。常见的金属嵌件形式如图4-17所示。

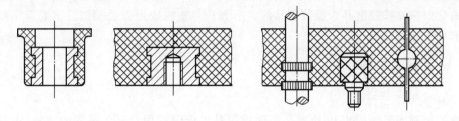

图4-17 常见的金属嵌件形式

设计金属嵌件应注意以下几个方面：①金属嵌件尽可能采用圆形或对称形状，以保证收缩均匀。②金属嵌件周围应有足够壁厚，防止塑料收缩时产生较大应力而开裂，金属嵌件周围的塑料壁厚见表4-7。③金属嵌件嵌入部分的周边应有倒角，以减小应力集中。

表4-7 金属嵌件周围的塑料厚度 （单位：mm）

| 金属嵌件直径 $D$ | 塑料层最小厚度 $C$ | 顶部塑料层最小厚度 $H$ |
|---|---|---|
| <4 | 1.5 | 0.8 |
| 4~8 | 2.0 | 1.5 |
| 8~12 | 3.0 | 2.0 |
| 12~16 | 4.0 | 2.5 |
| 16~25 | 5.0 | 3.0 |

（6）支撑面 以塑料制品的整个底面作为支撑面是不稳定的，如图4-18a所示，通常采用有凸起的边缘或用底脚（三点或四点）作为支撑面，如图4-18b所示。

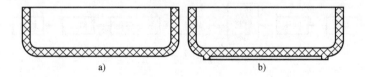

图4-18 塑料制品的支撑面

a）不应以整个底面作支撑 b）应以凸缘或底脚支撑

## 4.2 橡胶成形

橡胶是在使用温度下处于高弹态的高分子材料。橡胶具有良好的弹性，其弹性模量仅为10MPa，伸长率可达100%~1000%，同时还具有良好的耐磨性、隔音性、绝缘性等，可作为重要的弹性材料、密封材料、减振防振和传动材料，广泛应用于国防、交通运输、机械制造、医药卫生、农业和日常生活等方面。

常用的橡胶有天然橡胶和合成橡胶两种，天然橡胶是由天然胶乳经凝固、干燥、加压等工序制成，合成橡胶主要有丁苯橡胶、顺丁橡胶、聚氨酯橡胶、氯丁橡胶、丁腈橡胶、硅橡胶、氟橡胶等。橡胶成形加工前都要先经过生胶的塑炼和胶体的混炼，再经过成形设备完成充型、硫化以获得橡胶制品。橡胶制品的成形方法与塑料成形方法相似，主要有压制成形、注射成形和传递成形等。

### 4.2.1 橡胶的压制成形

**1. 压制成形工艺流程**

橡胶的压制成形如图 4-19 所示，是橡胶制品生产中应用最早、最多的方法，它是将经过塑炼和混炼预先压延好的橡胶坯料，按一定规格和形状下料后，加入到压制模中，合模后在液压机上按规定的工艺条件进行压制，使胶料在受热受压条件下呈现塑性流动充满型腔，经过一定时间完成硫化，再进行脱模、清理得到所需制品。橡胶压制成形的工艺流程如图 4-20 所示。

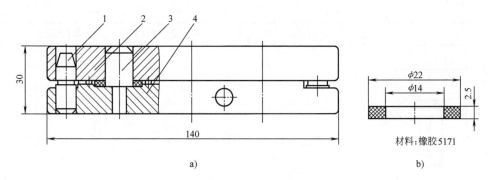

图 4-19　橡胶压制成形示意图

a）压制示意图　b）制品图

1—定位销　2—上模板　3—型芯　4—下模板

图 4-20　橡胶压制成形工艺流程

（1）塑炼　橡胶具有的高弹性使生胶不易与各种配合剂混合，也难以加工成形，因此必须降低生胶的弹性，使其具有一定的可塑度。塑炼就是在一定温度下利用机械挤压、辊轧等方法，断裂生胶分子链，使其由强韧的弹性状态转变为柔软、具有可塑性状态的加工工艺过程。

（2）混炼　为了提高橡胶制品的使用性能，改进橡胶的工艺性和降低成本，必须在生胶中加入各种配合剂，如硫化剂、硫化促进剂、防老剂、填充剂、软化剂、发泡剂、补强剂、着色剂等。将各种配合剂混入生胶中，制成质量均匀的混炼胶的工艺过程称为混炼。

（3）制坯　将混炼胶通过压延或挤压的方法制成所需的坯料，通常是片材，也可以是管材或型材。

（4）裁切 模压前应将部分坯料裁切，裁切坯料的质量应超过成品质量的 5%~10%，结构精确的封闭式压制模成形时余量可减小到 1%~2%，适度过量不仅可以保证胶料充满型腔，还可以在成形时排除型内的气体并保持足够压力。裁切可用圆盘刀或压力机按型腔形状剪切。

（5）模压硫化 模压硫化包括加料、闭模、硫化、脱模和模具清理等步骤，是成形的主要工序。将裁切成一定量的坯胶料置于模中，经闭模加热、加压后成形，硫化使胶料分子交联，成为具有高弹性的橡胶制品，多余的胶料排至设置在型腔周围的流胶槽，脱模后的橡胶制品修边和检验合格后即为成品。

**2. 压制工艺条件**

橡胶压制成形工艺的关键是控制模压硫化过程。

硫化是指橡胶在一定的压力和温度下，坯料结构中的线性分子链之间形成交联，随着交联度的增加，橡胶变韧、变硬的过程。硫化过程控制的主要参数是硫化温度、时间和压力等。

（1）硫化温度 硫化温度是橡胶发生硫化反应的基本条件，它直接影响硫化速度和产品质量。硫化温度高，硫化速度快，生产效率就高。但是硫化温度过高会使橡胶高分子链裂解，从而使橡胶的强度、韧性下降，因此硫化温度不宜过高。橡胶的硫化温度主要取决于橡胶的热稳定性，热稳定性越高则允许的硫化温度也越高。表4-8是常见胶料的最适宜硫化温度。为保证橡胶制品的质量，硫化温度的误差应控制在 ±2℃，因此，在压制模型腔附近必须设置测温孔。

表 4-8 常见胶料的最适宜硫化温度 （单位:℃）

| 胶料类型 | 最适宜硫化温度 | 胶料类型 | 最适宜硫化温度 |
|---|---|---|---|
| 天然橡胶 | 143 | 丁基橡胶 | 170 |
| 丁苯橡胶 | 150 | 三元乙丙 | 160~180 |
| 异戊橡胶 | 151 | 丁腈橡胶 | 180 |
| 顺丁橡胶 | 151 | 硅橡胶 | 160 |
| 氯丁橡胶 | 151 | 氟橡胶 | 160 |

（2）硫化时间 硫化时间和硫化温度是密切相关的，硫化过程中，硫化胶的各项物理、力学性能达到或接近最佳点时的硫化程度称为正硫化或最宜硫化。在一定温度下达到正硫化所需的硫化时间称为正硫化时间，一定的硫化温度对应一定的正硫化时间。当胶料配方和硫化温度一定时，硫化时间决定硫化程度。因此，不同大小和壁厚的橡胶制品通过控制硫化时间来控制硫化程度，通常制品的尺寸越大或越厚，所需硫化的时间就越长。

（3）硫化压力 为使胶料能够流动充满型腔，并使胶料中的气体排出，应有足够的硫化压力。100~140℃进行模压试验时，必须施加 20~50MPa 的压力，才能保证获得清晰复杂的轮廓。试验表明，增加压力能提高橡胶的耐磨性能、延长制品的使用寿命。但是过高的压力会加速分子的降解作用，反而会使橡胶的性能降低。

通常，应根据胶料的配方、可塑性、产品的结构等因素选取硫化压力。工艺上应遵循的原则为：制品塑性大，压力小；制品厚、层数多、结构复杂，压力大；薄制品压力低。生产中因实际硫化温度高于试验温度，胶料流动性显著提高，故采用的硫化压力较低，多为 3.5~14.7MPa，模压一般天然橡胶制品的常用压力为 4.9~7.84MPa。

### 4.2.2 橡胶的注射成形

**1. 注射成形工艺过程**

橡胶的注射成形是在专门的橡胶注射机上进行的。橡胶注射成形的工艺过程主要包括胶料的预热塑化、注射、保压、硫化、脱模和修边等工序。将混炼好的胶料通过加料装置加入料筒中加热塑化，塑化后的胶料在柱塞或螺杆的推动下，经过喷嘴射入闭合的模具中，模具在规定的温度下加热，使胶料硫化成形。

注射成形过程中，由于胶料在充型前一直处于运动状态受热，各部分的温度比压制成形时均匀，且橡胶制品在高温模具中短时即能完成硫化，因此制品表面和内部的温差小，硫化质量较均匀。与压制成形相比，注射成形的橡胶制品具有质量较好、精度较高、生产效率较高的工艺特点。

**2. 注射成形工艺条件**

注射成形工艺条件主要有料筒温度、注射温度、注射压力、模具温度和成形时间。

（1）料筒温度 胶料在料筒中加热塑化，在一定温度范围内，提高料筒温度可以使胶料的黏度下降，流动性增加，利于胶料的成形。

一般柱塞式注射机料筒温度控制在 70~80℃；螺杆式注射机因胶温较均匀，料筒温度控制在 80~100℃，有的可达 115℃。

（2）注射温度 胶料在料筒中除受料筒的加热外，注射过程中还受到摩擦热，故胶料的注射温度均高于料筒温度。不同橡胶品种或同种生胶，由于胶料的配方不同，通过喷嘴后的升温也不同。注射温度高，硫化时间则短，但是容易出现焦烧，一般应控制在不产生焦烧的温度下，尽可能接近模具温度。

（3）注射压力 注射压力是注射时螺杆或柱塞施于胶料单位面积的力，注射压力大，利于胶料充型，还会使胶料通过喷嘴时的速度提高，剪切、摩擦产生的热量增大，这对充型和加快硫化有利。采用螺杆式注射机时，注射压力一般为 80~110MPa。

（4）模具温度 注射成形中，由于胶料在充型前已经具有较高温度，充型之后能迅速硫化，表层与内部的温差小，故模具温度一般可比压制成形高 30~50℃。注射天然橡胶时，模具温度为 170~190℃。

（5）成形时间 成形时间是指完成一次成形过程所需要的时间，它是动作时间与硫化时间之和。由于硫化时间占比最大，故缩短硫化时间是提高注射成形效率的重要环节。硫化时间与注射温度、模具温度、制品壁厚有关。表 4-9 是天然橡胶注射成形与压制成形时间对比表，可以看出注射成形时间比压制成形时间要少得多。

表 4-9　天然橡胶注射成形与压制成形时间对比表

| 成形方法 | 料筒温度/℃ | 注射温度/℃ | 模具温度/℃ | 成形时间 |
|---|---|---|---|---|
| 注射成形 | 80 | 150 | 175 | 80s |
| 压制成形 | — | — | 143 | 20~25min |

## 4.3 陶瓷成形

陶瓷可分为新型陶瓷与传统陶瓷两大类。虽然它们都是高温烧结而成的无机非金属材料，但其在所用粉体、成形方法和烧结制度及加工要求等方面却有着很大的区别，两者的主要区别见表4-10。

表4-10 新型陶瓷与传统陶瓷的主要区别

| 区别 | 传 统 陶 瓷 | 新 型 陶 瓷 |
|---|---|---|
| 原料 | 天然矿物原料 | 人工精制合成原料(氧化物和非氧化物两大类) |
| 成形 | 注浆、可塑成形为主 | 注浆、压制、热压注、注射、轧膜、流延等静压成形为主 |
| 烧结 | 温度一般在1350℃以下,燃料以煤、油、气为主 | 结构陶瓷常需1600℃左右高温烧结,功能陶瓷需精确控制烧结温度,燃料以电、气、油为主 |
| 加工 | 一般不需加工 | 常需切割、打孔、研磨和抛光 |
| 性能 | 以外观效果为主 | 以内在质量为主,常呈现耐温、耐磨、耐蚀和各种敏感特性 |
| 用途 | 炊、餐具、陈设品 | 主要用于宇航、能源、冶金、交通、电子、家电等行业 |

新型陶瓷是采用人工精制的合成原料，通过结构设计、精确的化学计量、合适的成形方法和烧结制度而达到特定的性能，加工处理使之符合使用性能要求与尺寸精度的无机非金属材料，如氧化铝、氧化锆、碳化硅、氮化硅等。它具有高强度、高硬度、耐高温、耐蚀、绝缘以及其他各种敏感特性，而且因其原料易于提取或合成，产品附加值高，市场广阔等特点，受到人们的高度重视并得到了迅速发展。

新型陶瓷制品的生产过程主要包括配料与坯料制备、成形、烧结及后续加工等工序。

（1）配料 制作陶瓷制品，首先要将所需各种原料进行称量配料，它是陶瓷工艺中最基本的一环。称料务必精确，因为配料中某些组分加入量的微小误差也会影响陶瓷材料的结构和性能。

（2）坯料制备 配料后应根据不同的成形方法，混合制备成不同形式的坯料，如用于注浆成形的水悬浮液；用于热压注成形的热塑性料浆；用于挤压、注射、轧膜和流延成形的含有机塑化剂的塑性料；用于干压或等静压成形的造粒粉料。混合一般采用球磨或搅拌等机械混合法。

（3）成形 将坯料制成具有一定形状和规格的坯体称为成形。成形技术与方法对陶瓷制品性能具有重要意义，由于陶瓷制品品种繁多，性能要求、形状规格、大小厚薄不一，产量不同，所用坯料性能各异，因此采用的成形方法各种各样，应综合分析后再确定。

（4）烧结 对成形坯体进行低于熔点的高温加热，使其粉体间产生颗粒黏结，经过物质迁移导致致密化和高强度的过程称为烧

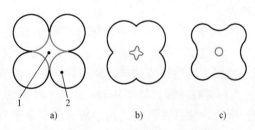

图4-21 烧结现象示意图

a）烧结初期颗粒间点黏接 b）高温下颗粒接触面扩大间距缩小 c）烧结后期收缩致密化

1—气孔 2—颗粒

结，如图 4-21 所示。只有经过烧结，成形坯体才能成为坚硬的具有某种显微结构的陶瓷制品（多晶烧结体），烧结对陶瓷制品的显微组织结构及性能有直接影响。

（5）后续加工　陶瓷经成形、烧结后，还可根据需要进行后续精密加工，使之满足表面粗糙度、形状、尺寸等精度要求，如磨削加工、研磨与抛光、超声波加工、激光加工甚至切削加工等。切削加工采用金刚石刀具在超高精度机床上加工，目前在陶瓷加工中仅有少量应用。

下面着重介绍新型陶瓷的几种常用成形方法。

## 4.3.1　浇注成形

浇注成形是将陶瓷原料粉体悬浮于水中制成料浆，然后注入模型内成形，坯体的形成主要有注浆成形（由模型吸水成坯）、凝胶注模成形（由凝胶原位固化）等方式。

**1. 注浆成形**

注浆成形是将陶瓷悬浮料浆注入多孔质模型内，借助模型的吸水能力将料浆中的水吸收，从而在模型内形成坯体。其工艺过程包括悬浮料浆制备、模型制备、料浆浇注、脱模取件、干燥等阶段。

（1）悬浮料浆的制备　其为注浆成形工艺的关键工序，注浆成形料浆是陶瓷原料粉体和水组成的悬浮液，为保证料浆的充型及成形性，利于得到形状完整、表面平滑光洁的坯体，减少成形时间和干燥收缩，减小坯体变形与开裂等缺陷，要求料浆具有良好的流动性、足够小的黏度（<1Pa·s）、尽可能少的含水量、弱的触变性（静止时黏度变化小）、良好的悬浮稳定性及良好的渗透（水）性等。

新型陶瓷的原料粉体多为脊性料（没有黏性），必须采取一定措施，才能使料浆具有良好的流动性与悬浮性，单靠调节料浆水分是不可能的。让料浆悬浮的方法一般有两种。

1）控制料浆的 pH 值，如 $Al_2O_3$ 料浆在 pH 值为 3 或 12 时，可获得较佳的流动性与悬浮能力。

2）加入适当的有机聚合电解质作为分散剂，可降低料浆含水量，提高料浆的流动性与悬浮性能。目前生产上采用加入质量分数为 0.3%~0.6%陶瓷粉体的阿拉伯树胶、羧甲基纤维素、丙烯酸铵盐、聚甲基丙烯酸铵盐等调制料浆，再配合 pH 值控制，可降低料浆含水量（料浆中水的质量分数可低至 20%~25%，甚至更低），且具有良好的流动性。

料浆常采用湿法球磨或搅拌调制。最常用的注浆成形模型是石膏模，近年来也有用多孔塑料模。

（2）注浆方法　注浆方法有实心注浆和空心注浆两种基本方法。另外，为了强化注浆过程，铸造生产的压力铸造、真空铸造、离心铸造等工艺方法也被用于注浆成形，并形成了压力注浆、真空注浆与离心注浆等强化注浆方法。

1）实心注浆。如图 4-22a 所示，料浆注入模型后，料浆中的水分同时被模型的两个工作面吸收，注件在两模之间形成，没有多余料浆排出。成形坯体的外形与厚度由两模工作面构成的型腔决定。坯体较厚时，靠近工作面的坯体表层较致密，远离工作面的坯体芯部较疏松。

2）空心注浆。如图 4-22b 所示，料浆注入模型后，由模型单面吸浆，当注件达到要求的厚度时，排出多余料浆而形成空心注件。成形坯体的外形由模型工作面决定，坯体的厚度则取决于料浆在模型中的停留时间。由于是单面吸浆，靠近工作面的坯体外表层较致密，内腔表层较疏松。

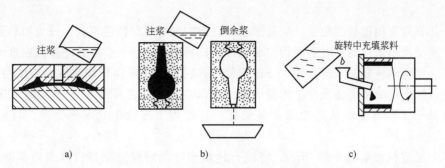

图 4-22　注浆成形示意图

a）实心注浆　b）空心注浆　c）离心注浆

3）强化注浆。注浆过程中，人为地对料浆施加外力，以加速注浆过程进行，提高吸浆速度，提高坯体的致密度与强度。强化注浆的方法有真空注浆、离心注浆和压力注浆等。其中压力注浆可提高坯体的致密度，减少坯体中的残留水分，缩短成形时间，减少制品缺陷；真空注浆可有效去除料浆中的气体；离心注浆如图 4-22c 所示，将料浆注入旋转的多孔质模型中，在离心力的作用下，使料浆紧靠模壁并脱水，形成空心回转形坯体。此法适用于制造大型环状薄壁制品，注成的坯体厚度较均匀，不易变形。由于离心力随离心半径的变小而下降，当壁厚较大时，坯体内外层的密度会有明显差异。

注浆成形适于制造大型厚胎、薄壁、形状复杂不规则的制品。其成形工艺简单，但劳动强度大，不易自动化，且坯体烧结后的密度较小，强度较低，收缩、变形较大，制品的外观尺寸精度较差，因此性能要求较高的陶瓷制品一般不采用此法成形。但随着分散剂的不断改进，均匀性好的高浓度、低黏度浆料的获得，以及强力注浆的发展，注浆成形制品的性能与质量在不断提高。

**2. 凝胶注模成形**

凝胶注模成形是 20 世纪 90 年代初发展起来的新工艺，它将传统的陶瓷注浆成形工艺与有机高分子化学单体聚合技术相结合。首先将陶瓷细粉加入含分散剂、有机高分子化学单体（如丙烯酰胺与双甲基丙烯酰胺）的水溶液中，调制成低黏度、高固相（陶瓷原料粉的体积分数通常达 50% 以上）含量的浓悬浮料浆，再将聚合固化引发剂（如过硫酸铵）加入料浆混合均匀，在料浆固化前将其注入无吸水性的模型内，在所加引发剂的作用下，料浆中的有机单体交联聚合成三维网状结构，使浓悬浮料浆在模型内原位固化成形。可制备形状复杂精确的高强度、高密度、高均匀化陶瓷坯体，提高烧结体的性能和质量，其尺寸也不受限制，坯体的高强度为陶瓷烧结前的切削加工提供了可能性，并可减少坯体特别是大型、薄壁坯体的破损，而且该工艺成本低廉。

## 4.3.2　压制成形

压制成形是将经过造粒的粒状陶瓷粉料装入模具内，使其直接受压成形的方法。

**1. 造粒**

造粒即制备压制成形所用的坯料，它是在陶瓷原料细粉中加入一定量的塑化剂（如质量分数为 4%~6%、浓度为 5% 的聚乙烯醇水溶液，使本无塑性的坯料具有可塑性），制成粒度较粗（20 目左右）、含一定水分、具有良好流动性的团粒，以利于陶瓷坯料的压制成形。

对于新型陶瓷用粉料的粒度，应越细越好，但太细对成形性能不利。因为粉粒越细，越易团聚，流动性越差，成形时不能均匀填充模型，易产生空洞，会导致坯体致密度不高。若形成团粒，则流动性好，装模方便，分布均匀，有利于提高坯件与烧结体的密度与均匀性。造粒质量直接影响成形坯体及烧结体的质量，所以造粒是压制成形工艺的关键工序。在各种造粒方法中，喷雾干燥法造粒的质量最好，且适用于现代化大规模生产，目前已广为采用。

喷雾干燥造粒法如图 4-23 所示，将混有适量塑化剂的陶瓷原料粉体预先调制成浆料，再用喷雾器喷入造粒塔进行雾化和热风干燥，出来的粒子即为流动性较好的球状团粒。

### 2. 压制方法

将造粒制备的团粒（水的质量分数<6%），松散装入模具内，在压力机柱塞作用下，团粒移动、变形、粉碎而逐渐靠拢，所含气体同时被挤压排出，形成较致密的且具有一定形状、尺寸的压坯，然后卸模脱出坯体。

压制成形有单向加压与双向加压两种方式，如图 4-24 所示。由于成形压力是通过松散粉粒的接触来传递的，传递过程中产生的压力损失会造成坯体内压力分布的不均匀。单向加压时（图 4-24a），这种压力的不均匀分布，必然造成压坯的密度分布不均匀，压坯上方及近模壁处密度大，而下方近模壁处及中心部位的密度小。双向加压方式是上、下压头（柱塞）从两个方向向模套内加压（图 4-24b），压力分布的不均匀程度减轻，故压坯密度相对较均匀。无论是单向加压还是双向加压，如果对模具涂以润滑剂，提高粉粒的润滑性与流动性，压力分布的不均匀程度均会有所减轻，压坯密度均匀性也将有所提高。

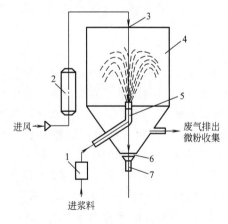

图 4-23 喷雾干燥造粒示意图

1—柱塞泵 2—空气加热器 3—热风入口
4—造粒塔 5—压力喷雾装置
6—造粒成品出料口 7—下料斗

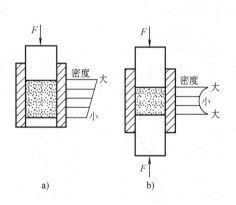

图 4-24 干压成形的密度梯度

a）单向加压 b）双向加压

为保证坯体质量，压制成形时需根据坯体形状、大小、壁厚及粉料流动性、含水量等情况，控制好成形压力（一般为 40~100MPa）、加压速度与保压时间等工艺参数。

压制成形工艺简单、操作方便、生产周期短、效率高，易实现自动化生产，适宜大批量生产形状简单（圆截面形、薄片状等）、尺寸较小（高度为 0.3～60mm、直径为 5～50mm）的制品。由于坯体含水或其他有机物较少，因此坯体致密度较高，尺寸较精确，烧结收缩小，瓷件强度高。但压制成形坯体具有明显的各向异性，不适于尺寸大、形状复杂制品的生产，且所需的设备、模具费用较高。

## 4.3.3　等静压成形

等静压成形是利用液体或气体介质均匀传递压力的性能，把陶瓷粒状粉料置于有弹性的软模中，使其受到液体或气体介质传递的均衡压力而被压实成形的一种新型成形方法。

等静压成形过程中，粉料受压均匀，无论坯体的外形曲率如何变化，所受到的压力全部为均匀一致的法向正压力，压制效果好，且成形压力可根据需要调节，模具制作也较方便。等静压成形的坯体密度高且均匀，烧结收缩小，不易变形，制品强度高、质量好，适于制造形状复杂、较大且细长制品。但等静压成形设备成本高。

等静压成形可分为冷等静压成形与热等静压成形。

**1. 冷等静压成形**

冷等静压成形是在室温下，采用高压液体传递压力的等静压成形，根据使用模具的不同，冷等静压成形又分为湿式等静压成形和干式等静压成形。

（1）湿式等静压成形　如图 4-25a 所示，将配好的粉料装入塑料或橡胶制成的弹性模具内，密封后置于高压容器内，注入高压液体介质（压力通常在 100MPa 以上），此时模具与高压液体直接接触，压力传递至弹性模具中，对坯料加压成形，然后释放压力取出模具，并从模具中取出成形好的坯体。湿式等静压容器内可同时放入几个模具，压制不同形状坯体，该法生产效率不高，主要适用于成形多品种、形状较复杂、产量小以及大型制品。

（2）干式等静压成形　在高压容器内封紧一个加压橡皮袋，加料后的模具送入橡皮袋中加压，压成后又从橡皮袋中退出脱模；也可将模具直接固定在容器橡皮袋中。此法的坯料添加和坯件取出都在干态下进行，模具也不与高压液体直接接触，如图 4-25b 所示。而且，干式等静压成形模具的两头（垂直方向）并不加压，适于压制长型、薄壁、管状制品。

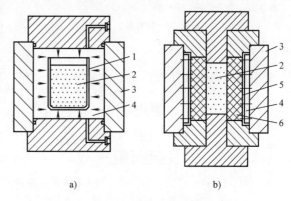

图 4-25　冷等静压成形示意图
a）湿式　b）干式
1—弹性模具　2—粉料　3—高压容器　4—压力传递介质
5—加压橡胶袋　6—成形橡胶模

**2. 热等静压成形**

热等静压成形是在高温下利用惰性气体代替液体作为压力传递介质的等静压成形，其是在冷等静压成形与热压烧结的工艺基础上发展起来的，又称热等静压烧结。它采用金属箔代替橡胶膜，用惰性气体向密封容器内的粉末同时施加各向均匀的高压高温，使成形与烧结同时完成。与热压烧结相比，该法烧结制品致密均匀，但所用设备复杂、生产效率低、成本高。

### 4.3.4 热压烧结

热压烧结是将干燥粉料充填入石墨或氧化铝模型内,再从单轴方向边加压边加热,使成形与烧结同时完成,如图 4-26 所示。由于加热加压同时进行,陶瓷粉料处于热塑性状态,有利于粉末颗粒的接触、流动等过程的进行,因而可减小成形压力、降低烧结温度、缩短烧结时间,容易得到晶粒细小、致密度高、性能良好的制品。但制品形状简单,且生产效率低。

### 4.3.5 热压注成形

热压注成形如图 4-27 所示,是利用蜡类材料热熔冷固的特点,将配料混合后的陶瓷细粉与熔化的蜡料黏结剂加热搅拌成具有流动性与热塑性的蜡浆,在热压注机中用压缩空气将热熔蜡浆注满金属模空腔,蜡浆在模腔内冷凝形成坯体,再进行脱模取件。

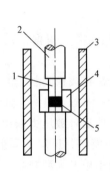

图 4-26 热压(成形)烧结示意图
1—模冲 2—压杆 3—发热体
4—凹模 5—粉料

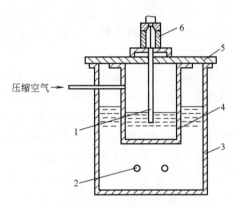

图 4-27 热压注成形示意图
1—供料管 2—加热装置 3—热油浴器
4—蜡浆桶 5—工作台 6—模具

蜡浆制备是热压注成形工艺中最重要的一环,其制备过程如图 4-28 所示。

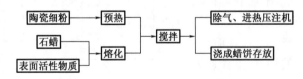

图 4-28 蜡浆制备过程示意图

拌蜡前的陶瓷细粉应充分干燥并加热至 $60 \sim 80 \text{℃}$,与熔化的石蜡在和蜡机中混合搅拌,陶瓷细粉过冷易凝结成团块,难以搅拌均匀。石蜡作为增塑剂,具有良好的热流动性、润滑性和冷凝性,其加入量通常为陶瓷粉料质量的 $12\% \sim 16\%$。加入表面活性物质(如油酸、硬脂酸、蜂蜡等)以使陶瓷细粉与石蜡更好地结合,减少石蜡用量,改善蜡浆成形性能与提高蜡坯强度。

热压注成形时,蜡浆温度一般为 $65 \sim 75 \text{℃}$,模具温度为 $15 \sim 25 \text{℃}$,注浆压力为 $0.3 \sim 0.5\text{MPa}$,压力持续时间通常为 $0.1 \sim 0.2\text{s}$。

热压注成形的蜡坯在烧结前，要先埋入疏松、惰性的吸附剂（一般采用煅烧 $Al_2O_3$ 粉料）中加热（一般为 900~1100℃），进行排蜡处理，以获得具有一定强度的不含蜡的坯体。若蜡坯直接烧结，将会因石蜡的流失、失去黏结而解体，不能保持其形状。

热压注成形方法适于批量生产外形复杂、表面质量好、尺寸精度高的中小型制品，且设备较简单，操作方便，模具磨损小，生产效率高。但坯体烧结收缩较大，易变形，不宜制造壁薄、大而长的制品（不易充满模腔），且工序较繁，耗能大（需在较高温度下长时排蜡处理），生产周期长。

### 4.3.6 其他成形方法

**1. 挤压成形**

挤压成形是将真空炼制的可塑泥料置于挤制机（挤坯机）内，只需更换如图 4-29 所示挤制机模具的机嘴与机芯，便可由其形成的挤出口挤压出各种形状、尺寸的坯体。

挤压成形适用于挤制长尺寸细棒、壁薄管、薄片制品，其管棒直径 $\phi1mm~\phi30mm$，管壁与薄片厚度可小至 0.2mm，可连续批量生产，生产效率高，坯体表面光滑、规整度好。但模具制作成本高，且由于溶剂和黏结剂较多，导致烧结收缩大，制品性能受影响。

**2. 注射成形**

注射成形是将陶瓷粉和有机黏结剂混合后，加热混炼并制成粒状粉料，经注射成形机，在 130~300℃ 温度下注射到金属模腔内，冷却后黏结剂固化成形，脱模取出坯体。

注射成形适于形状复杂、壁薄（0.6mm）、带侧孔制品（如汽轮机陶瓷叶片等）的大批量生产，坯体密度均匀，烧结体精度高且工艺简单、成本低。但生产周期长，金属模具设计困难，费用昂贵。

**3. 流延、轧膜成形**

流延、轧膜成形方法用于陶瓷薄膜坯的成形。

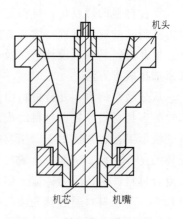

图 4-29　挤压成形模具组合图

（1）流延成形　将陶瓷粉料与黏结剂、增塑剂、分散剂、溶剂等混磨，形成稳定、流动性良好的陶瓷料浆，如图 4-30 所示，将料浆加入流延机的料斗中，料浆从料斗下部流至向前移动的塑料薄膜载体（传送基带）上，用刮刀控制厚度，再经烘干室烘干，形成具有一定塑性的坯膜，切成一定长度叠放或卷轴待用。然后将坯膜按所需形状进行切割、冲片或打孔，形成坯件。流延成形是目前制造厚度小于 0.2mm 超薄型制品的主要方法，如薄膜电子电路配线基片、叠层电容器瓷片、集成电路组件叠层薄片、压敏电阻、磁记忆片等。

（2）轧膜成形　将陶瓷粉料与一定量的有机黏结剂和溶剂混合拌匀后，通过如图 4-31 所示的两个相向旋转、表面光洁的轧辊间隙，反复混炼粗轧、精轧，形成光滑、致密而均匀的膜层，称为轧坯带。轧好的坯带需在冲片机上冲切形成一定形状的坯件。轧膜成形用于制造批量较大且厚度在 1mm 以下的薄片状制品，如薄膜、厚膜电路基片、圆片电容器等。

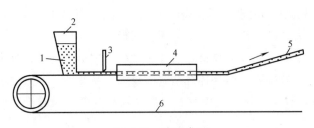

图 4-30 流延成形

1—浆料　2—料斗　3—刮刀　4—干燥炉　5—坯膜　6—基带

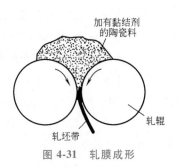

图 4-31 轧膜成形

## 4.4 复合材料成形

复合材料是将两种或两种以上不同性质的材料组合在一起，构成性能比其各组成材料优异的一类新型材料。复合材料由两类物质组成：一类作为基体材料，形成几何形状并起黏接作用，如树脂、陶瓷、金属等；另一类作为增强材料，起提高强度或韧性作用，如纤维、颗粒、晶须等。

复合材料的特点是：材料的复合过程与制品的成形过程同时完成，复合材料的生产过程即为其制品的成形过程。增强材料与基体材料的综合优越性只有通过成形工序才能体现出来，复合材料具有可设计性以及材料和制品一致性的特点，应根据制品的结构形状和性能要求来选择成形方法。

从显微结构看，复合材料由连续的基体相包围并以某种规律分布于其中的分散强化相而形成的多相材料。复合材料的成形工艺主要取决于复合材料的基体，一般情况下，其基体材料的成形工艺也常适用于以该类材料为基体的复合材料，特别是以颗粒、晶须及短纤维为增强体的复合材料。例如，金属材料的各种成形工艺多适用于颗粒、晶须及短纤维增强的金属基复合材料，包括压力铸造、熔模铸造、离心铸造、挤压、轧制、模锻等。形成复合材料的过程中，增强材料通过其表面与基体黏接并固定于基体之中，其本体材料的性能、形状和结构不发生变化。而与此有显著区别的是，基体材料要经历性能和形状的巨大变化。基于上述原因，本节对复合材料成形方法的介绍以基体材料分类。

### 4.4.1 树脂基复合材料的成形

树脂基复合材料是至今使用广泛、占主要地位的复合材料。用作树脂基复合材料的基体有热固性树脂与热塑性树脂两类，以热固性树脂最为常用。

**1. 热固性树脂基复合材料的成形**

热固性树脂基复合材料以热固性树脂为基体，以无机物、有机物为增强材料。常用的热固性树脂有不饱和聚酯树脂、环氧树脂、酚醛树脂等，常用的增强材料有碳纤维（布）、玻璃纤维（布、毡）、有机纤维（布）、石棉纤维等。其中，碳纤维常用于增强环氧树脂，玻璃纤维常用于增强不饱和聚酯树脂。

（1）手糊成形、喷射成形与铺层法成形

1）手糊成形。它是复合材料生产中最早使用和最简单的成形工艺，至今仍被广泛采用，工艺流程如图 4-32 所示。手糊成形要先在涂有脱模剂的模具上均匀涂上一层树脂混合液，再将裁剪成一定形状和尺寸的纤维增强织物，按制品要求铺设到模具，用刮刀、毛刷或压辊使其平整并均匀浸透树脂、排除气泡，如图 4-33 所示。多次重复以上步骤层层铺贴，直至所需层数，然后固化成形，脱模修整获得坯件或制品。

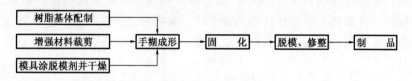

图 4-32　手糊成形工艺流程

手糊成形无需专用设备，操作简单，适于多品种、小批量生产，且不受制品尺寸和形状的限制，可根据设计要求手糊成形不同厚度、不同形状的制品。但这种成形方法生产效率低、劳动条件差且劳动强度大；制品的质量、尺寸精度不易控制，性能稳定性差，强度比其他成形方法低。手糊成形可用于制造船体、储罐、储槽、大口径管道、风机叶片、汽车壳体、飞机蒙皮、机翼、火箭外壳等大中型制件。

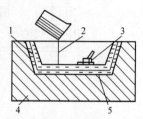

图 4-33　手糊成形示意图
1—增强材料　2—树脂　3—层合
4—接触模具　5—胶衣

2）喷射成形。将调配好的树脂胶液（多采用不饱和聚酯树脂）与短切纤维（长度为 $25 \sim 50 \mu m$）通过喷枪（喷嘴直径为 $1.2 \sim 3.5 mm$，喷射量为 $8 \sim 60 g/s$）同时均匀喷射到模具上沉积，每喷一层即用辊子滚压，使之压实、浸渍并排出气泡，再继续喷射，直至完成坯件制作，最后固化成制品，如图 4-34 所示。

喷射成形法属于半机械化手糊，比手糊法生产效率高，劳动强度低，适合于批量生产大尺寸制品，制品无搭接缝，整体性好。但采用该方法场地污染大，制品树脂含量高（质量分数约为 65%），强度较低。喷射法可用于成形船体、容器、汽车车身、机器外罩、大型板等制品。

3）铺层法成形。用手工或机械手，将预浸材料（将连续纤维或织物、布浸渍树脂，烘干而成的半成品材料，如胶布、无纬布、无纬带等）按预定方向和顺序在模具内逐层铺贴至所需厚度（或层数），以获得铺层坯件，然后将坯件装袋，经加热加压固化、脱模修整获得制品。铺层成形

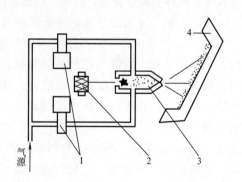

图 4-34　喷射成形原理图
1—树脂罐与泵　2—纤维　3—喷枪　4—模具

的制品强度较高，铺贴时，纤维取向、铺贴顺序与层数可按受力需要，根据材料的优化设计来确定。用该法制成的高级复合材料已广泛应用于航天飞机，如飞机机翼、舱门、尾翼、壁板、隔板等薄壁件、工字梁等型材。有的已代替金属材料作为主要承力构件。

铺层坯件的加温加压固化方法通常有真空袋法、压力袋法和热压罐法等，如图 4-35 所示。

真空袋法（图4-35a）是在置于模具上的铺层坯件外侧（即不接触模具的一面），覆盖一层柔性加压膜，把坯件密闭在加压膜和模具之间，然后抽真空形成负压，外界大气压通过加压膜对坯件加压。真空袋法产生的压力较小，为0.05~0.07MPa，故难以制备密实制品。

压力袋法（图4-35b）通过向弹性压力袋充入压缩空气，对置于模具上的铺层坯件实现均匀施加压力，压力可达0.25~0.5MPa。压力袋由弹性好、强度高的橡胶制成，加热方式采用模具内加热元件加热。铺层坯件固化成形后，卸模取出制件。该法施加的压力高于真空袋法，故制品的密度与性能也高于真空袋法制品。压力袋法设备简单，适用于外形较简单的各种尺寸制品。

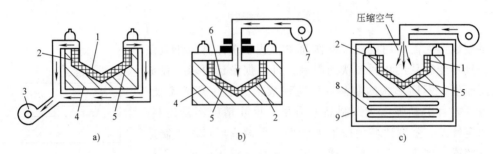

图4-35 铺层加压固化方法示意图

a）真空袋法 b）压力袋法 c）热压罐法

1—柔性薄膜 2—坯件 3—真空泵 4—模具 5—胶衣 6—橡胶压力袋 7—空气压缩机 8—加热元件 9—热压罐

热压罐法（图4-35c）是利用热压罐，对置于模具上的铺层坯件加压（通过压缩空气实现）和加热（通过热空气、蒸汽或模具内加热元件产生的热量），使其固化成形。热压罐法可获得压制紧密、厚度公差范围小的高质量制件，适用于制造大型和复杂的部件，如机翼、导弹载入体、部件胶接组装等。但该法能源利用率低，热压罐质量较大、结构复杂，设备费用高。

真空袋法、压力袋法和热压罐法还可用于手糊成形或喷射成形坯件的加压固化成形。

（2）缠绕法成形 采用预浸纱带、预浸布带等预浸料，或将连续纤维、布带浸渍树脂后，缠绕到芯模上，固化脱模获得制品。缠绕法成形可以保证按照承力要求确定纤维排布方向、层次，充分发挥纤维的承载能力，体现了复合材料强度的可设计性及各向异性，因而制品结构合理、比强度高；纤维按规定方向排列整齐，制品精度高、质量好；易实现自动化生产，生产效率高；但缠绕法成形需缠绕机、高质量的芯模和专用的固化加热炉等，投资较大。主要用于大批量成形需承受一定内压的中空容器，如固体火箭发动机壳体、压力容器、管道、火箭尾喷管、导弹防热壳体、贮罐、槽车等。制品外形除圆柱形、球形外，还可成形矩形、鼓形及其他不规则形状的外凸型及某些复杂形状的回转型。图4-36所示为缠绕法成形示意图。

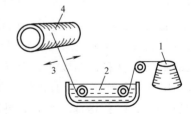

图4-36 缠绕法成形示意图

1—纤维 2—树脂 3—梭子 4—型芯

（3）模压成形 将模塑料、预浸料以及缠绕在芯模上的缠绕坯料等放在金属模具中，在压力和温度作用下经塑化、熔融流动、充满模腔成形固化而获得制品。模塑料由树脂浸渍短切纤维经过烘干而制成的，如散乱状的高强度短纤维模塑料（纤维含量高）、成卷的片状模塑料、块状模塑料、成形坯模塑料（结构、形状、尺寸与制品相似的坯料）等。模压成形方法适用于异形制品的成形，生产效率高，制品尺寸精确、重复性好，表面粗糙度值小、外观好，材料质量均匀、强度高，适于大批量生产。结构复杂制品可一次成形，无需有损制品性能的辅助机械加工。其主要缺点是模具设计制造复杂，投资费用高，制件尺寸受压力机规格的限制，一般限于中小型制品的批量生产。

模压成形工艺按成形方法可分为压制模压成形、压注模压成形与注射模压成形。

1）压制模压成形。将模塑料、预浸料（布、片、带需经裁剪）等放入金属对模（由凸模和凹模组成）形成的模腔内，由压力机（大多为液压机）将压力作用在模具上，通过模具直接对模塑料、预浸料进行加压，同时加温，使其流动充型，并固化成形，如图4-37a所示。整个模压过程是在一定温度、压力下进行的，所以温度、压力和时间是控制模压成形工艺的主要参数，其中温度的影响尤为重要。压制模压成形工艺简便，应用广泛，可用于成形船体、机器外罩、冷却塔外罩、汽车车身等制品。

2）压注模压成形。将模塑料在模具加料室中加热成熔融状，然后通过流道压入闭合模具中成形固化，或先将纤维、织物等增强材料制成坯件置入密闭模腔内，再将加热成熔融状态的树脂压入模腔，浸透其中的增强材料再固化成形，如图4-37b所示。压注模压的成形速度比压制模压高，而且制件尺寸精确，外观质量好，可预置嵌件，主要用于制造尺寸精确、形状复杂、薄壁、表面光滑、带金属嵌件的中小型制品，如各种中小型容器及各种仪器、仪表的表盘、外壳等，还可制作小型车船外壳及零部件等。

3）注射模压成形。将模塑料在螺杆注射机的料筒中加热成熔融状态，通过喷嘴小孔，以高速、高压注入闭合模具中固化成形，是一种高效率自动化的模压工艺，如图4-37c所示，适合生产小型复杂形状零件，如汽车及火车配件、纺织机零件、泵壳体、空调机叶片等。

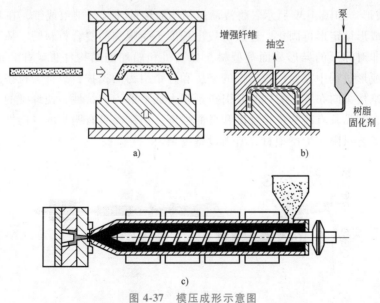

图4-37 模压成形示意图

a）压制模压成形 b）压注模压成形 c）注射模压成形

（4）其他成形方法

1）层压成形。如图4-38所示，将纸、棉布、玻璃布等片状增强材料，在浸胶机中浸渍树脂，经干燥制成浸胶材料，然后按层压制品的大小，对浸胶材料进行裁剪，并根据制品要求的厚度（或质量）计算所需浸胶材料的张数，逐层叠放在多层压机上，加热层压固化，脱模获得层压制品。为使层压制品表面光洁美观，叠放时可在最上和最下两面放置2~4张含树脂量较高的面层用浸胶材料。

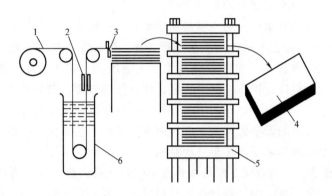

图 4-38　层压成形示意图

1—纸或布料　2—干燥箱　3—切刀　4—制品　5—层压设备　6—液态树脂槽

2）离心浇注成形。利用筒状模具旋转产生的离心力将短切纤维连同树脂同时均匀喷洒到模具内壁形成坯件；或先将短切纤维毡铺在筒状模具的内壁上，再在模具快速旋转的同时，向纤维层均匀喷洒树脂液浸润纤维形成坯件，坯件达到所需厚度后通热风固化。该成形方法具有制件壁厚均匀、外表光洁的特点，适用于大直径筒、管、罐类制件的成形。

3）拉挤成形。如图4-39所示，将浸渍过树脂胶液的连续纤维束或带，在牵引机构拉力作用下，通过成形模定形再固化，连续引拔出长度不受限制的复合材料管、棒、方形、工字形、槽形以及非对称形的异形截面等型材，如飞机和船舶的结构件，矿井和地下工程构件等。由于制品成形过程中需经过成形模的挤压和外牵引力的拉拔，故称为拉挤成形工艺。拉挤制品中，纤维按纵向布置，特别是其引拔预张力成形的工艺特性，使纤维的单向抗拉强度得到充分发挥，制品具有高的抗拉强度和弯曲强度。但制品具有明显的方向性，其横向强度差。拉挤成形工艺只限于生产型材，所需设备复杂。

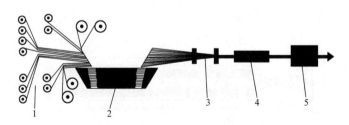

图 4-39　卧式拉挤成形示意图

1—纤维　2—树脂浴　3—成形机头　4—固化机头　5—牵引机头

成形方法可进行复合，即用几种成形方法同时完成一件制品。例如成形一种特殊用途的管子，采用纤维缠绕的同时，还用布带缠绕或用喷射方法复合成形。

**2. 热塑性树脂基复合材料的成形**

热塑性树脂基复合材料由热塑性树脂和增强材料组成。几乎所有的热塑性树脂都可以作为基体材料，应用较广的有尼龙、聚甲醛、聚碳酸酯、改性聚苯醚、聚砜和聚烯烃类树脂，而增强材料大多采用增强短纤维和各种增强粒子。热塑性树脂基复合材料成形时，靠树脂物理状态的变化来完成，主要由加热熔融、流动成形和冷却硬化三个阶段组成。已成形的坯件或制品，再加热熔融后还可以二次成形。粒子及短纤维增强的热塑性树脂基复合材料可采用与塑料成形相同的方法成形，常见的有挤出成形、注射成形和模压成形等，其中，挤出成形和注射成形占主导地位。

挤出成形是将颗粒或粉状树脂以及短切纤维混合料送入挤出机缸筒内，经加热熔融呈黏流态，在挤压力（借助旋转螺杆的推挤）作用下使其连续通过口模，然后冷却硬化定型，得到口模所限定形状的等断面型材，如各种板、管、棒、片、薄膜以及各种异形断面型材。型材长度不受限制，设备通用性强，制品质量均匀密实。

热塑性树脂基复合材料中的增强材料也可采用连续长纤维与织物。通常先制成预浸料，再模压成形；形状简单的制品，可先压制出层压板，再用专门的方法二次成形。此外，还可采用注射成形方法成形（先将长纤维、织物等增强材料置入闭合模腔内填满）。

**3. 树脂基复合材料设计中需注意的问题**

复合材料的设计是一项复杂的工作，设计中需注意如下几个问题。

（1）成形工艺的选择应以制品结构和使用受力情况为依据　如为载荷条件非常清楚的单向受力杆件和梁，拉挤法成形可保证制品在顺着纤维方向上具有最大的强度和刚度；板壳构件可采用连续纤维缠绕工艺以实现各个方向都具有不同强度和刚度的要求。也可选取纤维织物或胶布、无纬布、无纬带等预浸料交叉铺叠，或用 $0°$、$90°$ 方向的连续纤维组成得到各向异性的制品。设计时，通常将纤维主方向与板、壳的框、肋成 $45°$ 角，这样利于发挥纤维的强度，而且在板、壳面内有较高的抗剪能力；对于载荷情况不是很清楚或承受随机分布载荷的制品，选用短切纤维模压、喷射等成形方法可以获得近似各向同性的制品。当采用连续长纤维组成时，可按 $0°$、$\pm 60°$、$\pm 45°$、$90°$ 几个方向铺设，但这类复合材料的强度和刚度较低。

树脂基复合材料中，纤维强度与弹性模量通常要比基体大几十倍，而且复合材料内基体与增强体间的界面结合力又是决定其强度的主要因素之一，所以树脂基复合材料常会出现层间剪切强度、层间抗拉强度及剪切弹性模量低的问题。例如，纤维维强化的玻璃钢在纤维方向的抗拉强度很高，可达 $1\times 10^3 \text{MPa}$，但横向强度只有 $50\text{MPa}$。如果设计时只知道主方向载荷，很可能设计出的构件在主方向载荷下没有破坏，却在次要的另一方向载荷下发生断裂，这在各向同性的金属材料中通常不会发生。因此，对于复合材料，必须在设计以前把实际可能出现的载荷及分布都弄清楚。

（2）构件弯折处应设计过渡圆角　构件弯折处一般容易产生应力集中，树脂基复合材料构件的弯折处还会出现部分树脂聚积和纤维缺胶，这样更容易使构件弯折处的强度降低，圆角的设置可改善强度性质。

（3）采取适当措施提高构件刚度　有些复合材料的弹性模量较低，可采取增加结构截面积（增加厚度）或采用夹层结构等方法来提高构件刚度。

（4）尽可能合并结构元件　复合材料的形成和制品的成形是同时完成的，从而能够容易和经济地实现大型复杂形状制品的一次性整体成形。因此，可按设计需要，根据运输、安装的可能与方便，尽可能合并结构元件，将其一次成形成为一个整合件。这样可简化制品结构，减少组成零件和连接零件的数量，减少连接与安装的工作量，对减轻制品质量，降低工艺消耗，提高结构使用性能和降低成本十分有利。

（5）严格成形操作工艺　树脂基复合材料成形方便，这是因为树脂在固化或冷凝前具有一定的流动性，纤维很柔软，依靠模具容易形成要求的形状和尺寸。有的甚至不用加热与加压，只需使用廉价简易的设备和模具，便可由原材料直接成形出大尺寸制品。这对单件或小批量制品尤为方便，是金属制品工艺无法相比的。但是，树脂基复合材料成形时，具体工艺操作要求比较严格。如果材料的组分、配比、纤维排布（或分布）不符合设计要求，操作中形成皱褶、气泡或其他缺陷，都将影响制品质量。另外，应当避免那些降低性能的工艺操作（如钻孔和切断纤维），尽量减少和消除性能薄弱区、应力集中区（如孔、沟、槽等）。尤其是热固性树脂基复合材料，其制品一旦出现缺陷，大多会因不可修复而报废，材料也无法回收利用，从而造成浪费。

### 4.4.2　金属基复合材料的成形

金属基复合材料是以金属为基体，以纤维、晶须、颗粒、薄片等为增强体的复合材料。基体金属多采用纯金属及合金，如铝、铜、银、铅、铝合金、铜合金、镁合金、钛合金、镍合金等。增强材料采用陶瓷颗粒、碳纤维、石墨纤维、硼纤维、陶瓷纤维、陶瓷晶须、金属纤维、金属晶须、金属薄片等。复合成形工艺以复合时金属基体的物态不同可分为固相法和液相法。由于金属基复合材料的加工温度高，工艺复杂，界面反应控制困难，成本较高，故应用的成熟程度远不如树脂基复合材料，应用范围较小。目前，主要应用于航空航天领域。

**1. 颗粒增强金属基复合材料的成形**

对于以各种颗粒、晶须及短纤维增强的金属基复合材料，其成形通常采用以下方法：

（1）粉末冶金复合法　第五章单独讲述，此处不再涉及。

（2）液态搅拌复合铸造法　如图4-40所示，一边高速搅拌基体金属熔融体，一边向熔融体逐步投入增强颗粒，待增强颗粒分散、混合、润湿，形成均匀的液态金属基复合材料时，再采用压力铸造、离心铸造和熔模精密铸造等方法形成金属基复合材料。为提高增强颗粒与基体金属液之间的润湿性，可利用某些与基体金属液有较好润湿性的金属包覆增强颗粒，或在基体金属液中加入利于浸润的合金元素，以改进浸润能力。

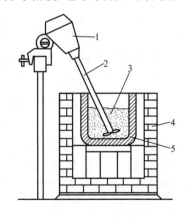

图 4-40　液态搅拌复合示意图
1—电动机　2—搅拌棒　3—熔融金属
与颗粒增强物　4—加热电炉　5—坩埚

（3）半固态搅拌复合铸造法　与液态搅拌铸造法不同，投入、搅拌分散增强颗粒是在基体金属加热至液相线与固相线之间进行的，此时金属液中存在大量的固相晶体（质量分数通常为40%~60%），可有效防止增强颗粒的沉浮或凝聚，使其分散均匀，且因温度低而吸气少。因此，半固态搅拌法比全液态搅拌法更容易获得合格的颗粒增强复合材料。

（4）喷射复合铸造法　用氩气、氮气等非活性气体把增强颗粒喷射于正在浇注的金属液流上，随着金属液流的翻动而使增强颗粒分散混入金属液中，此法可解决钢铁等高熔点金属为基体的复合材料因搅拌棒材料问题引起的搅拌困难。

（5）原位反应增强颗粒复合法　原位反应增强颗粒的制备方法有好几种，如要在铝液中形成原位增强颗粒 TiC，可以向含钛的铝液中通入 $CH_4$，$CH_4$ 分解并与铝液中的钛反应，便在铝液中原位形成了 TiC 增强颗粒。原位反应增强颗粒可避免外加增强颗粒带来的问题，如表面存在污染附着物，与基体相容性差，界面结合不良；以及颗粒尺寸大且常带尖角，对基体割裂作用大，增强效果发挥不够理想等。

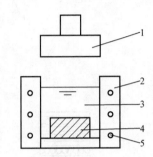

（6）预成形体加压浸渍复合法　将颗粒、短纤维或晶须增强体制成含一定体积分数的多孔预成形坯体，将预成形坯体置于金属型腔的适当位置，浇注熔融金属并加压，使熔融金属在压力下浸透预成形坯体（充满预成形坯体内的微细间隙），冷却凝固形成金属基复合材料制品，采用此法已成功制造了陶瓷晶须局部增强铝活塞。图 4-41 所示为加压浸渍工艺示意图。

图 4-41　加压浸渍工艺示意图
1—压头　2—模型　3—金属溶液
4—预制件　5—加热元件

（7）挤压或压延复合法　将短纤维或晶须增强体与金属粉末混合后进行热挤或热轧，获得制品。

**2. 纤维增强金属基复合材料的成形**

对于长纤维增强的金属基复合材料，其成形方法主要有：

（1）扩散结合法　按制件形状及增强方向要求，将基体金属箔或薄片以及增强纤维裁剪后交替铺叠，然后在低于基体金属熔点的温度下加热加压并保持一定时间，基体金属蠕变和扩散，使纤维与基体间形成良好的界面结合，获得制件，图 4-42 所示为扩散结合法示意图。与其他复合工艺相比，该方法易于精确控制，制件质量好。但由于加压的单向性，该方法限于制作较为简单的板材、型材及叶片等制件。

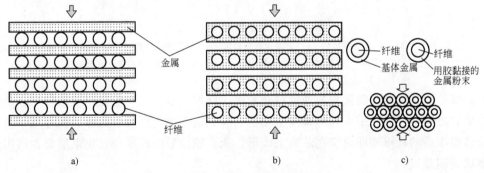

图 4-42　扩散结合法示意图
a）金属箔与纤维交替排列复合法　b）单层纤维复合板重叠法　c）表面镀有金属的纤维结合法

（2）熔融金属渗透复合法　在真空或惰性气体介质中，使排列整齐的纤维束之间浸透熔融金属，如图 4-43 所示。常用于连续制取棒、管和其他截面形状的型材，而且加工成本低。

（3）等离子喷涂复合法　在惰性气体保护下，等离子弧向排列整齐的纤维喷射熔融金

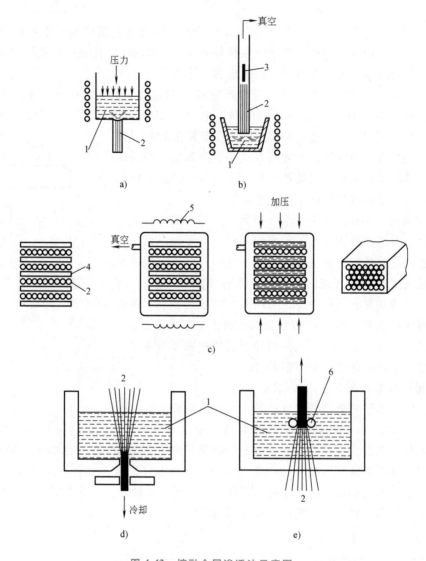

图 4-43　熔融金属渗透法示意图

a）压力渗透法　b）真空吸铸法　c）熔融金属结合法　d）下拉连续铸造法　e）上拉连续铸造法

1—熔融金属　2—纤维　3—冷却块　4—Al箔　5—加热器　6—导轮或模子

属微粒，其特点是熔融金属微粒与纤维结合紧密，纤维与基体材料的界面接触较好；微粒在离开喷嘴后急速冷却，几乎不与纤维发生化学反应，也不损伤纤维。此外，在等离子喷涂的同时，将喷涂后的纤维随即缠绕在芯模上成形，或将喷涂后的纤维经过集束层叠，再用热压法压制成为制品。

等离子喷涂法不仅用于纤维复合材料的成形，还可以将高熔点的合金或陶瓷喷涂于金属板的表面，形成层合复合材料。

**3. 层合金属基复合材料的成形**

层合金属基复合材料是由多层不同金属相互紧密结合组成的材料，可根据需要选择不同的金属层。其主要成形方法如下：

（1）轧合　如图4-44所示，将不同的金属层通过加热、加压轧合在一起，形成整体结合的层压包覆板。包覆层金属的厚度一般是层压板厚度的2.5%～20%。

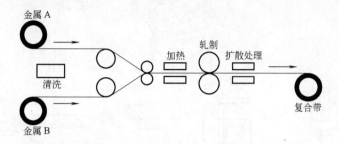

图4-44　轧制复合法示意图

（2）双金属挤压　如图4-45所示，将由基体金属制成的金属芯置于由包覆用金属制成的套管中，组装成挤压坯，在一定压力、温度条件下挤压成具有无缝包覆层的线材、棒材、管材、矩形和扁型材等。

（3）爆炸焊合　利用炸药爆炸产生的爆炸力使金属叠层间整体结合成一体。

（4）离心复合　在基体金属液中搅拌加入相对密度较小的另一物质固态颗粒，均匀分散后使用离心铸造，可使较重的基体金属液以较

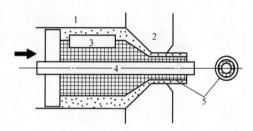

图4-45　双金属管复合坯料挤压法示意图
1—挤压筒　2—挤压模
3—复合材料　4—芯杆　5—双金属管

快的速度偏聚在圆筒外表面，较轻的另一物质偏聚在圆筒内表面，铸件完全凝固后，便形成内、外层由不同物质组成的铸件，如石墨/铝轴承铸件（石墨内层/铝外壳）。

### 4.4.3　陶瓷基复合材料的成形

陶瓷基复合材料的成形方法分为两类，一类是针对陶瓷短纤维、晶须、颗粒等增强体，复合材料的成形工艺与陶瓷基本相同，如料浆浇注法、热压烧结法等；另一类是针对碳、石墨、陶瓷连续纤维增强体，复合材料的成形工艺常采用料浆浸渗法、料浆浸渍后热压烧结法和化学气相渗透法。

（1）料浆浸渗法　将纤维增强体编织成所需形状，用陶瓷浆料浸渗，干燥后进行烧结。该法的优点是不损伤增强体，工艺较简单，无需模具；缺点是增强体在陶瓷基体中的分布不均匀。

（2）料浆浸渍后热压烧结法　将纤维或织物增强体置于制备好的陶瓷粉体浆料里浸渍，然后将含有浆料的纤维或织物增强体布成一定结构的坯体，干燥排胶后在高温、高压下热压烧结为制品，如图4-46所示。与料浆浸渗法相比，该方法所获制品的密度与力学性能均有所提高。

（3）化学气相渗透法　将增强纤维编织成所需形状的预成形体，并置于一定温度的反应室内，然后通入某种气源，在预成形体孔穴的纤维表面上产生热分解或化学反应并沉积出所需陶瓷基质，直至预成形体中各孔穴被完全填满，获得高致密度、高强度、高韧性的制件。

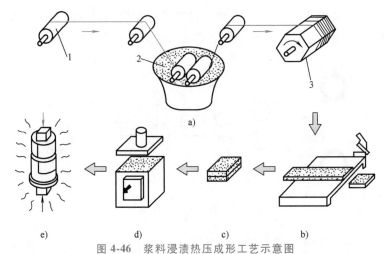

图 4-46　浆料浸渍热压成形工艺示意图

a）浸浆　b）切断　c）堆叠　d）干燥排胶　e）加热加压烧结

1—供料滚筒　2—浆料　3—卷丝滚筒

# 习　　题

4-1　影响塑料流动性的因素有哪些？

4-2　什么是塑料的结晶型？塑料的结晶性与金属的结晶型有何不同？为什么？

4-3　分析塑料注射成形的工艺过程。热塑性塑料注射成形工艺条件有哪些？参数如何控制？

4-4　分析注射成形、压塑成形、传递成形的主要异同点。

4-5　下列塑料件分别用何种方法成形？

电视机外壳、电冰箱内胆、铝锅手柄、饮料瓶、手机外壳、塑料管。

4-6　塑料制件和金属零件的尺寸公差有何不同？为什么？

4-7　分析如图 4-47 所示塑料件的结构是否合理？并提出改进意见。

4-8　为什么橡胶先要塑炼？成形时硫化的目的是什么？

4-9　橡胶的注射成形与压制成形各有何特点？

4-10　简述陶瓷制品的生产过程。

4-11　陶瓷注浆成形对浆料有何要求？其坯体是如何形成的？该法适于制作何类制品？

4-12　陶瓷压制成形用坯料为何要采用造粒粉料？

4-13　陶瓷压制成形与等静压成形各有何特点？

4-14　陶瓷热压注成形采用什么坯料？如何调制？该法在应用上有何特点？

4-15　复合材料成形工艺有什么特点？

4-16　复合材料的原材料、成形工艺和制品性能之间存在什么关系？

4-17　在复合材料成形时，手糊成形为什么被广泛采用？它适合于哪些制品的成形？

4-18　模压成形工艺按成形方法可分为哪几种？各有何特点？

4-19　纤维缠绕工艺的特点是什么？适用于何类制品的成形？

4-20　颗粒增强金属基复合材料的成形方法主要有哪些？

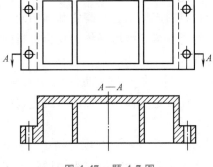

图 4-47　题 4-7 图

# 第5章

# 粉末冶金成形及其他新型成形方法

## 5.1 粉末冶金成形

粉末冶金成形是将粉末原料（金属粉末、金属粉末与非金属或化合物粉末的混合物）经成形和烧结等工序制成金属材料和制品的工艺技术。由于粉末冶金与陶瓷的生产工艺在形式上类似，此工艺方法又称为金属陶瓷法。

### 5.1.1 粉末冶金成形的特点与应用

#### 1. 粉末冶金成形的特点

粉末冶金成形工艺过程是：制备原料粉末，将均匀混合的粉料压制成形，借助粉末原子间吸引力与机械咬合作用，使制品结合为具有一定强度的整体，然后在高温下烧结，由于高温下原子活动能力增强，粉末接触面积增大，同时，通过原子扩散，进一步提高粉末冶金制品的强度。粉末冶金成形具有以下特点：

（1）能够生产许多用其他方法不能生产的材料和制品 如熔铸困难的钨、钼等难熔合金，硬质合金等碳化物粉末制品，氧化物弥散强化合金等；一些由互不溶解的金属或金属与非金属组成的假合金材料，如制造电器触头的铜-钨、银-钨、铜-石墨等；可直接制造出质量均匀、孔隙度与孔径大小可控的多孔性制品，如含油轴承、过滤元件等。

（2）可制造具有某些独特性能的材料和制品 可根据性能要求，将金属与金属、金属与非金属等不同材料组合在一起，便于利用每一种材料的特性，制成具有某些独特性能的制品。例如，电动机上所用的电刷由铜和石墨烧结而成，铜用于保证高的导电性，石墨用于润滑；电器触点用钨与铜或银烧结而成，钨用于保证其在产生高温接触电弧时的抗熔性，铜或银用于保证其导电性；还有如摩擦材料等。

（3）可实现大批量生产零件与型材 粉末冶金不仅可用于大批量生产齿轮、链轮、棘轮、轴套等机械零件，还可用于生产板、带、棒、管、丝等型材；既可以制造质量仅为百分之几克的小制品，也可以用热等静压法制造近 2t 重的大型坯件。

（4）可实现少、无切削加工 粉末冶金成形工艺能够获得具有最终尺寸、形状与表面粗糙度的零件，因而可节省大量金属材料（金属总损耗一般只有 1%～5%）、加工工时和能量，具有很好的经济效益，其与机械加工的经济效益对比见表5-1。

粉末冶金成形工艺是一种制造特殊性能材料和制品的工艺方法，也是一种效率高、能耗低、材料省、价格低的少无切削的精密加工工艺，因而成为各工业发达国家十分重视的工业领域。

表 5-1　用粉末冶金法生产零件与机械加工的经济效益对比

| 零件名称 | 1t 零件的金属消耗量/t | | 相对劳动量 | | 1000 个零件的相对成本 | |
| --- | --- | --- | --- | --- | --- | --- |
| | 机械加工 | 粉末冶金 | 机械加工 | 粉末冶金 | 机械加工 | 粉末冶金 |
| 液压泵齿轮 | 1.80~1.90 | 1.05~1.10 | 1.0 | 0.30 | 1.0 | 0.50 |
| 钛制紧固螺母 | 1.85~1.95 | 1.10~1.12 | 1.0 | 0.50 | 1.0 | 0.50 |
| 黄铜制轴承保持架 | 1.75~1.85 | 1.15~1.13 | 1.0 | 0.45 | 1.0 | 0.35 |
| 飞机导线用铝合金固定夹 | 1.85~1.95 | 1.05~1.09 | 1.0 | 0.35 | 1.0 | 0.40 |

当前，粉末冶金成形方法主要采用压制成形后烧结，其不足之处是粉末的流动性差，压制成形所需的比压高，制品的质量、尺寸和形状受到限制，难以压制形状复杂或质量、尺寸大的零件，制件质量一般小于 10kg；粉末冶金制品内部总存在空隙，因此其力学性能较差，其强度低于相应锻件或铸件的 20%~30%，尤其是抗冲击性较差；粉末成形所用的压模加工制作比较困难，成本高，其经济效益只有在成批或大量生产时才能体现出来；另外，目前粉末成本还较高。但是，现代粉末冶金工艺已日趋多样化，出现了许多新的成形工艺，如同时实现粉末压制和烧结的热压烧结及热等静压法、粉末轧制、粉末锻造等，尤其是目前纳米粉末的获得，必将促进新的粉末冶金成形工艺的发展，更会使粉末冶金制品的种类与性能出现新的飞跃。

**2. 粉末冶金的应用**

近年来，粉末冶金制品、材料在国民经济各工业部门得到日益广泛的应用，表 5-2 列举了部分应用。

表 5-2　粉末冶金材料、制品的应用示例

| 工业部门 | 粉末冶金材料、制品应用举例 |
| --- | --- |
| 一般机械制造工业 | 硬质合金、金属陶瓷、粉末冶金高速钢、滚轮、拨叉、模具、量具 |
| 汽车、拖拉机制造工业 | 凸轮、轴承衬、链轮、气门套管、摩擦片、含油轴承、活塞环 |
| 电机、电器、计算机制造工业 | 电刷、磁极、触点、衬套、真空电极材料、磁性材料、记忆元件 |
| 化学、石油工业 | 过滤器、防腐零件、催化剂 |
| 军事工业 | 穿甲弹头、军械零件、多孔炮弹箍、高密度合金 |
| 航空航天工业 | 防冻多孔材料、耐热材料、固体燃料、火箭宇航零件、发汗材料 |
| 办公用具工业 | 偏心轴、调整垫圈、齿条导板、小型轴承 |

粉末冶金产品按用途可分为三类：

（1）机械零件　锡青铜-石墨或铁-石墨的粉末冶金制品经油浸处理后，可制成铜基或铁基含油轴承，具有良好的自润滑作用，广泛用于汽车、食品及医疗器械中。以钢或铁为基体粉末，加上石棉、二氧化硅、石墨、二硫化钠等粉末制成的粉末冶金制品，摩擦因数很大，用于摩擦离合器的摩擦片和制动片等。以铁粉和石墨粉为主要原料制成的铁基粉末冶金结构材料，可制造齿轮、凸轮、链轮、轴套、花键套、连杆、过滤器、拨叉、活塞环等零件，还

可进行热处理。

（2）工具　用碳化钨、碳化钛与钴烧结制成的硬质合金刀具、冷挤与冷拔模具和量具；用氧化铝、氮化硼、氮化硅等与合金粉末制成的金属陶瓷刀具；用人造金刚石与合金粉末制成的金刚石工具等。

（3）特殊用途的制品　如用作磁心、磁铁的强磁性铁镍合金、铁氧体；用于接触器或继电器上的铜钨、银钨触点；用于原子能工业的核燃料元件和屏蔽材料，以及一些耐极高温度的火箭与航空航天零件。

## 5.1.2　模压粉末冶金成形工艺过程

粉末冶金成形可采用钢模压制（简称模压）成形法或其他特殊的非模压成形法。模压成形法应用广泛，其成形工艺过程如图 5-1 所示。

图 5-1　模压粉末冶金工艺过程示意图

1）原料粉末的制取和准备。粉末可以是纯金属或合金、非金属、金属与非金属的化合物以及其他化合物等。

2）在常温下，将金属粉末及各种添加剂均匀混合后的松散粉料，装入封闭的钢制模具型腔内，在压力机上压制成所需形状的坯块，即压坯。

3）将坯块在物料主要组元熔点以下的温度进行烧结，使制品具有最终的物理、化学和力学性能。

### 1. 粉末制备

制取粉末的方法有很多，主要取决于该材料的性能及制取方法的成本。粉末的形成过程实际是将能量传递到材料，从而制造新生表面。例如，一块 $1m^3$ 的金属可制成大约 $2 \times 10^{18}$ 个直径为 $1\mu m$ 的球形颗粒，其表面积大约为 $6 \times 10^6 m^2$。

金属粉末的制取可分为机械法和物理-化学法两大类。机械法制取粉末是将原材料机械粉碎而化学成分基本不发生变化的工艺过程；物理-化学法则是借助化学或物理作用，改变原材料的化学成分或聚集状态而获得粉末的工艺过程。但在粉末冶金生产实践中，机械法和物理-化学法之间并没有明显的界限，而是相互补充的。例如，可使用机械法去研磨还原法所得粉末，以消除应力和脱碳等。

（1）机械粉碎法　机械粉碎法既是一种独立的制粉方法，又常作为某些制粉方法的补充工序。机械粉碎是靠压碎、击碎和磨削等作用，将块状金属、合金或化合物机械粉碎成粉末。以压碎为主要作用的有碾碎、辊轧以及颚式破碎等；以击碎为主的有锤磨；属于击碎和磨削等多方作用的有球磨、棒磨等。球磨法是最常用的是机械粉碎法，适宜制备脆性金属粉末和经过脆化处理的金属粉末。

（2）液态雾化法　利用高压气体或高压液体对经由坩埚嘴流出的金属或合金熔液流进行喷射，通过机械力和激冷作用使金属或合金熔液雾化，形成直径小于 $150\mu m$ 的细小液滴，冷凝成为粉末，如图 5-2 所示。该法可制取多种金属粉末和合金粉末，如铁、钢、铅、锌、铝青铜、黄铜等粉末。任何能形成液体的材料都可通过雾化来制取粉末。

制造大颗粒粉末时，只要让熔融金属通过小孔或筛网自动注入空气或水中，冷凝后便得到金属粉末。这种方法制得的粉末粒度较粗，一般为 0.5~1mm，适用于制取低熔点金属粉末。

（3）化学还原法　用还原剂还原金属氧化物及盐类来制取金属粉末是一种广泛采用的制粉方法，其方法简单、生产费用低，如铁粉、钨粉等主要由氧化铁粉、氧化钨粉通过还原法生产。

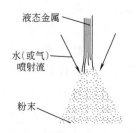

图 5-2　液态雾化法示意图

**2. 粉末配制**

粉末冶金成形前，要对粉末进行退火、筛分、混配料、制粒等预处理及配制。

（1）退火　采用还原性气氛，有时也可用惰性气体或在真空条件下对粉末进行预退火处理，可使粉末中残留的氧化物进一步还原、降低碳和其他杂质的含量，提高粉末的纯度，消除粉末的加工硬化等。此外，为防止某些超细金属粉末自燃，需将其表面钝化，这时也要作退火处理。退火后粉末的压制性能会得到改善。

（2）筛分　把颗粒大小不匀的原始粉末进行分级，使粉末能够按照粒径不同分成粒径范围更窄的若干等级。通常用标准筛网制成的筛子进行粉末筛分。

（3）混配料　包括配料和混合，根据配料计算并按规定的粒度分布将两种或两种以上粉末进行充分混合的过程，使成分、性能、粒径不同的组元形成均匀的混合物，以利压制和烧结时状态均匀一致。

混合时，除基本原料粉末，还需添加三类组元：合金组元，如铁基中加入的碳、铜、铝、锰、硅等粉末，烧结后与基本原料粉末形成合金相；填料粉末，如摩擦材料中加入的 $SiO_2$ 粉、$Al_2O_3$ 粉及石棉粉等，烧结后不与基本原料粉末形成合金相，处于游离状态，用于改善制品的某些性能；工艺性组元，如作为润滑剂的石蜡等，作为增塑剂的硬脂酸锌等，作为黏结剂的汽油橡胶溶液、树脂等，以及在烧结过程中能造成一定孔隙的造孔剂氯化铵等，主要用于改善成形性能或造孔，烧结时可完全挥发。

（4）制粒　将小颗粒的粉末制成大颗粒或团粒的工序，常用来改善粉末的流动性。能承担制粒任务的设备有滚筒制粒机、圆盘制粒机、振动筛制粒机和喷雾制粒机等，以喷雾制粒机的制粒质量最高。

**3. 压坯**

将松散的粉末制成具有一定形状、尺寸、密度和强度坯块的过程，整个过程通常由称粉、装粉、压制、保压及脱模等工序组成。

（1）称粉与装粉　按质量或容积称取形成一个压坯所需的粉料装入钢制模具型腔中。采用非自动压制成形和小批量生产时，多用质量法称量；大量生产和自动化压制成形时，一般采用容积法称量。

（2）压制　将装在型腔中的粉料压实，使之具有一定强度、密度、形状和尺寸要求的压坯，以便接受搬运、烧结等后续处理。

压制除使粉末成形外，还决定了制品的密度及均匀性，对烧结后制品的性能产生很大影响。压坯密度越大，烧结制品的强度越高。均匀的压坯密度使烧结制品的各部分性能具有同一性，否则，不仅性能不均一，还会因密度不均使收缩不均匀，从而使制品中产生较大的应力，出现翘曲变形甚至裂纹等。因此，压坯密度及均匀性是其质量的重要标志，压制成形时，应力使压坯密度高且分布均匀。

不同的压制方式，压坯密度的不均匀程度有差别。由于粉末的流动性不好，压制过程中，粉末颗粒之间，粉末颗粒与上下模冲、模腔壁之间存在摩擦，会使压力损耗，导致压坯各向密度总存在不均匀，不仅沿高度分布不均匀，而且沿压坯断面的分布也不均匀。双向压制可比单向压制减小压坯密度分布上的差异。在粉料中添加润滑剂，可减小粉末与模壁之间的摩擦，从而在相同压力下提高压坯密度。为减小粉末冶金制品各部位的密度差异，理想的形状是沿长度方向具有相同的横截面，对于梯形件，压制时应使用多模冲同时对粉末加压，如图 5-3 所示。

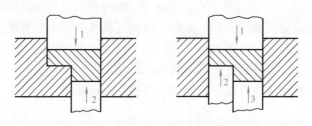

图 5-3 阶梯形坯块压制示意图

1—上冲头 2、3—下冲头

（3）脱模 使压坯从封闭的模具型腔中脱出的过程称为脱模。

**4. 烧结**

烧结是将压坯按一定规范加热到基体金属熔点以下温度（约 $0.7 \sim 0.8 T_m$，单位为 K）保温，使压坯成为具有一定性能制品的工序。烧结过程中，压坯的粉末颗粒之间要产生原子扩散、固溶、化合、黏接等一系列物理化学变化，从而使颗粒聚结、压坯收缩、度密增大、强度提高。

烧结对粉末冶金材料和制品的性能有决定性的影响。烧结过程应在还原性气氛或真空炉内进行，以防压坯发生氧化、脱碳。应严格控制温度、加热时间、升温速度与冷却速度等工艺参数。温度过高或加热时间过长，会使压坯歪曲变形、晶粒粗大，产生"过烧"废品；温度过低或加热时间过短，会降低压坯的烧结结合强度，产生"欠烧"废品；升温过快，压坯会出现裂纹，且氧化物还原反应不充分；冷却速度不同则会得到具有不同显微组织、强度、硬度等性能的制品。

**5. 后处理**

大部分粉末冶金制品烧结后即成为成品。但有些零件的使用要求高，烧结后还需通过后续工序处理，称（烧结）后处理。常用的几种后处理工艺如下。

（1）整形、复压与复烧 整形是将烧结品置于整形模中，施加一定压力，使之产生塑性变形和挤压，从而提高制品的尺寸精度，减小其表面粗糙度值，并提高其表面硬度和耐磨性。

复压是在比压制更高的压力下进行，可使制品的密度、强度、尺寸精度得到更大幅度提高，表面粗糙度值显著减小。复压后的零件往往需要在退火温度下进行复烧，以消除复压造成的加工硬化和内应力。

（2）浸渍、渗透、表面处理　浸渍是利用烧结件多孔性的毛细现象，浸入各种液体的工序。如各种自润滑轴承浸渍润滑油、聚四氟乙烯溶液、铅溶液等；某些耐压件或气密件需浸渍塑料；有些制品为了保护表面，可浸渍树脂或清漆等。

渗透是将低熔点金属或合金渗入压制件的空隙中，经充填和密闭作用获得致密制品。此工序可在烧结过程中进行，也可在复烧过程中进行。

表面处理是对烧结制品进行镀敷（如电镀）、喷砂、磷化、蒸汽发蓝、阳极化处理等，以提高制品耐蚀性或表面质量。

（3）热处理　热处理主要对铁基制品进行，以提高其强度和硬度，通常制品密度越高，热处理效果越好。对于孔隙度小于10%的制品，可像普通钢一样进行各种热处理，如整体淬火、渗碳淬火、碳氮共渗等。对于孔隙度大于10%的制品，不能采用盐浴炉加热，以防盐液浸入孔隙中，造成内腐蚀。另外，低密度制品气体渗碳时，容易渗透到中心。

（4）切削加工　切削加工主要加工一些不能直接压制的部位，如内、外螺纹，与压制方向垂直的横槽、横孔，以及精度要求高的部位。

粉末冶金制品也可用焊接方法进行连接而得到复杂形状。

### 5.1.3　模压成形粉末冶金制品的结构工艺性

采用模压方法生产粉末冶金制品时，应该在满足使用要求的前提下，尽量符合模具压制成形的要求，即模压成形粉末冶金制品的结构工艺性要求，以便高效率、高质量地制作出符合使用要求的粉末冶金制品。表5-3列出了部分模压成形粉末冶金制品的结构工艺性要求。

表 5-3　部分模压成形粉末冶金制品的结构工艺性要求

| 对粉末冶金制品结构的要求 | | 不当设计 | 推荐设计 | 说明 |
|---|---|---|---|---|
| 1. 避免制品或模具出现尖角 | 避免模具出现脆弱的尖角 | | | 圆弧连接处加小平台 |
| | | | | 两形体相切改为用倒角或圆角相交 |
| | 避免因尖角连接处出现压坯薄弱尖边,减轻模具与压坯应力集中,减小裂纹倾向,利于粉末流动 | | | 尖角改为圆角 |

（续）

| 对粉末冶金制品结构的要求 | | 不当设计 | 推荐设计 | 说明 |
|---|---|---|---|---|
| 2. 避免压坯出现局部薄壁（壁厚应不小于1.5mm） | 避免局部薄壁,利于压坯密度均匀和烧结收缩均匀 | 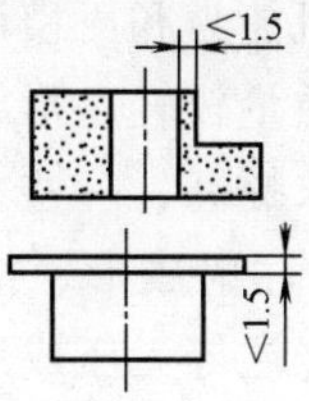 | 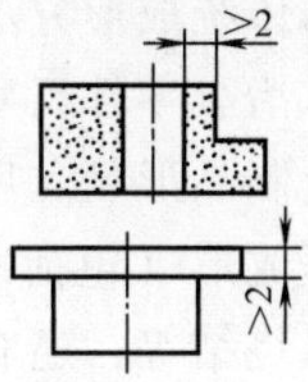 | 增厚薄壁处 |
| | | 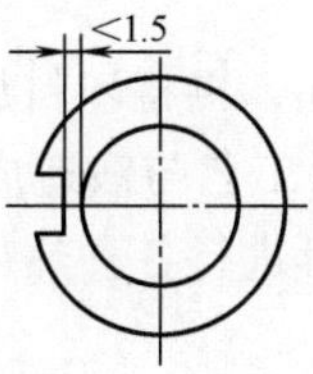 | 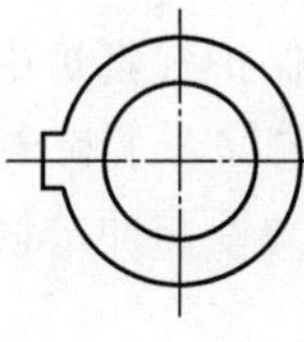 | 键槽改为凸键 |
| 3. 锥面和斜面端须有一小段平直带 | 避免模具在压制时损坏 |  | 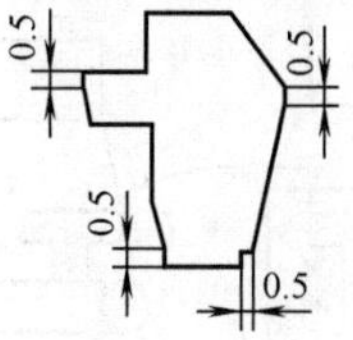 | 在斜面一端加平直带 |
| 4. 需要有脱模锥角或圆角 | 利于压坯取出 | 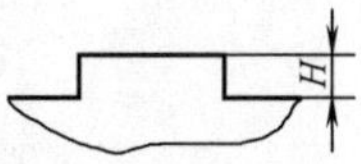 | 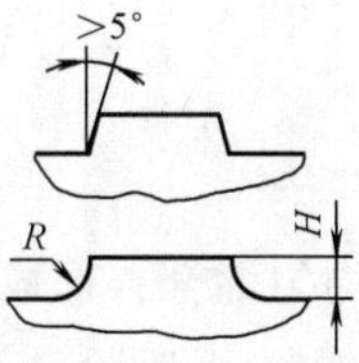 | 圆柱改为圆锥或圆角 |
| 5. 避免垂直于压制方向的横槽、横孔、倒锥 | 利于压坯取出与简化模具加工 | 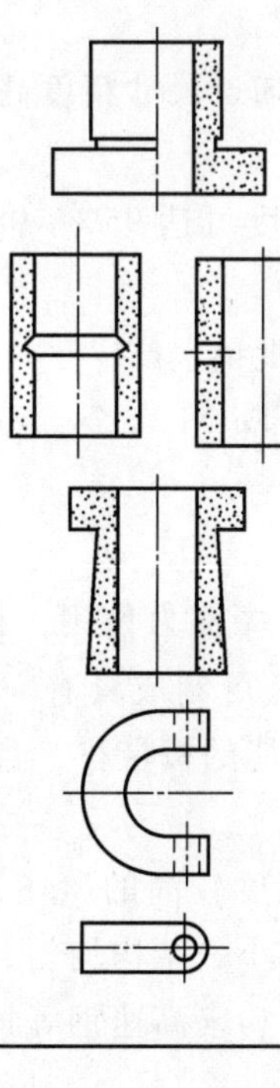 | 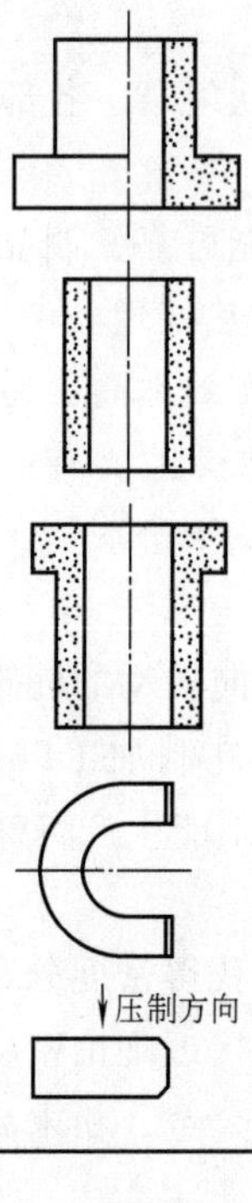 | 不用横凹槽、横孔或倒锥形,不可避免时采用加敷料再机加工的方法 |

187

### 5.1.4 粉末冶金非模压特殊成形方法

钢模压制是粉末冶金的传统成形方法,但压机能力和压模设计是限制压坯尺寸、形状的重要因素,所以传统的粉末冶金零件尺寸较小、质量较轻、形状较简单。随着科学技术的发展及对粉末冶金材料性能及制品形状、尺寸的要求提高,一些非钢模压制的粉末冶金特殊成形方法相继出现,如等静压成形(包括冷和热)、注射成形、挤压成形、轧制成形、锻造成形、三轴向压制成形、热压烧结等,还有如粉浆浇注等无压成形。

**1. 粉末锻造成形**

将粉末预压成形后,在保护气氛炉中烧结制坯,再将坯料加热至锻造温度进行模锻得到制品,如图 5-4 所示。该工艺综合了粉末冶金成形工艺与锻造成形工艺的优点,因此制品尺寸精度高,力学性能特别是塑性与冲击韧性好,可进行各种热处理。

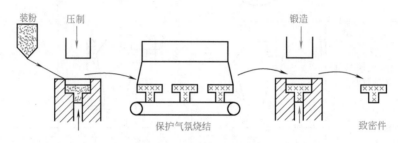

图 5-4 粉末锻造成形示意图

**2. 粉末注射成形**

将粉末与有机黏结剂均匀混合,形成具有流变性的物质,然后采用注射机将其注入具有零件形状的模腔,形成坯件,再脱除坯件中的黏结剂并烧结成为制品。该工艺具有以下特点。

1)适用于制造几何形状复杂、各部分密度均匀、尺寸精度高的精密及具有特殊要求的小型零件(0.2~200g)。

2)产品质量稳定、性能可靠,制品的相对密度可达 95%~98%,强度比压制成形产品高 15%左右,可以进行各种热处理。

3)制造工艺简单、生产效率高,易于实现大批量生产。

粉末注射成形适用的材料主要有:Fe 合金、Fe-Ni 合金、不锈钢、W 合金、Ti 合金、Si-Fe 合金、硬质合金和永磁合金等。

**3. 金属粉末轧制成形**

将金属粉末送入一对相向转动的轧辊间,由于摩擦力作用,粉末被轧辊连续压缩成形,形成的轧制坯料烧结后再经轧制加工以及热处理,可制成具有一定孔隙度的粉末冶金板带材,如图 5-5 所示。粉末轧制能生产特殊结构和性能的板带材,且成材率高、工序少、设备投资小、生产成本低。

另外,冷等静压成形可获得密度分布均匀和强度较高的压坯,烧结时不易变形和开裂,特别是热等静压成形可制得接近理论密度、晶粒细小、结构均匀、各向同性和具有优异性能的制品,已广泛应用于硬质合金、粉末高温合金、粉末高速钢等材料的成形。粉末挤压不但

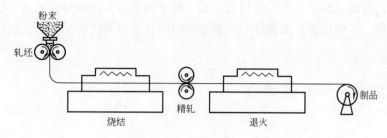

图 5-5　粉末轧制示意图

可制得长度尺寸不受限制、密度高而均匀的制品，而且生产可连续进行，效率高，灵活性大，设备简单，操作方便。粉浆浇注可用于低成本制造尺寸大而形状复杂的粉末冶金制品。

### 5.1.5　几种典型粉末冶金材料

**1. 粉末冶金高速钢**

高速钢具有高硬度、高强度、高耐磨性和高热硬性等优良的力学性能，广泛用于制作高速切削刃具，但用传统铸锻方法生产的高速钢成分不均匀，存在粗大共晶化合物，且晶粒粗大不匀，降低了高速钢的韧性，影响其使用性能。粉末冶金高速钢则是在惰性气体中雾化形成的高速钢粉末装入包套进行冷等静压制成坯件，再于高压、高温下进行热等静压至完全致密固结，或直接将高速钢粉末装入包套进行热等静压至完全致密固结，然后按常规的塑性成形方法将固结钢坯加工成所要求的尺寸，所获制品的合金元素含量有所提高，碳化物颗粒细小分布均匀，不存在粗大碳化物聚集，具有细晶组织，在提高耐磨性的同时可改善其韧性，并具有较高的屈服强度，因而提高了制品的使用寿命。粉末冶金高速钢不仅可用于制作铣刀铣削耐热高合金钢、奥氏体不锈钢、制作铰刀、丝锥和钻头等孔加工刃具，制作拉刀拉削渗碳钢、高温合金等难切削材料，还可用于制作齿轮滚刀，冲裁模具的冲头和凹模，冷镦、压制和挤压模及滚丝模等。

**2. 硬质合金**

用作高速切削刃具的硬质合金具有很高的硬度、耐磨性和热硬性，它是以形成硬质基体的碳化钨、碳化钛、碳化钽、碳化铌等难熔碳化物粉末，以及作为黏接金属的钴等金属粉末为原料，其生产工艺流程如图 5-6 所示。

**3. 粉末冶金多孔材料**

粉末冶金多孔材料通常采用钢模压制或粉浆浇注、松装烧结等无压成形方法制造，过程较简单。制品孔隙度通常大于 15%，内部孔隙弯曲配置，纵横交错，孔隙度和孔径大小可以控制，具有优良稳定的渗透、吸附、贮存、过滤等性能，具有足够的强度和塑性，耐高温、

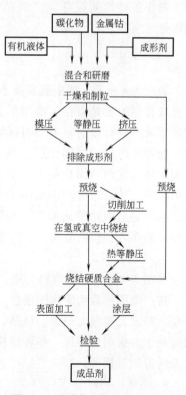

图 5-6　硬质合金生产工艺流程

抗热振，可在高温或低温下工作，使用寿命长。粉末冶金多孔材料可制成航空航天用发汗材料与各种过滤器，可用作催化剂载体，经油浸渍制成含油自润滑轴承，以及制作含香金属制品等。

## 5.2 其他新型成形方法简介

### 5.2.1 快速成形技术

快速成形是根据材料堆积原理制造实物产品的一项新技术。它是利用产品的三维模样CAD数据，通过快速成形机，将一层层的材料堆积成实体原型，从而迅速精确制造出该产品，集中体现了计算机辅助设计、数控加工、新材料开发等多学科、多技术的综合应用。

**1. 分层实体成形法**（LOM 法，Laminated Object Manufacturing）

如图 5-7 所示，将需要快速成形产品的三维图形输入计算机，通过计算机控制的激光束按三维图形的各层截面轮廓依次对薄形材料（如底面涂热熔胶的纸等）进行切割，铺纸切割过程中，热滚压筒将各切割纸层依次黏结，全部成形切割完成后，剥离废纸小方块，即可得到硬如胶木的纸质件。此法可用于制作各种纸质模样、"失纸精密铸造"的铸造母模等。

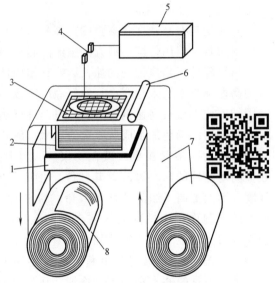

图 5-7　分层实体成形法（LOM 法）示意图
1—工作台　2—已切割粘合部分　3—切割层
4—激光偏转装置与定位控制器
5—激光发生器　6—热滚压筒
7—原料纸卷与纸　8—切割线外边纸回收卷

**2. 光固化成形法**（SLA 法，Stereo Lithography Appearance）

如图 5-8 所示，槽中盛满液态光敏树脂，计算机控制的激光束在三维图形各层截面轮廓线区域内进行照射，被照射区域的液态光敏树脂很快形成一层固化层，新固化的一层牢固地结合在前一固化层上，如此重复直至成形完毕，从液态树脂中取出成形体后再固化，获得完全固化的成形件。光固化成形法可用于制作各种树脂质模样、铸造消失模以及在熔模精密铸造中替代蜡模的树脂模等。

**3. 选择性激光烧结法**（SLS 法，Selective Laser Sintering）

如图 5-9 所示，将塑料、蜡、陶瓷、金属及其复合物等粉末原料薄薄地铺一层在工作台上，按三维图形截面轮廓的信息，激光束扫过之处，粉末烧结成一定厚度的实体片层，再铺一层新粉末，再激光扫描、烧结，并与前一层自然烧结成一体，最终快速形成实体制品。此法可用于直接制作零件、各种模样、精铸蜡模、实型铸造用消失模、铸造用陶瓷型壳和型芯以及铸造用母模等。

**4. 熔融沉积成形法**（FDM 法，Fused Deposition Modeling）

如图 5-10 所示，加热喷头在计算机的控制下，根据截面轮廓信息作 X-Y 平面运动，丝材（如聚碳酸酯与 ABS 等塑料丝、石蜡质丝等）由供丝机构送至喷头，在喷头中加热、熔化，然后按控制指令挤喷在工作台的规定区域，快速冷却形成一层截面轮廓，层层扫描挤喷冷凝叠加，最终形成制品。此法不采用激光，成本低，制作速度快，但精度相对较差，可用于制作塑料模样、精密铸造用蜡模、铸造用母模等。

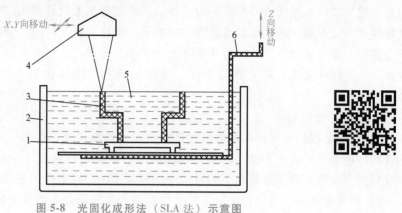

图 5-8　光固化成形法（SLA 法）示意图

1—工作台　2—树脂盛槽　3—已固化件

4—激光扫描器　5—液态树脂　6—升降台

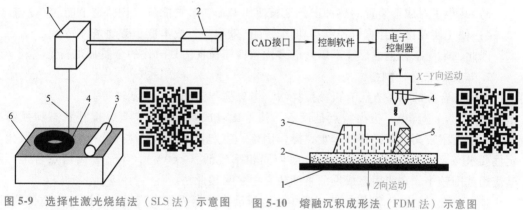

图 5-9　选择性激光烧结法（SLS 法）示意图

1—激光扫描器　2—激光发生器　3—压平辊子

4—已烧结件　5—激光束　6—粉末

图 5-10　熔融沉积成形法（FDM 法）示意图

1—工作台　2—基板　3—沉积固化件

4—喷射器　5—支承体

快速成形技术具有以下特点：

1）制造原型所用的材料可以是非金属，也可以是金属。

2）原型的复制性、互换性高。

3）制造工艺与制造原型的几何形状无关，加工复杂曲面时更显优越。

4）加工周期短、成本低，成本与产品复杂程度关系不大，一般制造费用可降低 50%，加工周期缩短 70% 以上。

5）高度技术集成，可实现设计制造一体化。

## 5.2.2　半固态合金成形

半固态合金成形是介于液态成形和固态成形之间的一种成形方法，将合金熔化后，待它冷却到液相线与固相线温度区间时，对其进行强烈搅拌，在搅拌力的作用下，合金熔液中析出的树枝状晶体被打碎，并在周围合金液的摩擦熔融作用下，破碎的枝晶小块形成卵球状颗粒，分布在整个合金熔液中，形成一种在液态合金母液中均匀悬浮着一定颗粒状固相组分的糊状悬浮浆料，这种半固态合金浆料具有一定的流动性，随着剪切力的减小而降低，在剪切力较小或为零时，流动性降至具有固态性质，半固态成形就是利用这种半固态合金独特的流变特性实现成形的方法，是制造金属制品的又一独特领域。目前，半固态金属成形的铝、镁合金件已大量用于汽车工业的特殊零件上，如汽车轮毂、主制动缸体、反锁制动阀、盘式制动钳、动力换向壳体、离合器总泵体、发动机活塞、液压管接头、空压机本体和空压机盖等。

**1. 半固态成形特点**

1）应用范围广。半固态成形温度比全液态成形温度低，在剪应力作用下，半固态合金的流动性显著优于固态合金，因此半固态成形可用于各种合金（包括高熔点合金、固态塑性较低的合金等）和复合材料，并可采用压铸、挤压、模锻等工艺成形。

2）铸件质量高、力学性能好、尺寸精度高。半固态合金液具有特殊的流变特性，其充填过程平稳，液内已有均匀的细晶组织，且在压力下成形，凝固后组织致密均匀，铸件具有很好的综合力学性能，铸件质量和性能可达到锻件水平。同时，合金收缩小，铸件尺寸、形状精度高，表面粗糙度值小，可实现金属制品的近净成形。

3）减小了对成形装置的热冲击，延长使用寿命，节约能量（比铸造节能35%左右）。

4）便于实现微型计算机控制自动化，生产效率高，成本低，劳动条件好。

因此，半固态合金成形技术以其诸多优越性而被视为划时代的金属加工新工艺。

**2. 半固态合金的制备方法**

半固态合金的制备方法有机械搅拌法、电磁搅拌法和应变激活法等。

（1）机械搅拌法 突出特点是设备、技术比较成熟，易于实现，搅拌状态和强弱易控制，剪切速率较高。但搅拌器笨重，操作困难，生产效率低，对搅拌器材料的强度及化学稳定性要求高，搅拌器会污染合金液，浆液固相率较低（<60%），不适合高熔点合金，因此其应用范围较小，在半固态成形的早期研究中多采用此法。

（2）电磁搅拌法 利用旋转电磁场使金属液在容器内作涡流运动，以达到搅拌的目的。其突出优点是不用搅拌器、不会污染合金液、控制方便灵活，并可用于高熔点合金的半固态制备，因此应用较广，但设备投资大、成本高。

**3. 半固态成形方法**

依据成形工艺的不同，半固态成形方法可分为流变成形、触变成形、铸锻成形和复合铸造等。

（1）流变成形 用由浆料制备器生产的半固态合金浆料直接加工成形（铸造、挤压、轧制、模锻等）的方法。其中，射铸成形技术已应用于镁合金制品的生产，它是在成形机中含有一个特殊的螺旋推进系统，并配有加热源，合金的普通铸锭从螺旋推进系统一端加入，一边被加热、一边螺旋搅拌推进，到达另一端的合金已是具有流动性的半固态合金，随后被射入模型中成形。流变成形比触变成形节省能源，流程短，设备简单，是重要的发展方向。

（2）触变成形 由浆料制备器生产的半固态合金浆料先铸成一定形状的"铸锭"，像软固体一样可以搬运、切块、储藏，使用时将其在半固态温度范围内重新加热，装入成形机进行成形（铸造、挤压、轧制、模锻等）的方法，如图 5-11 所示。由于半固态合金坯料加热输送方便，易于自动化，因而在生产中应用较广泛。

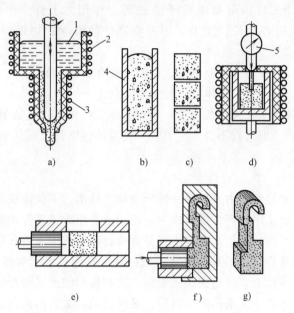

图 5-11　半固态合金触变成形工艺过程

a）浆料制备器　b）锭料　c）切割　d）重新加热　e）装入锭料　f）压铸　g）铸件

1—合金液　2—加热器　3—冷却器　4—铸型　5—软度指示计

### 5.2.3　电磁成形

电磁成形是利用瞬间高压脉冲磁场，使金属产生塑性变形，从而实现成形的一种新型塑性加工方法，属于高能率加工。电磁成形技术可进行金属板材的冲孔、压花及管材的胀形、缩颈、冲孔、翻边等，广泛应用于航空航天、原子能、汽车、仪器仪表、电子以及玩具等领域。

电磁成形的理论基础是物理学的电磁感应定律。图 5-12 所示为管材工件的电磁成形示意图，将线圈置于管坯内部，线圈中通过强脉冲电流时，线圈周围便产生一均匀的强脉冲磁场，管坯内表面就会产生感应脉冲电流，该电流又会在管坯空间产生感应脉冲磁场。放电时，管坯内表面的感应电流与线圈内的放电

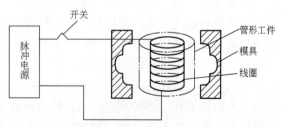

图 5-12　管材工件的电磁成形示意图

电流方向相反，这两种电流产生的磁力线在线圈与管坯之间方向相同，因而磁场会得到加强，其结果是使管坯内表面受到强大的磁场压力，驱动管坯胀形变形。如果将管坯置于线圈内，则放电时会使管坯产生缩颈变形。

电磁成形加工具有以下特点：

1）电磁成形加工为非机械接触性加工，电磁力是工件变形的动力，工件变形时施力设备无需与工件直接接触，因此工件表面无机械擦痕，也无需添加润滑剂，工件表面质量较好。

2）工件变形源于工件内部带电粒子受磁场力作用，工件变形受力均匀，残余应力小，疲劳强度高，使用寿命长，加工后不影响零件的力学、物理、化学性能，也无需热处理。

3）加工精度高，电磁力的控制精确，误差可在 0.5% 之内。

4）加工效率高、时间短、成本低，便于自动化生产。

5）电磁成形设备可实现工件的多步、多点、多工位成形，有助于生产的柔性化。

6）污染轻，电磁成形过程不会产生废渣、废液等污染物，有利于环境保护。

### 5.2.4　液压成形

液压成形是近年来得到大力发展的一种新型加工技术，不仅能成形复杂零件，还能提高零件的质量，减少成形工序，降低加工成本，特别适合小批量零件的加工生产。

按照加工对象的不同，液压成形技术可分为管材液压成形、液压胀球及板材液压成形。

液压拉深是应用最广、技术最为成熟的板材液压成形技术。如图 5-13 所示，首先将板料放置在充满液体的凹模上，压边圈压紧板料，使凹模型腔形成密封状态。当凸模下行进入型腔时，型腔内的液体由于受压而产生高压，最终使毛坯紧紧贴向凸模而成形。该方法无需特制凹模，润滑好，变形度高，尺寸精度高，模具制造周期短，费用低。

液压成形广泛应用于航空航天、汽车制造、厨房用具等领域，在汽车制造方面应用最广，世界众多著名汽车制造商均应用板材液压成形技术生产汽车覆盖件，日本丰田公司使用的板材液压成形机的成形力达 40000kN，能成形的平面尺寸为 1300mm×950mm，重达 7kg。另外，如通信用雷达罩等航空航天制品也逐步采用板材液压成形技术生产。

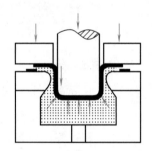

图 5-13　板材液压成形示意图

### 5.2.5　计算机技术在材料成形中的应用

**1. 计算机技术在铸造工业中的应用**

用计算机数值模拟技术模拟铸件凝固过程，可以模拟计算铸件的温度场分布，即将铸件首先剖分成六面体网格，每一个网格单元有一初始温度。然后计算实际生产条件下各种铸型中的传热情况。算出不同时刻每个单元的温度值，分析铸件薄壁处、棱角边缘处的凝固时间，以及厚壁处、铸件心部和冒口处的凝固时间，模拟冒口对铸件的补缩，预测铸件在凝固过程中是否出现缩孔、缩松缺陷，这种模拟计算又称为计算机试浇。由于工艺设计的不同，如砂型种类，冒口大小和位置，初始浇注温度，冷铁多少、大小的不同，其计算机试浇的结果也不同，反复试浇，总可以找到一种科学合理的工艺，即通过电脑模拟计算优化后的工艺，进而组织生产，就可以得到优质铸件，这就是"铸造工艺 CAD 技术"。由于计算机试浇并非真正的人力、物力投入进行生产试验，不但节省大量生产试验成本，而且可以进行工艺优化，其经济效益十分显著。

常用的铸造模拟软件有 MAGMA、PROCAST、FLOW-3D 和 AnyCasting 等。

能够模拟的铸造工艺包括：压力铸造、低压铸造、重力金属型铸造、砂型铸造、熔模精密铸造、消失模铸造、连续铸造、离心铸造等。

能够模拟的结果包括：充型过程的卷气、夹渣、冷隔、热裂、缩孔缩松、变形、偏析等缺陷分析，以及动态的充型过程、温度场、速度场、应力场等分析。

图 5-14 为 ZG35CrMo 行星架及砂型铸造工艺数值模拟。

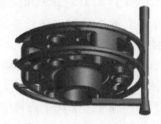

图 5-14　ZG35CrMo 行星架及砂型铸造工艺数值模拟

**2. 计算机技术在塑性成形加工中的应用**

利用计算机技术可以帮助制订金属塑性成形生产工艺和工艺制度（CAPP）。CAPP 可以根据给定条件，通过引入优化技术，制订出最优化工艺和工艺制度。这对塑性成形加工生产特别重要，因为塑性成形生产往往是多阶段、多工序和多因素交互影响的过程，通过手工优化设计计算无法完成。

利用计算机技术还可以帮助设计人员进行金属塑性成形产品、工具、机器、车间或企业等的设计工作。塑性成形中，CAD 系统已广泛应用，例如轧辊孔型的 CAD 系统，冷弯型钢生产的辊型设计 CAD 系统，冲压、挤压和拉拔等模具设计 CAD 系统，以及塑性成形生产车间或工厂设计的 CAD 系统等。

多种计算机辅助技术组合到一起互相配合，就可以由计算机辅助完成金属塑性成形生产从产品设计、工艺计划制定到工艺过程的控制和产品检验等全过程。这种综合系统称为计算机集成制造系统（CIMS）。

此外，借助数值计算方法，可进行塑性成形加工过程的计算机数值模拟，以替代真实的塑性成形过程或其中的物理现象，这样可节省经费和消耗，灵活控制和调节影响因素及其变化，准确测量实验数据，目前应用最广的塑性成形数值模拟软件是 DEFORM-3D。

塑性加工过程的有限元数值模拟可以获得金属变形的详细规律，如网格变形、速度场、应力和应变场的分布规律，以及载荷-行程曲线。通过对模拟结果的可视化分析，可以在现有的模具设计上预测金属的流动规律，包括缺陷的产生。利用得到的力边界条件对模具进行结构分析，从而改进模具设计，提高模具设计的合理性和模具的使用寿命，减少模具重新试制的次数。

图 5-15　中碳钢齿轮毛坯及镦粗成形数值模拟

图 5-15 为中碳钢齿轮毛坯及镦粗成形数值模拟。

**3. 计算机技术在焊接工业中的应用**

焊接是一个涉及传热传质、流体力学和结构力学等多学科的复杂物理过程，针对焊接过程中的缺陷、变形、凝固结晶、固态相变等进行熔池流动行为、应力分布以及温度场的模拟，可以较为方便地优化焊接工艺参数和焊件结构等，有效提高焊接生产效率。传统上，需要通过一系列试验或根据经验来确定合适的焊接工艺参数或焊接结构，相比之下数值模拟只需通过改变预设条件，便可得到如焊接气孔产生位置、结构件焊后变形等具体信息，省去了大量的试验工作，在新的工程结构及新材料的焊接方面具有重要意义。利用计算机和专业数值模拟软件可进行焊接热过程、熔池流场、焊接应力和变形等的模拟，常用的焊接数值模拟软件有 MSC. MARC、SYSWELD、ABAQUS 等。

利用计算机技术建立的焊接数据库已涉及焊接领域各个方面。从原材料到焊接工艺实验，直至最终的焊接生产和焊后检测过程，其中涉及的材料焊接性、焊接工艺评定、焊接工艺规程、焊缝成分和性能、焊工档案管理和焊接技术咨询等均已建立相关数据库。这些数据库系统为焊接领域各种数据和信息管理提供了有利条件。

基于计算机技术的焊接专家系统主要集中在工艺制定、缺陷预测和诊断以及计算机辅助设计等方面。现有的焊接专家系统中，工艺选择和工艺制定是最主要的应用领域，焊接过程的实时控制是重要的发展方向。

此外，近些年来随着人力成本提升，自动化、智能化焊接的相关研究和应用也在不断增加。采用多个信号传感器实现焊接过程中的光、电、声等多方面信息融合及反馈，不断迭代和优化焊接机器人的控制算法，实现焊接位置的自主定位、焊接路径的自主规划以及焊接过程的实时纠偏，能够有效解决焊接过程不稳定、焊接生产效率低的问题。

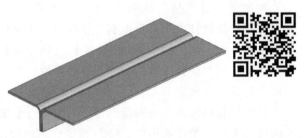

图 5-16　激光填丝钎焊温度场数值模拟

图 5-16 为激光填丝钎焊温度场数值模拟。

# 习　　题

5-1　采用粉末冶金工艺生产制品时通常包括哪些工序？

5-2　为什么粉末冶金生产中，金属粉末的流动特性是重要的？

5-3　为什么粉末冶金零件一般比较小？

5-4　为什么粉末冶金零件需要有均匀一致的横截面？

5-5　压坯在烧结过程中会出现什么现象？

5-6　什么是浸渗处理？为什么要使用浸渗处理？

5-7　采用压制方法生产的粉末冶金制品，有哪些结构工艺性要求？

5-8　试列举粉末冶金工艺的优点。

5-9　粉末冶金工艺的主要缺点是什么？

5-10　什么是快速成形技术、半固态合金成形技术、电磁成形技术与液压成形技术？各有何特点？

5-11　简述计算机技术在材料成形工业中的应用。

# 第6章

# 材料成形方法选择

任何材料都必须通过成形制造制成成品后才具有使用价值。因此，材料成形工艺的选择是设计技术人员必须面对的重要问题，实际上这项工作在零件设计阶段便已开始。零件设计时，应根据零件的工作条件、所需功能、使用要求及经济指标（经济性、生产条件、生产批量等）等方面进行零件结构设计（确定形状、尺寸、精度、表面粗糙度等）、材料选用（选定材料、强化改性方法等）、工艺设计（选择成形方法、确定工艺路线等）等。由此可见，成形方法的选择是零件设计的重要内容，也是零件制造工艺人员关心的重要问题。不同结构与材料的零件需采用不同的成形加工方法，各种成形加工方法对不同零件的结构与材料有着不同的适应性，不同成形加工方法对材料的性能与零件的质量也会产生不同的影响。而且成形加工方法与零件的生产周期、成本、生产条件及批量等有着密切关系。

零件结构设计、材料选用、成形方法选择、经济指标优化等方面，是相互关联、相互影响甚至相互依赖的，而且他们之间既协调统一，也相互矛盾。因此，设计时应根据具体情况，进行综合分析与比较，确定最佳方案。机械零件成形工艺选择的综合程度较大，影响因素较多，本章要求在融会贯通所学知识的基础上，综合分析、统筹考虑成形方法选择的基本原则与依据，初步建立选择成形方法应具有的工程思维方式。

## 6.1 材料成形方法选择的原则与依据

### 6.1.1 材料成形方法选择的原则

正确选择材料成形方法具有重大的技术经济意义，选择时必须合理考虑以下原则。

**1. 适用性原则**

适用性原则是指要满足零件的使用要求及对成形加工工艺性的要求。

（1）满足使用要求 零件的使用要求包括零件形状、尺寸、精度、表面质量和材料成分、组织等，以及工作条件对零件材料性能的要求。这是保证零件完成规定功能所必需的，是成形方法选择时首先要考虑的问题。零件不同，功能不同，其使用要求也不同，即使是同一类零件，其选用材料与成形方法也会有很大差异。例如，机床的主轴和手柄同属杆类零件，但其使用要求不同，主轴是机床的关键零件，尺寸、形状和加工精度的要求很高，受力复杂，在长期使用中不允许发生过量变形，应选用 45 钢或 40Cr 钢等具有良好综合力学性能的材料，经锻造成形及严格切削加工和热处理制成；而机床手柄则采用低碳钢圆棒料或普通灰铸铁件为毛坯，经简单的切削加工即可制成。又如燃气轮机叶片与风扇叶片，虽然同样具有空间几何曲面形状，但前者应采用优质合金钢经精密锻造成形，而后者则可采用低碳钢薄板冲压成形。

另外，根据使用要求选择成形方法时，还必须注意各种成形方法能够经济获得制品的几何精度、结构形状复杂程度、尺寸与质量大小等。

（2）适应成形加工工艺性　各种成形方法都要求零件的结构与材料具有相应的成形加工工艺性，成形加工工艺性的好坏对零件加工的难易程度、生产率、生产成本等起着十分重要的作用。因此，选择成形方法时，必须注意零件结构与材料所能适应的成形加工工艺性。例如，当零件形状比较复杂、尺寸较大时，锻造成形往往难以实现，如采用铸造或焊接，则其材料必须具有良好的铸造性能或焊接性能，零件结构上也要符合铸造或焊接的要求。

**2. 经济性原则**

选择成形方法时，在保证零件使用要求的前提下，对几个可供选择的方案里，应从经济上进行分析比较，从中选择成本低廉的成形方法。如生产一个小齿轮，可以从圆棒料切削而成，也可以采用小余量锻造齿坯，还可使用粉末冶金制造，至于最终选择何种成形方法，应该在比较全部成本的基础上确定。

（1）把满足使用要求与降低成本统一考虑　脱离使用要求，对成形加工提出过高要求，会造成无谓的浪费；反之，不顾使用要求，片面强调降低成形加工成本，则会导致零件达不到工作要求甚至造成重大事故。因此，为了有效降低成本，应合理选择零件材料与成形方法。例如，汽车、拖拉机发动机曲轴承受交变、弯曲与冲击载荷，设计时主要考虑强度和韧性的要求，曲轴形状复杂，具有空间弯曲轴线，多年来选用调质钢（如 40、45、40Cr、35CrMo 等）模锻成形。现在普遍改用疲劳强度与耐磨性较高的球墨铸铁（如 QT600-3、QT700-2 等）。砂型铸造成形不但可满足使用要求，而且使成本降低了 50%～80%，加工工时减少了 30%～50%，还提高了耐磨性。

（2）降低零件总成本　为获得最大的经济效益，不能仅从成形工艺角度考虑经济性，而应从降低零件总成本考虑，即应从所用材料价格、零件成品率、整个制造过程加工费、材料利用率与回收率、零件寿命成本、废弃物处理费用等方面综合考虑。例如，手工造型的铸件和自由锻造的锻件，虽然毛坯的制造费用一般较低，但原材料消耗和切削加工费用都比机器造型的铸件和模锻的锻件高，而且生产效率低，因此大批量生产时，采用手工造型和自由锻造制造零件的整体制造成本反而比机器造型和模锻制造的零件高。再如螺钉，在单件、小批量生产时，可选用自由锻件或圆钢切削而成，但在大批量制造标准螺钉时，考虑加工费用在零件总成本中占很大比例，应采用冷镦、搓丝方法制造，使总成本下降。

**3. 与环境相宜及安全原则**

环境已成为全球关注的大问题。温室效应，臭氧层破坏，酸雨，固体垃圾，资源、能源的枯竭等，不仅阻碍生产发展，甚至危及人类的生存。因此，在发展工业生产的同时，必须考虑环境保护问题，力求做到与环境相宜，对环境友好。

（1）对环境友好的含义　对环境友好就是要使环境负载小。主要为：

1）能量耗费少，$CO_2$ 产生少。

2）贵重资源用量少。

3）废弃物少，再生处理容易，能实现再循环。

4）不使用、不产生对环境有害的物质。

（2）环境负载性的评价　环境负载性评价主要考虑从原料到制成材料，然后成形加工成制品，再经使用至损坏而废弃，回收、再生、再使用（再循环）整个过程中消耗的全部能量，$CO_2$ 气体排出量，以及各阶段产生的废弃物，有毒排气、废水等情况。即评价环境负载性，谋求对环境友好，不能仅考虑制品的生产工程，而应全面考虑生产、还原两个工程。所谓还原工程就是指制品制造时的废弃物及使用后废弃物的再循环、再资源化工程。这一点，将会对材料与成形方法的选择产生根本性影响。例如汽车在使用时需要燃料并排出废气，人们就希望出现尽可能节能的汽车，故首先要求汽车质量轻、发动机效率高，这必然要通过更新汽车用材与成形方法才可能实现；从长远考虑新能源汽车将更加环保。

（3）单位能耗　材料经各种成形加工工艺成为制品，生产系统中的能耗就由此工艺流程确定。钢铁由棒材到制品的几种成形加工方法的单位能耗与材料利用率见表6-1。

表 6-1　几种成形加工方法的单位能耗、材料利用率比较

| 成形加工方法 | 制品能耗/$(10^6 J \cdot kg^{-1})$ | 材料利用率(%) |
|---|---|---|
| 铸造 | 30~38 | 90 |
| 冷、温变形 | 41 | 85 |
| 热变形 | 46~49 | 75~80 |
| 机械加工 | 66~82 | 45~50 |

矿石制成棒材的单位能耗大约为 33MJ/kg，由表 6-1 可见，与材料生产相比，制品成形加工的单位能耗较大，且单位能耗大的加工方法，其材料利用率通常也较低，与机械加工相比，铸造与塑性变形等加工方法的单位能耗较小，材料利用率较高。成形加工方法与所用材料密切相关的，因此选择制品的成形加工方法时，应全面考虑选择单位能耗少的成形加工方法，并选择能采用低单位能耗成形加工方法的材料。

（4）工业安全性　选择成形方法时应充分考虑安全生产、安全使用问题，要充分考虑生产、使用过程中会引起不良后果或事故等的不安全因素，以保证可靠生产、可靠使用。

## 6.1.2　材料成形方法选择的依据

选择材料成形方法的主要依据如下。

**1. 选用材料与成形方法**

根据零件类别、用途、功能、使用性能要求、结构形状与复杂程度、尺寸大小、技术要求等，可基本确定零件应选用的材料与成形方法。而且，通常需根据材料来选择成形方法。例如，机床床身是各类机床的主体，且为非运动零件，它的功能是支撑和连接机床的各个部件，以承受压力和弯曲应力为主，同时为了保证工作的稳定性，应有较好的刚度和减振性，机床床身一般均为形状复杂并带有内腔的零件，故在大多数情况下，机床床身选用灰铸铁件为毛坯，其成形工艺一般采用砂型铸造。

另外，在不影响零件使用要求的前提下，可通过选择适当的成形工艺，改变零件的结构设计，以简化零件制造工艺，提高生产效率，降低成本。如图 6-1 所示的仪表座冲压件，原设计采用冲焊工艺（图 6-1a），本体、支架与耳块均采用冲压工艺成形，再用定位焊工艺将

支架与耳块焊接到本体上，生产工序多，所需模具多，为了定位焊时定位准确，还需专用夹具，因而成本高，工艺准备时间长。如果采用冲口工艺（图6-1b），本体、支架与耳块一次冲压成形，无需焊接，可以减少工序与模具、夹具数量，并缩短工艺准备时间，从而大大降低成本。

**2. 零件的生产批量**

单件、小批量生产时，选用通用设备和工具，低精度、低生产效率的成形方法，这样，毛坯生产周期短，能节省生产准备时间和工艺装备的设计制造费用，虽然单件产品消耗的材料及工时多，但总成本较低，如铸件选用手工砂型铸造，锻件采用自由锻或胎模锻，焊接件以手工焊接为主，薄板零件则采用钣金钳工成形方法等；

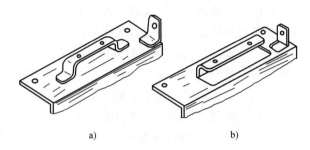

图6-1 仪表座冲压件的两种成形工艺
a）冲焊工艺 b）冲口工艺

大批量生产时，应选用专用设备和工具，以及高精度、高生产率的成形方法，这样，毛坯生产率高、精度高，虽然专用工艺装置增加了费用，但材料的总消耗量和切削加工工时会大幅降低，总成本也会降低，如相应采用机器造型、模锻、埋弧自动焊或自动、半自动的气体保护焊以及板料冲压等成形方法。特别是大批量生产，材料成本占有比例较大的制品时，采用高精度、近净成形新工艺生产的优越性就显得尤为显著。例如，轧制成形方法生产高速钢直柄麻花钻，年产量两百万件，原轧制毛坯的磨削余量为0.4mm。采用高精度的轧制成形工艺，轧制毛坯的磨削余量减为0.2mm，由于材料成本约占制造成本的78%，故仅仅磨削余量的减少，每年就可节约高速钢约48t，约人民币40万元，另外还可节约磨削工时和砂轮损耗，经济效益非常明显。

在一定条件下，生产批量还会影响毛坯材料和成形工艺的选择，如机床床身大多情况下采用灰铸铁作为毛坯，但在单件生产条件下，由于其形状复杂，制造模样、造型、造芯等工序耗费材料和工时较多，经济上往往不合算，若采用焊接件，则可以大大缩短生产周期，降低生产成本（但焊接件的减振、减摩性不如灰铸铁件）。又如齿轮，在生产批量较小时，直接从圆棒料切削制造的总成本可能是合算的，但当生产批量较大时，使用锻造齿坯可以获得较好的经济效益。

**3. 现有生产条件**

选择成形方法时，必须考虑企业的实际生产条件，如设备条件、技术水平、管理水平等。一般情况下，在满足零件使用要求的前提下，充分利用现有生产条件。当现有条件不能满足产品生产要求时，也可考虑调整毛坯种类、成形方法，对设备进行适当的技术改造；或扩建厂房，更新设备，提高技术水平；或通过厂间协作解决。

如单件生产大、重型零件时，一般工厂往往不具备重型设备与专用设备，此时可采用板、型材焊接，或将大件分成几小块铸造、锻造或冲压，再采用铸-焊、锻-焊、冲-焊联合成形工艺拼成大件，这样不但成本较低，而且一般工厂也可以生产。如图6-2所示的大型水轮机空心轴，工件净重4.73t，可有以下三种成形工艺。

1）整轴在水压机上自由锻造，两端法兰锻不出，采用敷料，加工余量大，材料利用率只有 22.6%，切削加工需 1400 台时（图 6-2a）。

2）两端法兰用砂型铸造成形的铸钢件，轴筒采用水压机自由锻造成形，然后将轴筒与两个法兰焊接成形为一体，材料利用率提高到 35.8%，切削加工需用台时数下降为 1200（图 6-2b）。

3）两端法兰用铸钢件，轴筒用厚钢板弯成两个半筒形，再焊成整个筒体，然后与法兰焊成一体，材料利用率高达 47%，切削加工只需 1000 台时，且无需大型熔炼与锻压设备（图 6-2c）。

三种成形工艺的相对直接成本（即材料成本与工时成本之和）之比为 2.2：1.4：1.0，若再计算重型与专用设备的维修、管理、折旧费，方案 1 的生产总成本将超出方案 3 的 3 倍以上。

又如机床油盘零件通常采用薄钢板冲压成形，但如果现场条件不够，也可采用铸造成形或旋压成形代替冲压成形。

再如，一个规模不大的机械工厂，承接每年生产 2000 台机车附件的任务，该产品由一些小型锻件、铸件和标准件组成。这些锻件若能采用锤上模锻成形的方法生产最为理想，但该厂无模锻锤，经过技术、经济分析，认为采用胎模锻成形比较切实可行和经济合理，然后把有限的资金对铸造生产进行技术

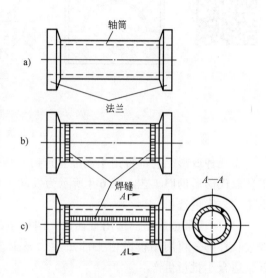

图 6-2 水轮机空心轴三种成形工艺方案

改造，增添了造型机使铸件生产全部采用机器造型，并实现了铸造生产过程的半机械化，不仅提高了铸件质量，还提高了该厂的铸造生产能力。

**4. 密切注意新工艺、新技术、新材料的利用**

随着工业的发展，人们的要求多变且个性化。这就要求产品的生产由少品种、大批量转变成多品种、小批量；要求产品类型更新快，生产周期短；要求产品的质量优、成本低。在市场竞争形势下，选择成形方法就不应只着眼于一些常用的传统工艺，还应扩大对新工艺、新技术、新材料的应用，如精密铸造、精密锻造、精密冲裁、冷挤压、液态模锻、特种轧制、超塑性成形、粉末冶金、注塑成形、等静压成形、复合材料成形以及快速成形等，采用少、无余量成形方法，以提高产品质量、经济效益与生产率。

使用新材料往往会从根本上改变成形方法，并显著提高制品的使用性能。例如，在酸、碱介质下工作的各种阀、泵体、叶轮、轴承等零件，均有耐蚀、耐磨的要求，最早采用铸铁制造，性能差、寿命短；随后改用不锈钢铸造成形；自塑料工业发展后就改用塑料注射成形，但塑料的耐磨性不够理想；现在随着陶瓷工业的发展，又改用陶瓷注射成形或等静压成形。

此外，要根据用户的要求不断提高产品质量，改进成形方法。图 6-3 所示为炒菜铸铁锅的铸造成形，传统工艺是采用砂型铸造成形（图 6-3a），因锅底部残存浇口疤痕，既不美观，又影响使用，甚至产生渗漏，且铸锅的壁厚不能太薄，故较粗笨。而改用挤压铸造

（图 6-3b）新工艺生产，定量浇入铁液，不用浇口，直接由上型向下挤压铸造成形，铸出的铁锅外形美观、壁薄、精致轻便、不渗漏、质量好、使用寿命长，并可节约铁液，便于机械化流水线生产。

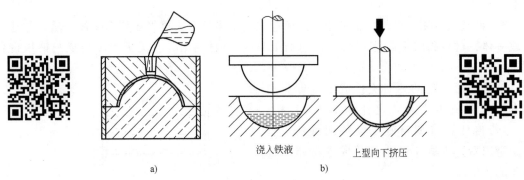

浇入铁液　　　　上型向下挤压

a)　　　　　　　b)

图 6-3　铸造铁锅的两种成形方法

a）砂型铸造　b）挤压铸造

当几种成形工艺都可用于制品生产时，应根据生产批量与条件，尽可能采用先进的成形工艺取代落后的旧工艺。图 6-4 所示为发动机上的排气门，材料为耐热钢，它有下列几种成形工艺方案供选择。

1）胎模锻造成形。选用直径比气门杆粗的棒坯，加热后采用自由锻拔长杆部，再用胎模镦粗头部法兰。该工艺劳动强度大，生产效率低，适合小批量生产。

2）平锻机模锻成形。用与气门杆部直径相同的棒坯，局部加热后在平锻机锻模模腔内对头部进行五个工步的局部镦粗，形成法兰。平锻机设备和模具费用昂贵，且法兰头部成形效率不高，适用大批量生产。

3）电热镦粗成形。按气门杆部直径选择棒坯，对头部进行电热镦粗，再在摩擦压力机上将法兰终（模）锻成形。电热镦粗时，毛坯加热与镦粗是局部连续进行的，坯料镦粗长度不受长径比规则的限制，因此镦粗可一次完成，效率提高，且加工余量小，材料利用率高，劳动条件好，并可采用结构简单、通用性强的工夹具，可用于中小批量生产。

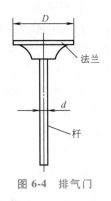

图 6-4　排气门

4）热挤压成形。选用直径比气门杆粗、比法兰头细的棒坯，加热后在两工位热模锻压力机上挤压成形杆部，闭合镦粗头部形成法兰。热挤压成形比电热镦粗成形更具优越性，主要是热挤压成形工艺采用热轧棒坯，在三向压应力状态下成形，因此原材料价格低，制品内在与外表质量优。而电热镦粗成形采用冷拔棒坯，价格高，且镦粗部分表面处于拉应力状态，易产生裂纹。另外，热挤压成形的生产效率也远高于电热镦粗成形。目前，发达国家已普遍采用热挤压成形工艺生产气门锻件。

总之，选择材料成形方法时，应具体问题具体分析，在保证使用要求的前提下，力求做到质量好、成本低和制造周期短。

### 6.1.3　常用成形方法的比较

常用成形方法的比较见表 6-2。

表 6-2 常用成形方法的比较

| 成形方法 | 铸造 | 锻造 | 冷冲压 | 焊接 | 直接取轧材 |
|---|---|---|---|---|---|
| 成形特点 | 液态成形 | 固态塑性变形 | 固态塑性变形 | 永久连接 | 轧材切削 |
| 对原材料工艺性要求 | 流动性好,收缩率低 | 塑性好,变形抗力小 | 塑性好,变形抗力小 | 强度高,塑性好,液态下化学稳定性好 | 切削加工性能好 |
| 常用材料 | 铸铁、铸钢、非铁合金 | 低、中碳钢、合金结构钢 | 低碳钢薄板、非铁合金薄板 | 低碳钢、低合金结构钢、不锈钢、非铁合金 | 碳钢、合金钢、非铁合金 |
| 适宜成形的形状 | 不受限制,可相当复杂,尤其是内腔 | 自由锻简单;模锻较复杂,但有一定限制 | 可较复杂,但有一定限制 | 一般不受限制 | 简单,横向尺寸变化小 |
| 适宜成形的尺寸与重量 | 砂型铸造不受限制,特种铸造受限制 | 自由锻不受限;模锻受限,一般<150kg | 最大板厚8~10mm | 不受限制 | 中、小型 |
| 材料利用率 | 高 | 自由锻低;模锻较高 | 较高 | 较高 | 较低 |
| 适宜的生产批量 | 砂型铸造不受限制 | 自由锻单件小批;模锻成批、大量 | 大批量 | 单件、小批、成批 | 单件、小批、成批 |
| 生产周期 | 砂型铸造较短 | 自由锻短;模锻长 | 长 | 短 | 短 |
| 生产率 | 砂型铸造低 | 自由锻低;模锻较高 | 高 | 中、低 | 中、低 |
| 应用举例 | 机架、床身、底座、工作台、导轨、变速箱、泵体、阀体、带轮、轴承座、曲轴、凸轮轴、齿轮等形状复杂的零件 | 机床主轴、传动轴、齿轮、连杆、凸轮、螺栓、弹簧、曲轴、锻模、冲模等对力学性能尤其是强度和韧性,要求较高的零件 | 汽车车身覆盖件、仪器仪表与电器的外壳及零件、油箱、水箱等用薄板成形的零件 | 锅炉、压力容器、化工容器、管道、厂房构架、吊车构架、桥梁、车身、船体、飞机构件、重型机械机架、立柱、工作台等各种金属结构件、组合件,还可用于零件修补 | 光轴、丝杠、螺栓、螺母、销子等形状简单的中、小型件 |

# 6.2 常用机械零件毛坯成形方法的选择

常用机械零件的毛坯成形方法有:液态成形、塑性成形、连接成形、直接取自型材等,零件的形状特征和用途不同,其毛坯成形方法也不同,下面分别描述轴杆类、盘套类、机架箱座类零件毛坯成形方法的选择。

## 6.2.1 轴杆类零件

轴杆类零件的结构特点是其轴向(纵向)尺寸远大于径向(横向)尺寸,如各种传动轴、机床主轴、丝杠、光杠、曲轴、偏心轴、凸轮轴、齿轮轴、连杆、拨叉、锤杆、摇臂以及螺栓、销钉等，如图 6-5 所示。在各种机械产品中，轴杆类零件一般都是重要的受力和传动零件。

轴杆类零件材料大都为钢。除光轴、直径变化较小的轴、力学性能要求不高的轴，其毛坯一般采用轧制圆钢制造，其余的几乎都采用锻钢件为毛坯。阶梯轴的各直径相差越大，采用锻件越有利。对某些具有异形断面或弯曲轴线的轴，如凸轮轴、曲轴等，在满足使用要求的前提下，可采用球墨铸铁毛坯，以降低制造成本。在有些情况下，还可采用锻-焊或铸-焊结合的方法来制造轴、杆类零件的毛坯。图 6-6 所示的汽车排气阀，将锻造的耐热合金钢阀帽与轧制的碳素结构钢阀杆焊成一体，节约

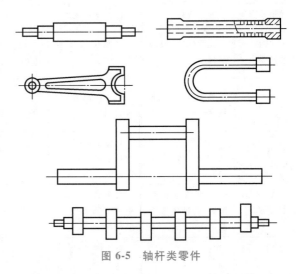

图 6-5　轴杆类零件

了合金钢材料。图 6-7 所示为 12000t 水压机立柱，长 18m，净重 80t，整体铸造或锻造不易实现，因而选用 ZG270-500，分成 6 段铸造，粗加工后采用电渣焊焊成整体毛坯。

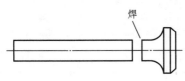

图 6-6　汽车排气阀锻-焊结构

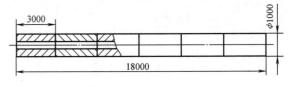

图 6-7　水压机立柱铸-焊结构

### 6.2.2　盘套类零件

盘套类零件中，除部分套类零件的轴向尺寸大于径向尺寸，其余零件的轴向尺寸一般小于径向尺寸或两个方向尺寸相差不大。属于这一类的零件有齿轮、带轮、飞轮、模具、法兰盘、联轴节、套环、轴承环以及螺母、垫圈等，如图 6-8 所示。

这类零件的使用要求和工作条件有很大差异，因此所用材料和毛坯各不相同。

（1）齿轮　各类机械中的重要传动零件，运转时齿面承受接触应力和摩擦力，齿根承受弯曲应力，有时还要承受冲击力。故要求齿轮

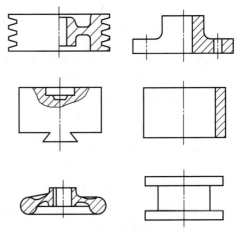

图 6-8　盘套类零件

具有良好的综合力学性能，一般选用锻钢毛坯，如图 6-9a 所示。大批量生产时还可采用热轧齿轮或精密模锻齿轮，以提高力学性能。在单件或小批量生产的条件下，直径小于100mm 的小齿轮也可用圆钢棒作为毛坯，如图 6-9b 所示。直径为 400～500mm 的大型齿轮，

锻造比较困难，可用铸钢或球墨铸铁件作为毛坯，铸造齿轮一般以辐条结构代替模锻齿轮的辐板结构，如图6-9c所示。在单件生产的条件下，也可采用焊接方法制造大型齿轮的毛坯，如图6-9d所示。在低速运转且受力不大或者在多粉尘的环境下开式运转的齿轮，也可用灰铸铁铸造成形。大量生产受力小的仪器仪表齿轮时，可采用板材冲压或非铁合金压力铸造成形，也可用塑料（如尼龙）注塑成形。

（2）带轮、飞轮、手轮和垫块等　这些零件受力不大、以承压为主的零件，通常采用灰铸铁件，单件生产时也可采用低碳钢焊接件。

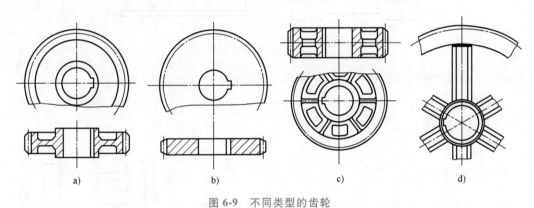

图6-9　不同类型的齿轮

a）锻钢毛坯　b）圆钢毛坯　c）铸造毛坯　d）焊接毛坯

（3）法兰、垫圈、套环、联轴节等　根据受力情况、形状、尺寸等的不同，此类零件可分别采用铸铁件、锻钢件或圆钢棒作为毛坯。厚度较小、单件或小批量生产时，也可用钢板作为坯料。垫圈一般采用板材冲压成形。

（4）钻套、导向套、滑动轴承、液压缸、螺母等　这些套类零件在工作中承受径向力或轴向力和摩擦力，通常采用钢、铸铁、非铁合金材料的圆棒材、铸件或锻件制造，有的可直接无缝管下料。尺寸较小、大批量生产时，还可采用冷挤压和粉末冶金等方法制坯。

（5）模具毛坯　一般采用合金钢锻造成形。

## 6.2.3　机架箱座类零件

机架箱座类零件包括各种机械的机身、底座、支架、横梁、工作台，以及齿轮箱、轴承座、缸体、阀体、泵体、导轨等，如图6-10所示。其特点是结构通常比较复杂，有不规则的外形和内腔。重量从几千克至数十吨，工作条件也相差很大。其中，如机身、底座等一般的基础零件，主要起支撑和连接机械各部件的作用，以承受压力和静弯曲应力为主，为保证工作的稳定性，要求具有较好的刚度和减振性；但有些机械机身、支架往往还同时承受压、拉和弯曲应力的联合作用，或者还有冲击载荷；工作台和导轨等零件，则要求有较好的耐磨性；箱体零件一般受力不大，但要求有良好的刚度和密封性。

鉴于这类零件的结构特点和使用要求，通常都以铸件为毛坯，且以铸造性良好、价格便宜，并有良好耐压、减摩和减振性能的灰铸铁为主；少数受力复杂或受较大冲击载荷的机架类零件，如轧钢机、大型锻压机等重型机械机架，可选用铸钢件毛坯，不易整体成形的特大型机架可采用连接成形结构；在单件生产或工期要求急迫的情况下，也可采用型钢-焊接结

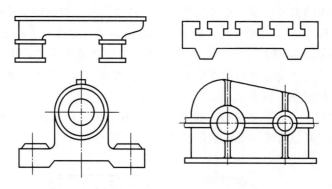

图 6-10　机架箱座类零件

构。航空发动机中的箱体零件，为减轻重量，通常采用铝合金铸件。

# 6.3　毛坯成形方法选择举例

## 6.3.1　承压液压缸

　　承压液压缸的形状及尺寸如图 6-11 所示，材料为 45 钢，年产量 200 件。要求工作压力为 15MPa，水压试验的压力为 30MPa。内孔及两端法兰接合面要加工，不允许有任何缺陷，其余外圆部分不加工。表 6-3 所列为六种成形方案的分析比较。

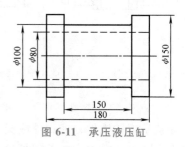

图 6-11　承压液压缸

表 6-3　承压液压缸成形方案分析比较

| 方案 | 成形方案 | | 优点 | 缺点 |
|---|---|---|---|---|
| 1 | 用 φ150mm 圆钢直接加工 | | 全部通过水压试验 | 机加工费用高,材料利用率低 |
| 2 | 砂型铸造 | 平浇:两法兰顶部安置冒口 | 工艺简单,内孔铸出,加工量小 | 法兰与缸壁交接处补缩不好,水压试验合格率低,内孔质量不好,冒口费钢液 |
| | | 立浇:上法兰用冒口,下法兰用冷铁 | 缩松问题有改善,内孔质量较好 | 不能全部通过水压试验 |
| 3 | 平锻机模锻 | | 全部通过水压试验,锻件精度高,加工余量小 | 设备、模具昂贵,工艺准备时间长 |
| 4 | 锤上模锻 | 工件立放 | 能通过水压试验,内孔锻出 | 设备昂贵、模具费用高,不能锻出法兰,外圆加工量大 |
| | | 工件卧放 | 能通过水压试验,法兰锻出 | 设备昂贵、模具费用高,锻不出内孔,内孔机加工量大 |
| 5 | 锤上自由锻镦粗、冲孔、带心轴拔长,再在胎模内带心轴锻出法兰 | | 全部通过水压试验,加工余量小,设备与模具成本不高 | 生产效率不够高 |
| 6 | 用无缝钢管,两端焊上法兰 | | 全部通过水压试验,材料省,工艺准备时间短,无需特殊设备 | 无缝钢管不易获得 |
| 结论 | | | 考虑批量与现实条件,第 5 方案不需特殊设备,产品质量好,且原材料供应有保证,最为合理;第 6 方案若有符合规格的无缝钢管供应,则该方案效率高、成本低,更加合理 | |

### 6.3.2　开关阀

图 6-12 所示开关阀安装在管路系统中，用以控制管路的"通"或"不通"。当推杆 1 受外力作用向左移动时，钢珠 4 压缩弹簧 5，阀门被打开。卸除外力，钢珠在弹簧作用下，将阀门关闭。开关阀外形尺寸为 116mm×58mm×84mm，其零件的毛坯成形方法分析如下。

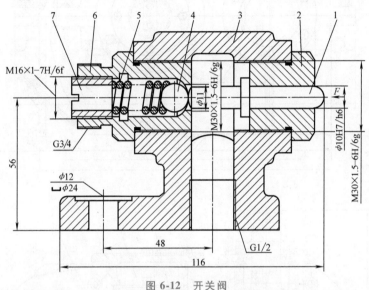

图 6-12　开关阀

1—推杆　2—塞子　3—阀体　4—钢珠　5—压缩弹簧　6—管接头　7—旋塞

（1）推杆（零件 1）　推杆（零件 1）承受轴向压应力、摩擦力，要求耐磨性好，其形状简单，属于杆类零件，采用中碳钢（45 钢）圆钢棒直接截取即可。

（2）塞子（零件 2）　塞子（零件 2）起顶杆的定位和导向作用，受力小，内孔要求具有一定的耐磨性，属于套类件，采用中碳钢（35 钢）圆钢棒直接截取。

（3）阀体（零件 3）　阀体（零件 3）是开关阀的重要基础零件，起支撑、定位作用，承受压应力，要求良好的刚度、减振性和密封性，其结构复杂，形状不规则，属于箱体类零件，宜采用灰铸铁（HT250）铸造成形。

（4）钢珠（零件 4）　钢珠（零件 4）承受压应力和冲击力，要求具有较高的强度、耐磨性和一定的韧性，采用滚动轴承钢（GCr15）螺旋斜轧成形，以标准件供应。

（5）压缩弹簧（零件 5）　压缩弹簧（零件 5）起缓冲、吸振、储存能量的作用，承受循环载荷，要求具有较高疲劳强度，不能产生塑性变形，根据其尺寸（1mm×12mm×26mm），采用碳素弹簧钢（65Mn）冷拉钢丝制造。

（6）管接头与旋塞　管接头（零件 6）起定位作用，旋塞（零件 7）起调整弹簧压力作用，均属于套类件，受力小，采用中碳钢（35 钢）圆钢棒直接截取。

### 6.3.3　单级齿轮减速器

图 6-13 所示单级齿轮减速器，外形尺寸为 430mm×410mm×320mm，传递功率为 5kW，传动比为 3.95，对这台齿轮减速器主要零件的毛坯成形方法分析如下。

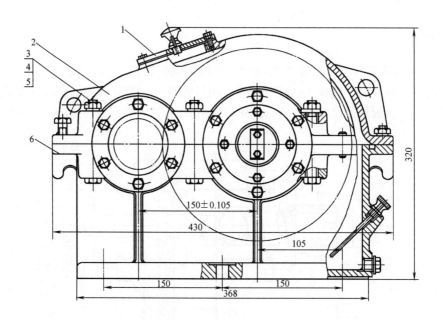

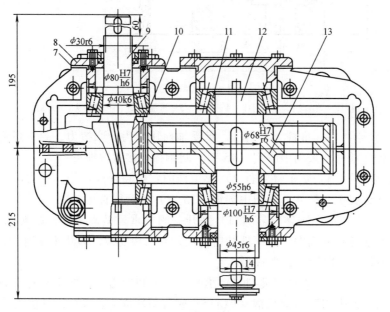

图 6-13　单级齿轮减速器

1—窥视孔盖　2—箱盖　3—螺栓　4—螺母　5—弹簧垫圈　6—箱体
7—调整环　8—端盖　9—齿轮轴　10—挡油盘　11—滚动轴承　12—轴　13—齿轮

（1）窥视孔盖（零件1）　其力学性能要求不高。单件、小批量生产时，采用碳素结构钢（Q235A）钢板下料。大批量生产时，采用普通碳素结构钢（08钢）冲压而成，或采用机器造型铸铁件毛坯。

（2）箱盖（零件2）、箱体（零件6）　其为传动零件的支撑件和包容件，结构复杂，箱体承受压力，要求有良好的刚度、减振性和密封性。箱盖、箱体在单件、小批量生产时，采用手工造型的铸铁（HT150或HT200）件毛坯，若允许也可采用碳素结构钢（Q235A）焊条电弧焊焊接而成。大批量生产时，采用机器造型铸铁件毛坯。

（3）螺栓（零件3）、螺母（零件4） 起固定箱盖和箱体的作用，受纵向（轴向）拉应力和横向切应力。采用碳素结构钢（Q235A）镦、挤而成，为标准件。

（4）弹簧垫圈（零件5） 其作用是防止螺栓松动，要求具有良好的弹性和较高的屈服强度。由碳素弹簧钢（65Mn）冲压而成，为标准件。

（5）调整环（零件7） 其作用是调整齿轮轴的轴向位置。单件、小批量生产时，采用碳素结构钢（Q235）圆钢下料车削而成。大批量生产采用优质碳素结构钢（08钢）冲压件。

（6）端盖（零件8） 用于防止滚动轴承窜动，单件、小批量生产时，采用手工造型铸铁（HT150）件或采用碳素结构钢（Q235）圆钢下料车削而成。大批量生产时，采用机器造型铸铁件。

（7）齿轮轴（零件9）、轴（零件12）和齿轮（零件13） 其均为重要的传动零件，轴和齿轮轴的轴杆部分受弯矩和转矩的联合作用，要求具有较好的综合力学性能；齿轮轴与齿轮的轮齿部分受较大的接触应力和弯曲应力，应具有良好的耐磨性和较高的强度。单件生产时，采用中碳优质碳素结构钢（45钢）自由锻件或胎模锻件毛坯，也可采用相应钢的圆钢棒车削而成。大批量生产时，采用相应钢的模锻件为毛坯。

（8）挡油盘（零件10） 其作用是防止箱内机油进入轴承。单件生产时，采用碳素结构钢（Q235）圆钢棒下料切削而成。大批量生产时，采用优质碳素结构钢（08钢）冲压件。

（9）滚动轴承（零件11） 其受径向和轴向压应力，要求较高的强度和耐磨性。内外环采用滚动轴承钢（GCr15）扩孔锻造，滚珠采用滚动轴承钢（GCr15）螺旋斜轧，保持架采用优质碳素结构钢（08钢）冲压件。滚动轴承为标准件。

### 6.3.4　汽车发动机曲柄连杆机构

曲柄连杆机构是汽车发动机实现工作循环、完成能量转换的主要运动部件。它由活塞承受燃气压力在气缸内做直线运动，通过连杆转换成曲轴的旋转运动，实现向外输出动力的功能。曲柄连杆机构由机体组、活塞连杆组和曲轴飞轮组等组成。机体组包括如图6-14所示的气缸体与气缸套、如图6-15所示的气缸盖、如图6-16所示的油底壳等主要零件；活塞连

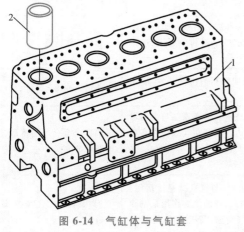

图6-14　气缸体与气缸套

1—气缸体　2—气缸套

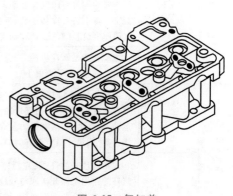

图6-15　气缸盖

杆组包括活塞、连杆、活塞环、活塞销等主要零件，如图6-17所示；曲轴飞轮组包括曲轴、轴瓦、飞轮等主要零件，如图6-18所示。表6-4列出了汽车发动机曲柄连杆机构部分主要零件的毛坯成形方法。

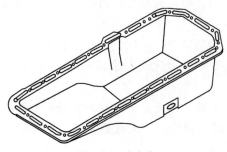

图 6-16    油底壳

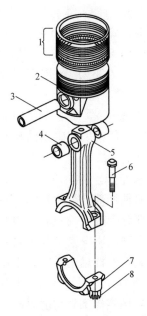

图 6-17    活塞连杆组

1—活塞环    2—活塞    3—活塞销

4—衬套    5—连杆    6—连杆螺栓

7—连杆轴瓦    8—连杆螺母

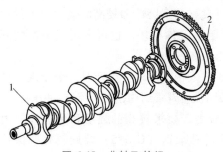

图 6-18    曲轴飞轮组

1—曲轴    2—飞轮

表 6-4    汽车发动机曲柄连杆机构主要零件的毛坯成形方法

| 组别 | 零件名称 | 受力状况和使用要求 | 材料及成形方法 |
|---|---|---|---|
| 机体组 | 气缸体 | 形状复杂,特别是内腔,铸有冷却水套。发动机的所有部件都装于其上,应具有足够的刚度与抗压强度,有吸振性要求 | HT250灰铸铁铸造(砂型、机器造型) |
| | 气缸套 | 镶入气缸体内,是气缸的工作表面,与高温、高压的燃气接触,要求耐高温、耐蚀、耐磨损 | 合金铸铁铸造 |
| | 气缸盖 | 主要功能是封闭气缸上部,并与活塞顶部和缸套内壁一起形成燃烧室。盖上铸有冷却水套、进出水孔、火花塞孔、进排气通道、进排气门座、气门导管孔、摇臂轴支架等,形状复杂 | 合金铸铁铸造 |
| | 油底壳 | 主要功能是储存机油并封闭曲轴箱,为曲轴箱的组成部分,故也称下曲轴箱,其受力很小 | 薄钢板冲压 |
| 活塞连杆组 | 活塞 | 活塞顶部与气缸盖、气缸壁共同组成燃烧室。活塞顶部与高温燃气直接接触,并承受燃气带冲击性的高压力。活塞在气缸内作高速运动,惯性力大,活塞受力复杂。故要求活塞质量小,导热性好,热胀系数小,尺寸稳定性好,并有较高的强度等 | 铝硅合金金属型铸造或液态模锻 |
| | 活塞环 | 包括气环和油环,装在活塞的活塞环槽内,与气缸壁直接接触。气环的作用是保证活塞与气缸间的密封;油环的主要作用是刮除气缸壁上多余的润滑机油。活塞环受燃气高温、高压作用,随活塞在气缸中作高速往复运动,磨损严重,要求具有减摩与自润滑性 | 球墨铸铁、合金铸铁铸造 |

（续）

| 组别 | 零件名称 | 受力状况和使用要求 | 材料及成形方法 |
|---|---|---|---|
| 活塞连杆组 | 活塞销 | 连接活塞和连杆，将活塞承受的气体作用力传给连杆。活塞销在高温下承受很大的周期性冲击载荷，润滑条件较差，要求足够的刚度和强度，表面耐磨，重量尽可能小，通常为空心圆柱体 | 低碳合金钢棒或管直接车削、外表面渗碳处理 |
| | 连杆及连杆盖 | 连杆小头与活塞销相连，连杆大头与曲轴的曲柄销相连，将连杆承受的力传给曲轴，使活塞的往复运动转变为曲轴的旋转运动。受到压缩、拉伸和弯曲等交变载荷。要求连杆在质量尽可能小的条件下有足够的刚度和强度 | 调质钢模锻或辊锻成形或球墨铸铁铸造成形 |
| | 衬套 | 装在连杆小头孔内，与活塞销配合，有相对转动，要求减摩 | 青铜铸造成形 |
| | 连杆螺栓、螺母 | 连接紧固连杆大头与连杆瓦盖，承受拉压交变载荷及很大冲击力，要求高屈服强度与韧性 | 合金调质钢锻造 |
| 曲轴飞轮组 | 曲轴 | 曲轴轴线弯曲，主要传动轴，承担功率输入与输出的传递任务，承受弯曲、扭转、一定冲击等复杂载荷，要求足够刚度、弯扭强度、疲劳强度和韧性，良好耐磨性（轴颈部） | 球墨铸铁砂型铸造或调质钢模锻 |
| | 飞轮 | 装在曲轴上，其主要功能是将输入曲轴的一部分能量储存起来，用于克服其他阻力，保证曲轴均匀旋转。要求足够大的转动惯量，故尺寸大 | 灰铸铁、球墨铸铁或铸钢铸造 |

# 习　题

6-1　结合实例分析，试述选择材料成形方法的原则与依据。

6-2　举例说明材料选择与成形方法选择之间的关系。

6-3　箱体类零件中，针对具体零件，分析如何选择毛坯成形。

6-4　为什么轴杆类零件一般采用锻造成形，而机架类零件多采用铸造成形？

6-5　为什么齿轮多用锻件，而带轮、飞轮多用铸件？

6-6　在什么情况下采用焊接方法制造零件毛坯？

6-7　举例说明生产批量对毛坯成形方法选择的影响。

6-8　简述金属液态成形件与固态塑性成形件的特点。

6-9　试分别确定下列各零件的成形方法：

机床主轴　连杆　手轮　轴承环　齿轮箱　内燃机缸体

6-10　试为家用电风扇的扇叶选择材料及其成形方法。

6-11　试为家用热水瓶壳选择材料及成形方法。

6-12　试为耐酸泵的泵体和叶轮选择材料及成形方法。

6-13　成批生产（2000件/年）如图6-19所示的榨油机螺杆，要求材料具有良好的耐磨性与疲劳强度，请选择材料及成形方法。

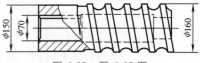

图 6-19　题 6-13 图

6-14　大量生产六角螺栓、螺母、垫圈、木螺钉、铁钉，选用什么材料及成形方法？

6-15　试为汽车驾驶室中的方向盘选择材料成形方法，并说明理由。

6-16　试为下列齿轮选择材料及成形方法：

1）承受冲击的高速重载齿轮（φ200mm），2万件。

2）不承受冲击的低速中载齿轮（φ250mm），50件。

3）小模数仪表用无润滑小齿轮（φ30mm），3000件。

4）卷扬机大型人字齿轮（φ1500mm），5件。

5）钟表用小模数传动齿轮（φ15mm），10万件。

# 参 考 文 献

[1] 中国标准出版社. 铸造标准汇编 [M]. 北京：中国标准出版社，2011.

[2] 徐桂兰. 工程材料及热加工工艺基础 [M]. 西安：西南交通大学出版社，2011.

[3] 邓文英. 金属工艺学（上册）[M]. 6 版. 北京：高等教育出版社，2017.

[4] 石德全. 造型材料 [M]. 北京：北京大学出版社，2009.

[5] 王爱珍. 热加工工艺基础 [M]. 北京：北京航空航天大学出版社，2009.

[6] 林江，等. 工程材料及机械制造基础 [M]. 北京：机械工业出版社，2016.

[7] 李弘英，赵成志. 铸造工艺设计 [M]. 北京：机械工业出版社，2005.

[8] 李荣德，米国发. 铸造工艺学 [M]. 北京：机械工业出版社，2013.

[9] 陈刚. 金属凝固及铸件形成理论 [M]. 哈尔滨：哈尔滨工业大学出版社，2022.

[10] 徐春杰. 砂型铸造工艺及工装 [M]. 北京：机械工业出版社，2019.

[11] 毛卫民，赵爱民，钟雪友. 半固态成形工艺的基本类型与应用 [J]. 特种铸造及有色合金，1998 (6)：33-36.

[12] 陈维平. 特种铸造 [M]. 北京：机械工业出版社，2018.

[13] 张奎，等. 半固态金属制备原理与应用 [J]. 稀有金属，1998 (11)：447-449.

[14] 李强，朱清香，郑炀曾. 金属材料近终成形技术 [J]. 燕山大学学报，1998 (7)：206-209.

[15] 潘东杰，等. 快速成形-先进的现代制造技术 [J]. 铸造技术，1999 (4)：37-39.

[16] 谭永生，王健. 快速成型技术进展 [J]. 激光加工技术，1999（增刊）：21-24.

[17] 陈敬超，孙加林. 喷射成形技术的研究现状与展望 [J]. 昆明理工大学学报，1997 (2)：47-49.

[18] 王君卿. 铸造与计算机模拟技术 [J]. 中国工程师，1998 (3)：7.

[19] 杨慧智. 工程材料及成形工艺基础 [M]. 北京：机械工业出版社，2000.

[20] 董湘怀. 金属塑性成形原理 [M]. 北京：机械工业出版社，2011.

[21] 丁松聚. 冷冲模设计 [M]. 北京：机械工业出版社，2019.

[22] 丁德全. 金属工艺学 [M]. 北京：机械工业出版社，2016.

[23] 肖景容，姜奎华. 冲压工艺学 [M]. 北京：机械工业出版社，2011.

[24] 房世荣. 工程材料与金属工艺学 [M]. 北京：机械工业出版社，2005.

[25] 中国机械工程学会塑性工程学会. 锻压手册 [M]. 3 版. 北京：机械工业出版社，2011.

[26] 中国机械工程学会焊接学会. 焊接手册 [M]. 3 版. 北京：机械工业出版社，2008.

[27] 邱言龙，聂正斌，雷振国，等. 焊工实用技术手册 [M]. 2 版. 北京：中国电力出版社，2018.

[28] 李子东. 实用胶粘技术 [M]. 2 版. 北京：国防工业出版社，2007.

[29] 陈炳森. 计算机辅助焊接技术 [M]. 北京：机械工业出版社，1999.

[30] 王文先，王东坡，齐芳娟. 焊接结构 [M]. 北京：化学工业出版社，2012.

[31] 谷春瑞，王桂新. 热加工工艺基础 [M]. 天津：天津大学出版社，2009.

[32] 黄坤祥. 粉末冶金学 [M]. 北京：高等教育出版社，2021.

[33] 印红羽，张华诚. 粉末冶金模具设计手册 [M]. 3 版. 北京：机械工业出版社，2012.

[34] 易健宏. 粉末冶金材料 [M]. 长沙：中南大学出版社，2016.

[35] 郭青蔚. 粉末冶金工艺发展现状 [J]. 世界有色金属，1998 (10)：8-9.

[36] 曾凡同，杨英清. 粉末注射成型工艺 [J]. 机械设计与制造，1998 (3)：47.

[37] 邹志强，曲选辉，黄伯云. 国外粉末冶金的最新进展 [J]. 粉末冶金技术，1997 (1)：66-70.

[38] 吴生绪. 橡塑模具设计手册 [M]. 北京：机械工业出版社，2012.

［39］ 夏江梅. 塑料模设计 ［M］. 北京：机械工业出版社，2011.

［40］ 周丹薇. 塑料成型工艺及模具设计 ［M］. 北京：机械工业出版社，2015.

［41］ 焦宝祥，管浩. 陶瓷工艺学 ［M］. 北京：化学工业出版社，2019.

［42］ 张玉龙，马建平. 实用陶瓷材料手册 ［M］. 北京：化学工业出版社，2006.

［43］ 冯小明，张崇才. 复合材料 ［M］. 重庆：重庆大学出版社，2007.

［44］ 肖翠蓉，唐羽章. 复合材料工艺学 ［M］. 长沙：国防科技大学出版社，1991.

［45］ 邢建东. 材料成形技术基础 ［M］. 2 版. 北京：机械工业出版社，2018.

［46］ 毕大森. 材料工程基础 ［M］. 北京：机械工业出版社，2021.

［47］ 王爱珍. 工程材料及成形技术 ［M］. 北京：机械工业出版社，2003.

［48］ 崔令江. 材料成形技术基础 ［M］. 北京：机械工业出版社，2015.

［49］ 戈晓岚，赵占西. 工程材料及其成形基础 ［M］. 北京：高等教育出版社，2012.

［50］ 于爱兵. 材料成形技术基础 ［M］. 北京：清华大学出版社，2010.

［51］ 黄天佑，都东，方刚. 材料加工工艺 ［M］. 2 版. 北京：清华大学出版社，2010.

［52］ 祖方遒. 材料成形基本原理 ［M］. 3 版. 北京：机械工业出版社，2019.

［53］ 温爱玲. 材料成形工艺基础 ［M］. 北京：机械工业出版社，2013.

［54］ 刘建华. 材料成型工艺基础 ［M］. 3 版. 西安：西安电子科技大学出版社，2018.

［55］ 夏巨谌，张启勋. 材料成形工艺 ［M］. 2 版. 北京：机械工业出版社，2018.

［56］ 吴树森. 材料成形原理 ［M］. 3 版. 北京：机械工业出版社，2019.

［57］ 陈振华. 现代粉末冶金技术 ［M］. 2 版. 北京：化学工业出版社，2013.

［58］ 黄锐. 塑料成型工艺学 ［M］. 3 版. 北京：中国轻工业出版社，2018.

［59］ 赵占西，黄明宇，何灿群. 产品造型设计材料与工艺 ［M］. 3 版. 北京：机械工业出版社，2023.